Dieter Rein

Die wunderbare Händigkeit der Moleküle

Vom Ursprung des Lebens aus der Asymmetrie der Natur

Birkhäuser Verlag
Basel · Boston · Berlin

Die Deutsche Bibliothek – CIP-Einheitsaufnahme

Rein, Dieter:
Die wunderbare Händigkeit der Moleküle: vom Ursprung des Lebens aus der Asymmetrie der Natur/Dieter Rein. – Basel; Boston; Berlin; Birkhäuser, 1992
ISBN 3-7643-2754-5

Das Werk ist urheberrechtlich geschützt. Die dadurch begründeten Rechte, insbesondere die der Übersetzung, des Nachdruckes, der Entnahme von Abbildungen, der Funksendung, der Wiedergabe auf photomechanischem oder ähnlichem Wege und der Speicherung in Datenverarbeitungsanlagen bleiben, auch bei nur auszugsweiser Verwertung, vorbehalten. Die Vergütungsansprüche gemäß § 54, Abs. 2 UrhG werden durch die «Verwertungsgesellschaft Wort», München, wahrgenommen.

© 1993 Birkhäuser Verlag Basel
Layout: Albert Gomm swb/asg, Basel
Umschlaggestaltung: Micha Lotrovsky, Therwil
Printed in Germany
ISBN 3-7643-2754-5

Inhalt

Geleitwort von Harald Fritzsch 11
Vorwort 15

Einführung
Asymmetrie und Ursprung des Lebens 19

Kapitel 1
Optische Aktivität und molekulare Asymmetrie 29

Kapitel 2
Hypothesen zur Entstehung molekularer Asymmetrie . . . 43

Kapitel 3
Naturgesetze im Spiegel betrachtet 49
Fundamentale Kräfte 49
Die Kräfte der Mikrowelt 51

Kapitel 4
Eine der Natur selbst innewohnende Asymmetrie 53
Das Kobalt-Experiment 53
Der β-Zerfall genauer betrachtet 56
Der Ulbricht-Vester-Prozeß 60
Asymmetrische Reaktionen an asymmetrischen Molekülen –
eine experimentelle Herausforderung 64
Form und Stabilität 69

Kapitel 5
Grundmuster der Natur – Einheit in Vielfalt 73
Die Einheit zwischen elektrischen und magnetischen
Erscheinungen 74
Maxwells Elektrodynamik 75
Felder und Teilchen 77
Von Maxwell zu Weinberg – neue Vereinheitlichungen . . . 78
Neutrinos und neutrale Ströme 86
Das veränderte Coulomb-Potential 94

Kapitel 6
Statische Asymmetrie 97
Die chemische Bindung 97
Links wiegt schwerer als rechts – oder umgekehrt 105
– *a) Asymmetrische Kraftwirkung* 105
– *b) Wegweiser optische Aktivität* 108
Aminosäuren – das «richtige» Vorzeichen 111
α-Schraube und β-Faltblatt – das Bild der Proteine 116
Auch D-Zucker sind stabiler als L-Zucker 121

Kapitel 7
Werkstatt der Chiralität 127
Biomoleküle aus Wasser und «Luft» 127
Asymmetrische Synthese 133

Kapitel 8
Kleine Störung – große Wirkung 137
Bedingungen empfindlicher Übergänge 139
– *a) Reaktions-Wege und Reaktions-Rückwege* 139
– *b) Fern vom Gleichgewicht* 143
– *c) Selbstvermehrung – Selbstverstärkung* 145
– *d) Die Rolle des Widersachers* 146
Ein Glasperlenspiel 147
Evolution und Thermodynamik 150
Ein magischer Exponent 153
Schwankungen 154
Selektion 157

Kapitel 9
Nachverstärkung und delikate Balancen 161
Einebnung der Chiralität durch Razemisierung
oder: Die Möglichkeit einer prähistorischen Temperaturkarte . 161
Aspekte des Alterns 163
Molekulare Kooperation – Polymerisation, Kristallisation . . . 168
Spaltung chiraler Moleküle 174

Kapitel 10
Konturen eines neuen Verständnisses 177

Ausblick
Jenseits der Erde 185

Inhaltsverzeichnis

Anhänge

A) Ergänzungen zum Nachweis der Paritätsverletzung 191
B) Sichtbares Zusammenspiel:
   Die Veränderung des Coulomb-Potentials durch die
   γ-$Z°$-Interferenz 193
C) Das Pauli-Prinzip 196
D) Exkurs über optischen Drehsinn und chirale
   Konfiguration 198
E) Die Rolle der Molekülgestalt bei der Ermittlung der
   enantiomeren Energiedifferenzen 200
   – a) *Konsequenzen spingesättigter Bindungen* 201
   – b) *Der molekulare Dissymmetriefaktor* 203
F) Reaktionsweg zum chiralen Molekül 205
G) Wirksame Verstärkung – eine Alternative 210
H) Planetenentstehung und Uratmosphäre 212
I) Die ersten Lebensspuren 214
J) Tabelle: Die 20 natürlich vorkommenden Aminosäuren .. 217

Ausgewählte Literatur 221

Glossar 235

Bildnachweis 251

Personenverzeichnis 253

Sachverzeichnis 257

L'univers est un ensemble dissymétrique, et je suis persuadé que la vie, telle qu'elle se manifeste à nous, est fonction de la dissymétrie de l'univers ou des conséquences qu'elle entraîne. L'univers est dissymétrique...

Louis Pasteur

Geleitwort

Vor etwa 4,6 Milliarden Jahren entstand unsere Erde als einer der Planeten des Sonnensystems. Die ersten Vorformen des Lebens, einzellige Algen oder Bakterien, entwickelten sich etwa eine Milliarde Jahre danach. Für weitere zweieinhalb Milliarden Jahre verharrte das Leben auf der Stufe einzelliger Lebewesen. Dann begann vor etwa 600 Millionen Jahren die rasante Entwicklung vom Kambrium zur Gegenwart. Erste komplexe Lebensformen bildeten sich heraus, schließlich entstand in erstaunlich kurzer Zeit die Vielfalt der Pflanzen- und Tierwelt, zuletzt die menschliche Zivilisation.

Die gesamte organische Welt besteht aus Eiweißstoffen, aus Proteinen, die wiederum aus einem Geflecht von Aminosäuren konstruiert sind, kunstvoll miteinander verkettet. Die Aminosäuren, komplizierte Moleküle aus Kohlenstoff, Stickstoff, Sauerstoff und Wasserstoff, haben eine auffällige räumliche Struktur – sie sind schraubenförmig gebaut.

Die Eiweißstoffe der organischen Materie haben merkwürdigerweise alle die Gestalt von Linksschrauben, obwohl die Natur ebenso von Molekülen Gebrauch machen könnte, die wie Rechtsschrauben aufgebaut sind. Stellt man Aminosäuren im Labor künstlich her, findet man in der Tat zu 50 Prozent Linksschrauben und zu 50 Prozent Rechtsschrauben. Dies ist kein Zufall, sondern die Folge einer wichtigen Symmetrie der Naturgesetze, der Symmetrie gegenüber Raumspiegelungen. Sowohl die für den Aufbau der Atomkerne wichtige Kernkraft als auch die elektromagnetischen Kräfte, die für den Zusammenhalt der Atome und Moleküle sorgen, besitzen die Eigenschaft der Spiegelungssymmetrie oder Parität – sie ändern sich nicht, wenn man eine Spiegelung des Raumes an einer Ebene durchführt. Dies bedeutet: Zu jedem Objekt in der Natur, sei es ein Atomkern, ein Molekül oder ein makroskopisches Objekt, kann man ein hierzu spiegelungssymmetrisch angeordnetes Objekt aufbauen, dessen Energie ebenso groß ist wie die Energie des Ausgangsobjekts. Dies ist der Grund, warum bei der Synthese von Aminosäuren im Mittel ebenso viel linksschraubige wie rechtsschraubige Moleküle entstehen, denn bei einer Spiegelung geht eine Rechtsschraube in eine Linksschraube über und umgekehrt. Folglich ist die Wahrscheinlichkeit, daß sich eine Linksschraube bildet, genauso groß wie die Wahrscheinlichkeit für den Aufbau einer Rechtsschraube. Bei der Produktion in einer Fabrik werden zum größten Teil rechtsgängige Schrauben hergestellt, da nur diese vorrangig in der Technik Verwendung finden – nicht etwa, weil linksgängige Schrauben weniger nutzbar wären, sondern wegen einer weltweit angenommenen Konvention. Hier ist es also der Mensch, der bewußt die Links-Rechts-Symmetrie bricht, mit gutem Grund, da die gleichzeitige Verwendung von Linksschrauben und Rechtsschrauben in der Technik eine heillose Verwirrung stiften würde.

Die Frage stellt sich: Wer hat die in der organischen Natur vorliegende Bevorzugung der Linksschrauben für Aminosäuren verursacht? Ist dies Zufall? Gab es einen Bauplan für die organische Materie, der bewußt auf die rechtsschraubigen Aminosäuren verzichtete? Niemand weiß dies genau. Es ist aber klar, daß dieses Problem eng mit dem Problem der Entstehung des Lebens verknüpft ist, wie schon Pasteur vor mehr als 100 Jahren betonte.

Es ist bemerkenswert, daß die Paritätssymmetrie nicht eine absolut gültige Symmetrie der Natur ist, obwohl dies von vielen Physikern in der Vergangenheit angenommen wurde. Der Nachweis einer Verletzung der Symmetrie, im Jahre 1956 erbracht, wirkte deshalb wie ein Schock für viele Naturwissenschaftler. Man fand, daß die schwache Wechselwirkung, die beispielsweise für den radioaktiven Zerfall des Neutrons oder vieler Atomkerne verantwortlich ist, die Paritätssymmetrie verletzt, und zwar nicht nur ein wenig, sondern mit maximaler Stärke. In unserem täglichen Leben verspüren wir allerdings wegen der Schwachheit der entsprechenden Kräfte nichts davon.

Es gibt Elementarteilchen, die weder von den starken noch von den elektromagnetischen Kräften beeinflußt werden, die Neutrinos. Diese Teilchen besitzen einen inneren Drehimpuls, der von den Physikern als Spin bezeichnet wird. Man kann sich diese Teilchen wie kleine schraubenförmige Gebilde vorstellen. Interessant ist nun, daß in unserem Universum nur linksdrehende Neutrinos vorkommen; auf die entsprechende rechtsdrehende Art scheint die Natur verzichtet zu haben. Die Situation ähnelt hier derjenigen, die wir bei der organischen Materie vorfinden. Es liegt deshalb nahe, die Verletzung der

Spiegelungssymmetrie durch die schwachen Kräfte mit der Verletzung dieser Symmetrie bei der lebenden Materie in Verbindung zu bringen. Dies würde bedeuten, daß die schwachen Naturkräfte bei der Entstehung des Lebens doch eine gewichtige Rolle gespielt haben, und somit wäre gleichzeitig eine wichtige Beziehung zwischen der Welt der Elementarteilchen und der Biologie aufgezeigt.

Dieser interessanten und naheliegenden Spekulation ist das Buch von Dieter Rein gewidmet. Der Autor ist von Haus aus Teilchenphysiker, übrigens am selben Institut in Aachen tätig, an dem zu Beginn der 70er Jahre diejenige Wechselwirkung zuerst gefunden wurde, die letztlich für die Paritätsverletzung in der Molekülphysik verantwortlich ist, die sogenannte Wechselwirkung der neutralen Ströme.

Dieter Rein nimmt eine bemerkenswerte Analyse des Problems der Händigkeit der organischen Materie vor. Er führt den Leser von der Welt der Elementarteilchen über die Atomphysik, Molekülphysik und Chemie bis zur Biologie – ein echter und wichtiger Beitrag des interdisziplinären Denkens. Ich glaube, daß Laien, die sich für das Problem des Lebens und seiner Entstehung interessieren, wie auch viele Fachwissenschaftler «Die wunderbare Händigkeit der Moleküle» mit großem Gewinn und Interesse lesen werden.

Prof. Harald Fritzsch
Universität München

Vorwort

Nietzsche zufolge dürfte ein Buch wie dieses nicht mit Anstand geschrieben werden, wagt es doch aufs neue den berüchtigten Versuch, «den Rock der Wissenschaft auf den Leib des gemischten Publikums zuzuschneiden». Vielleicht fürchtete Nietzsche, daß nach dem Verschnitt der Rock der Wissenschaft zu unansehnlich, am Ende gar ganz unkenntlich herauskäme. Darin besteht sicherlich eine Gefahr. Daß der Rock nicht paßt und in den Schrank gehängt wird, ist eine andere Gefahr. Zwischen beiden Fußangeln hindurchzukommen, ist die Aufgabe des Schneiders solcher Röcke. Dazu sollte er sein gemischtes Publikum kennen. Das ist im voraus nicht so einfach anzustellen. Hier muß die Vorstellung einspringen, wo Kenntnis und Vertrautheit fehlen.

Ich stelle mir also naturwissenschaftlich interessierte Leser vor, die den Berichten aus Physik, Chemie und Biologie, welche regelmäßig in den großen Tageszeitungen erscheinen, gerne folgen; Leser, die ein Atom in plastischer Anschauung mit einem kleinen dichten Kern inmitten einer großen diffusen Elektronenwolke verbinden und sich vor einem Coulombschen Gesetz elektrostatischer Anziehung oder Abstoßung nicht fürchten. Alles andere wird sich im Verlauf der Darstellung – so hoffe ich – erschließen. Ich wende mich also viel weniger an den Fachmann als an den gebildeten Laien, und das ist eigentlich ein ganz natürliches Anliegen bei einem Thema, das in sich selbst interdisziplinär ist.

Der Inhalt hat mit dem Anfang des Lebens auf der Erde zu tun. Aber das ist nur der allgemeine Rahmen. Konkreter geht es um ein Verständnis von Asymmetrie in der Welt des Lebendigen, sinnfällig illustriert in der Spirale des Umschlagbildes: Leben ist nicht spiegelsymmetrisch. Zwar sehen wir vor dem Spiegel aus, als ob wir uns selbst entgegenkämen. Eine Symmetrieebene geht uns durch Brustbein und Wirbelsäule, so daß sich alles links und rechts davon spiegelbildlich entspricht – wenn wir von Kleinigkeiten absehen, daß vielleicht das eine Ohrläppchen ein wenig tiefer hängt als das andere oder der Scheitel nicht in der Mitte sitzt. Doch nehmen wir uns nicht zu wichtig! Auch Hopfenranken sind lebendig und offensichtlich gar nicht spiegelsymmetrisch. Auf der molekularen Ebene des Lebens ist sogar alles Wesentliche asymmetrisch. Wenn man das verstehen will, muß man zuerst begreifen, wie es entstanden ist. Das führt an die frühe Grenze des Lebens, an seinen allerersten Ursprung. Doch besteht nicht die Absicht, den Übergang von der unbelebten zur belebten Natur nachzuzeichnen oder auch nur dingfest zu machen. Einzig der Aspekt des Entstehens einer seltsam ausgeprägten, im reinsten Sinne also wunderbaren Händigkeit der Biomoleküle, wie wir sie heute in jeder lebenden Zelle beobachten, soll hier beleuchtet werden – ein Schnappschuß sozusagen auf dem Entwicklungsgang zur Selbstorganisation der Materie, auf dem Weg zum Leben!

Der Versuch gliedert sich in zehn Kapitel von unterschiedlichem Gewicht mit einer allgemeinen Einführung und einem spekulativen Ausblick, so daß es eigentlich zwölf Abschnitte geworden sind, eine Zahl, die ich mit Genugtuung betrachte, weil sie schon viel früher das naturerforschende Denken zu strukturieren half als das vergleichsweise neue Dezimalsystem. Hinzu kommen noch ein paar Anhänge, teils zur Ergänzung, teils zur Vertiefung.

Das Anfangskapitel ist der optischen Aktivität gewidmet. Es führt, nach einem etwas tieferen Eindringen in diese Naturerscheinung, wie von selbst zur händigen, spiegelasymmetrischen Struktur der Moleküle, von dort zu den Hypothesen ihrer Entstehung und zu den suggestiven Zusammenhängen mit dem Bruch der Spiegelsymmetrie, der «Verletzung der Parität» durch eine der fundamentalen Naturkräfte. Wie sich diese spiegelschiefe Kraft in der Chemie auswirkt, ist geeignet, einen fast typischen Zug moderner Forschung zu illustrieren: Man braucht immer größere Apparate für immer kleinere Dinge. Umgekehrt bergen kleine Effekte unter geeigneten Umständen den Keim zu großen Wirkungen. Am Ende taucht ein mögliches, vielleicht wahrscheinliches, Szenarium jener Vorstufen molekularer Organisation auf, die schließlich zum Leben führen konnten. Der Blick über den Rand der Erde hinaus sucht außerirdisches Leben zu erspähen, um irdisches Leben zu verstehen. Doch noch berichtet die Strahlung, mit der das Weltall seine Botschaften an uns sendet, nichts, was uns dabei helfen könnte.

Beim Entstehen dieses Buches ist mir viel wertvolle Hilfe zuteil geworden, für die ich herzlich dankbar bin. Die Anregung, über die chirale Asymmetrie der Moleküle des Lebens ein Buch zu schreiben, ging von Dr. O. Merwitz (Jülich) aus, dem ich überdies vielfältige Unterstützung bei der Literaturbeschaffung verdanke. Die lange gewachsene, immer wohlwollende Unterstützung, Ermunterung und Kritik von Prof. Dr. H. Faissner bereitete den Grund, auf dem das Buch Gestalt annehmen konnte. Aus den profunden Hinweisen und Vorschlägen von Dr. D. Haidt (Hamburg), Prof. Dr. W. Kasig (Aachen), Prof. Dr. L. Keszthelyi (Szeged), Dr. R. Nahnhauer (Berlin), Prof. Dr. G. Scharf (Zürich), Dr. Ch. Spiering (Berlin) und Prof. Dr. W. Thiemann (Bremen) gewann ich neue Sicht; sie bereicherte das Manuskript an exponierten Stellen. Besonderen Gewinn zog ich aus einer langen, fruchtbaren Diskussion mit Prof. Dr. P. Paetzold (Aachen) über die chemischen Kapitel des Buches. Ich empfinde tiefe Dankbarkeit für die persönliche Anteilnahme, die Prof. Dr. F. Schlögl (Aachen) meiner Darstellung entgegengebracht hat, für seine Ermutigung, seine Hinweise zur Thermodynamik und für seine praktische Hilfe. Die beharrlich freundschaftlichen Ratschläge von Dr. T. L. V. Ulbricht (London) konnten das Manuskript vor einigen Schwächen bewahren; seine anregenden Kommentare habe ich mit Genuß verarbeitet, und seiner mentalen Unterstützung verdanke ich viel. Frau Irene Gojdie hat meine handschriftlichen Notizen zu schöner, lesbarer Form komponiert, und durch das freundliche Entgegenkommen des Birkhäuser Verlages in Gestalt seines Lektors Th. Menzel ist daraus ein Buch geworden. Schließlich möchte ich auch schon der Vorhut des «gemischten Publikums» danken, meiner Mutter, meiner Frau Ingeborg, die das Schreiben in allen Phasen als Testleserin begleitet hat, und meinen Kindern, die zwar weniges aber Treffendes dazu sagten.

Einführung
Asymmetrie und Ursprung des Lebens

Immer zielen unsere Gedanken – wenn wir fragen, warum etwas ist, wie es ist – auf einen äußersten Punkt, auf einen letzten zureichenden Grund. Immer stellt sich darum die Frage nach dem Anfang: dem Anfang unserer persönlichen Beziehungen, dem Anfang des Lebens, dem Anfang der Welt. Nicht von ungefähr beginnt die Bibel, die Geschichte von Gott und den Menschen, mit der bilderreichen Genesis: «Am Anfang schuf Gott Himmel und Erde.» Er schuf Materie und Strahlung. Er schuf Energie. Später schuf er Tiere und Menschen – lebensbegabte, vernunftbegabte Formen der Materie. Am siebten Tage ruhte er aus. Der achte Schöpfungstag ist vermutlich der, in dem wir gerade leben. Und über neunte, zehnte und weitere Schöpfungstage schweigt sich die Bibel aus.

Doch die Schöpfung geht weiter. Auch die Bibel hat noch einen zweiten Band. In initio erat verbum! Das ist die Wiedererschaffung der Welt im Wort. Das ist das Erschließen von Erkennen und Verstehen. Die ersten Worte des Johannes-Evangeliums bringen die Welt auf den Begriff. Sie markieren den Anfang des Nachdenkens, den Anfang des Bewußtseins. Denn wie manifestiert sich Bewußtsein anders als in der Sprache? «Du hast ganz recht», sagte Karl Popper zu Konrad Lorenz, als beide achtzig geworden waren und am Kamin in Lorenz' Altenberger Haus die Summe ihrer Lebenseinsichten bedachten, «ich bin ganz einverstanden mit Dir, daß es zwei große Abschnitte in der Evolution gibt: das Leben und den Menschen. Und der Mensch – das ist vor allem die Sprache.» Ohne Sprache, ohne das menschliche Bewußtsein – kristallisiert im Wort, das Mitteilung und Sinn und Kraft und Tat umgreift – könnte das Universum wohl sein, aber nicht bekannt sein, und das wäre, wie einmal der Biochemiker George Wald meinte, doch eine armselige Sache.

Das Kamingespräch des Philosophen mit dem Biologen läßt einen Begriff aufscheinen, dem auch dieses Buch in gewissem Sinn Tribut zollen wird: den Begriff der Evolution! Wahrscheinlich ist Evolution, die Frage nach dem Ursprung und dem Wie und Wohin der

Fortentwicklung – wenn wir sie nur genügend allgemein nehmen – die faszinierendste Frage, welche die Wissenschaft überhaupt stellen kann. Wen mag es wundern, daß auch die größeren oder kleineren Ausschnitte aus dem großen Bühnenspiel Evolution die Aufmerksamkeit des Betrachters zu fesseln vermögen? Zum Beispiel die ersten Sekunden nach dem Urknall, in denen sich Kosmologie und Elementarteilchenphysik durchdringen und wo das Größte und das Kleinste in der Welt sich als zusammengehörig zeigt! Oder, um von diesem Zeitpunkt in die Zukunft zu denken: die Evolution der menschlichen Gesellschaft, die Selbstorganisation ihrer Städte, die fortschreitende Vernetzung aller menschlichen Einzelkräfte und Einzelentscheidungen zu einem Menschheitsorganismus hin!

Wir wollen hier bescheidener sein und uns nur einem kleinen Aspekt zuwenden, einem Aspekt, den Sir Karl Popper zwar nicht gerade betont, den er aber doch voraussetzt, wenn er als Markierungspunkte den Beginn des Lebens und des Menschen nennt. Denn da muß natürlich etwas vor dem Menschen gewesen sein, und etwas, was sogar vor dem Leben war und sich entfaltete. Einen Urknall des Lebens hat es sicher nicht gegeben, jedoch eine Entwicklung zum Leben hin: eine Evolution im molekularen Bereich, eine vorbiologische, chemische Evolution, welche in wachsender Komplexität erst die Materialien bereitstellen mußte, um Leben zu ermöglichen. Es sind die Vorstufen zum Leben, um die es uns hier geht.

Wir können nicht anders, als den Ursprung des Lebens aus dem Leben selbst heraus zu erschließen, aus seinen allgemeinen Zügen, aus seinen molekularen Ordnungen. Wir haben keine andere Chance, keine Möglichkeit des Vergleichens. So wie wir Erfahrungen nur in unserem eigenen unwiederholbar gelebten Leben machen und nicht zurückgreifen können auf Erlebnisse aus neu gelebten Lebensspannen unserer Person, so können wir nicht Regularitäten von Lebensursprüngen erforschen. Denn wir kennen kein anderes als das irdische Leben und haben keinen Vergleich als den unter verschiedenen Arten und Rassen, die dieses im Verlauf seiner Entwicklung hervorbrachte.

Alles Lebendige, vom Elefanten bis zum Pantoffeltierchen, vom Palmenwald bis zu den Mikroben, besteht letztlich aus Eiweißstoffen und Erbsubstanz. Wie verschieden auch ihre Funktionen sind, in ihren Bauplänen gibt es Gemeinsamkeiten. Beide besitzen Elemente räumlich asymmetrischer Gestalt. Die Eiweißstoffe, Proteine, sind ein Geflecht von miteinander verketteten Aminosäuren, und zu den Bausteinen der Nukleinsäuren, welche die Vererbung steuern und die Konstruktionsanweisungen für die Proteine beherbergen, gehören die Ribosen, fünfgliedrige Molekülringe, Verwandte des gewöhnlichen Zuckers. Aminosäuren und Ribosen sind wie Schrauben oder Wendeln, die linksgängig sein können oder rechtsgängig. Die Proteine enthalten nur linkshändige Aminosäuren, und die Nukleinsäuren nur rechtshändige Zucker. Es hätte auch umgekehrt sein können. Aber das kommt nicht vor. Wir können diese chiralen, das heißt händigen Strukturen unterscheiden, weil sie die Polarisationsebene des Lichtes drehen, und zwar in jeweils entgegengesetzter Richtung; sie sind optisch aktiv. Die linkshändigen L-Aminosäuren und L-Zucker (von lat. laevus = links) drehen das Licht gerade andersherum als ihre rechtshändigen Spiegelbilder, die D-Aminosäuren und D-Zucker (von lat. dexter = rechts). Wären sie in jeweils gleich verteilter, razemischer Mischung in der Zelle vorhanden, so würden sich die Drehungen des Lichts gerade wechselseitig aufheben, und von optischer Aktivität wäre nichts zu bemerken.

Tatsächlich ist die optische Reinheit der Stoffwechselprodukte in der lebendigen Zelle frappierend, und nach allem, was wir wissen, scheint dies ein Zug von fundamentaler Allgemeinheit zu sein – zu allgemein, als daß wir der Schlußfolgerung entgehen könnten, dies müsse ein bestimmendes Element des Lebens selbst sein. Das hat vermutlich zuerst Pasteur erkannt. Schon 1860 bemerkte er in einem Vortrag: «Die künstlichen Stoffe haben keine molekulare Asymmetrie, und ich könnte keine tiefere Unterscheidung zwischen den unter dem Einfluß des Lebens entstandenen Produkten und allen übrigen angeben als gerade diese.» Zweieinhalb Jahrzehnte später, auf einer Versammlung der Pariser Chemischen Gesellschaft, klingt es noch deutlicher:

«Messieurs, une particularité singulière concerne la dissymétrie moléculaire. On trouve la dissymétrie établie dans un très grand nombre de principes immédiats des animaux et des végétaux, notamment dans les principes immédiats essentiels à la vie...»
(«*Eine einzigartige Besonderheit betrifft die molekulare Dissymmetrie. Man findet sie sehr zahlreich bei Prinzipien, die Tieren und Pflanzen eigentümlich sind, das heißt, unter den unmittelbar wesentlichen Prinzipien des Lebens...*»)
Pasteur hat die Chiralität der Biomoleküle als die Demarkationslinie bezeichnet, welche die belebte von der unbelebten Natur scheidet und welche die Erde in ihrer Entwicklung einmal überschreiten mußte,

um zu einem Ort des Lebens zu werden. Die lebendige Natur ist so auf Händigkeit angelegt, daß zum Beispiel Nahrungsmittel der falschen Chiralität gar nicht verdaut werden können. Würden wir statt der natürlichen Aminosäuren und Zucker ihre Spiegelbilder zu uns nehmen, müßten wir verhungern. Der Chemismus der Zelle ähnelt in seinen ineinandergreifenden Reaktionen dem Bild von Schlüssel und Schloß, die zueinander passen müssen; zwingt man den falschen Schlüssel ins Schloß, so funktioniert er nicht. Warum allerdings die «Schlösser» beispielsweise linksgängig sind und nicht rechtsgängig, ist rätselhaft. Zwar kann man einsehen, daß eine einmal vorhandene asymmetrische Struktur als «Backform» in allen Generationen des Lebens immer wieder Moleküle von bestimmter Chiralität hervorbringt. Denn die Enzyme in der Zelle, welche die biologischen Reaktionen steuern, lassen nur Moleküle einseitiger Händigkeit entstehen. Sie sind ja selber asymmetrisch gebaut, und so ist es einsichtig, daß sich eine molekulare Asymmetrie, die sich im lebendigen Kosmos einmal durchgesetzt hat, auch durch die Generationen hindurch forterbt. Doch bleibt die Frage nach dem Anfangsglied dieser Kette von Reaktionen; es bleibt die Frage nach dem «Urahn» der Asymmetrie. Irgendwann zwischen dem Erkalten unseres Planeten vor circa 4,7 Milliarden Jahren und den ersten Fußabdrücken einzelliger Organismen in den 3,5 Milliarden Jahre alten Gesteinen Nordwestaustraliens muß sich der Übergang von der unbelebten Materie zum vermehrungsfähigen, selbstorganisierenden Lebenskeim vollzogen haben. Irgendwann im frühesten, möglicherweise präbiotischen, Stadium der Evolution muß aber auch als Voraussetzung für die Entwicklung, deren chemische Gemeinsamkeiten wir jetzt beobachten, eine Spiegelungsasymmetrie aufgebrochen sein. In der Tat sehen wir heute, darin Pasteur folgend, einen ganz wesentlichen Aspekt der *Entstehung des Lebens* in dem *Entstehen chiraler Moleküle* und in der *strikten Einseitigkeit*, mit der sie in das Leben eingegangen sind.

Chirale, händige Moleküle sind absolut notwendig, um die Basis für die Informationsverarbeitung zu liefern, die das Leben braucht. Gerade die räumlich schiefe Gestalt ist für Moleküle die Voraussetzung, um unter den vorübertanzenden Reaktionspartnern eine Wahl für eine kürzer oder länger dauernde Verbindung zu treffen. Eine linke Hand zieht sich nur linke Handschuhe an, denn rechte Handschuhe würden schlecht passen. So werden Handschuhe selektiert. Das bedeutet, es wird Information erzeugt, die jeweils exakt einer binären Wahl entspricht. Die ungeheure Informationsmenge, die in den Nukleinsäuren als Anweisungslinie für die biochemischen Synthesen der Zellen steckt, ist wahrscheinlich undenkbar ohne die asymmetrische Struktur ihrer Spiralstränge und deren händiger Bestandteile. Es ist heute ziemlich klar, daß die ersten zur Selbstvermehrung fähigen Moleküle, primitive Ribonukleinsäuren von etwa 100 Einzelgliedern, erst aus einem Substrat von hoher chiraler Reinheit auf die notwendige Länge heranwachsen konnten, daß die Asymmetrie also schon vor den ersten Stufen des Lebens vorhanden gewesen sein muß. Am Anfang der Komplexität steht die Asymmetrie!

Die Händigkeit der Biomoleküle ist nicht das einzige Beispiel elementarer Links-Rechts-Asymmetrie in der Natur. Auf einer womöglich noch allgemeineren Stufe, in der Welt der Elementarteilchen, findet sich noch einmal dieses seltsame Phänomen: Neutrinos, die sich wie Lichtpartikel durch den Raum bewegen, sind ganz und gar linkshändige Objekte, indem ihr Spin oder Eigendrehimpuls, der einen Drehsinn definiert, immer entgegengesetzt zu ihrem Flug gerichtet ist. Rechtshändige Neutrinos existieren nicht. Warum Neutrinos ausgerechnet linkshändig sind, glauben wir zu wissen: Im Zerfall eines Atomkerns werden sie linkshändig geboren, denn die Struktur der Kraft, die den Zerfall bewirkt und darin Neutrinos entstehen läßt, verlangt es so. Diese Kraft der β-Radioaktivität, die Schwache Wechselwirkung, die auch das Licht der Sonne und der Sterne scheinen läßt und dadurch Leben lebendig erhält, ist spiegelasymmetrisch und unterscheidet zwischen links und rechts in einem absoluten Sinne. Gibt es am Ende einen Zusammenhang zwischen dieser von den ersten Sekunden des Universums an und seitdem immer und überall wirkenden asymmetrischen Kraft und den asymmetrischen Eigenschaften des Lebens?

So zu fragen ist nicht abwegig, und mit einer Zufallserklärung für die Entstehung der Chiralität in der belebten Welt wollen wir uns nicht vorschnell zufrieden geben. Denn alles hat seinen Grund (selbst wenn daraus nicht folgt, daß man deshalb auch schon alles voraussagen kann), und unter konkurrierenden Gründen den einfachsten zu finden, gilt seit den Tagen des hohen Mittelalters als aller Wissenschaften unbefragtes Ziel.

Das heißt nicht, den Zufall zu eliminieren. Die Grenze zwischen Zufall und Notwendigkeit ist ohnehin nicht immer klar zu ziehen. Oft meinen wir mit Zufall lediglich die Unbestimmtheit eines Ereignisses, dessen Ursachen wir wohl kennen, dessen Eintreffen wir jedoch nicht vorhersagen können wie beim radioaktiven Zerfall. Auch die statistischen Fluktuationen der Thermodynamik, etwa bei der Brownschen Molekularbewegung, sind nicht unbegründet, sondern unvorhersagbar. Es ist die Unvollständigkeit unserer Information (sei sie nur faktischer oder prinzipieller Natur), die dem Zufall Raum schafft. Ins Extrem gewendet ist der Zufall – wie Linus Pauling und Emile Zukkerkandl formulierten – «niemals eine innere, den Dingen selbst zukommende Eigenschaft, während Notwendigkeit, solange wir die Existenz von Naturgesetzen anerkennen, eine solche innere Eigenschaft sein muß.» Notwendigkeit ist dann sozusagen der Grundwesenszug der Natur, ihre logische Übereinstimmung mit sich selbst; Zufall jedoch drückt nur eine Relation des Beobachters zu dem Gegenstand seiner Beobachtung aus.

Sei dem, wie es sein will. Stets treffen wir in der Evolution auf einen Tandem-Prozeß aus Zufall *und* Notwendigkeit, aus Mutation und Selektion. Zufall spielt eine Rolle in der Evolution, aber er bestimmt nicht ihre Richtung. Unter den zufälligen Veränderungen, die in alle Richtungen springen und keine Richtung auszeichnen, wählt Einverständnis oder Feindschaft der Umgebung richtend aus, was überleben und sich forterben darf. Sollten wir nicht auch die Linkshändigkeit der Aminosäuren und die Rechtshändigkeit der Zucker als Ergebnis einer Auswahl auffassen, welche die Natur zu Beginn des Lebens einmal mit Bestimmtheit getroffen hat? Wie kam sie aber dazu – ohne Mithilfe händiger Enzyme – zu einer Zeit, als noch nichts Lebendes existierte? Eine kausale Lösung kann nur in den Verhältnissen der Physik und der Chemie zu suchen sein, in den allgemeinen Naturgesetzen unter den spezifischen Bedingungen, welche die junge Erde bot.

Wie es vor vier Milliarden Jahren auf der Erde ausgesehen haben mag, können wir uns vorstellen. Auch gibt es Anhaltspunkte – aus geologischen und vulkanologischen Beobachtungen, aus dem Verhalten anderer Himmelskörper und aus den logischen Verknüpfungen zwischen beiden. Eins scheint sicher zu sein: Die junge Erde war von einer Atmosphärenhülle umgeben, die keinen freien Sauerstoff enthielt. In einer solchen Atmosphäre können – wenn Blitz und Donner sie durchzucken – einfache organische Moleküle von selbst entstehen, unter ihnen auch händige Aminosäuren. Das ist mit ingeniösen Experimenten in den fünfziger Jahren gezeigt worden. Wie zu erwarten entstanden L- und D-Aminosäuren zu gleichen Teilen, im razemischen Gemisch. Wenn sich aber eine der beiden chiralen Komponenten im Wechseltanz der molekularen Reaktionen schließlich durchsetzen wollte, mußte sie wohl doch einen – äußeren oder inneren – Vorzug besitzen. Äußere Vorzüge kann die Asymmetrie der Umgebung herstellen. Es sind Gelegenheitsvorzüge, die sich mit wechselnden Umgebungen auch wieder verlieren. Innere Vorzüge kommen den Molekülen selbst zu, unabhängig von Ort und Zeit. Die Schwache Wechselwirkung, die – wir haben es schon erwähnt – im Sonneninnern beispielsweise für die Anregung der Strahlung sorgt, gibt den L-Aminosäuren und den D-Zuckern einen kleinen energetischen Vorteil: L-Aminosäuren und D-Zucker sind ein bißchen stabiler, ein bißchen überlebenstüchtiger als ihre Spiegelbilder. Es ist genau so, wie es zur Beobachtung am Leben paßt! Und wenn auch die Unterschiede winzig sind – die Reaktionen können, ohne unser Vorstellungsvermögen ernstlich zu strapazieren, selbstverstärkend hochlaufen wie eine Feuersbrunst, die aus einem Streichholzflämmchen ihren Anfang nimmt. Es muß nur alles fern vom thermodynamischen Gleichgewicht passieren, in einem offenen System, in das von außen Energie einströmt, wie es auf der Erde gegeben ist. Auch die Vernetzung von Einzelmolekülen zu komplizierten Polymeren, ohne die die Lebensfunktionen unbegreifbar wären, kann unter gewissen Voraussetzungen von selbst in Gang kommen, und dies um so besser, je höher die optische Reinheit der chiralen Ausgangsmaterialien ist. Das schlägt dann in die gleiche Kerbe.

An diesem Punkt scheint vage die Möglichkeit eines kausalen Verstehens auf: Indem das Leben über solche Vorstufen einhändig chiraler Moleküle begann, dankt es vielleicht der Paritätsverletzung, der Symmetriebrechung auf einem fundamentalen Niveau der Natur, seine Voraussetzungen. Dann herrscht Notwendigkeit, und die beobachtete Asymmetrie des Lebens ist nichts anderes als der Widerschein der kosmischen Asymmetrie, die in einem der physikalischen Grundgesetze des Universums beschlossen liegt. «L'universe est dissymétrique», sagte Pasteur 1874 vor der Pariser Akademie aus tiefer, der Anschauung des Lebens abgewonnener Überzeugung. Die Erkenntnisse unseres Jahrhunderts, aus der Anschauung der wirkenden Kräfte im Mikrokosmos geboren, geben ihm recht.

Warum das Universum dissymmetrisch ist, warum die Naturgesetze existieren und die beobachteten Züge zeigen, übersteigt die Kompetenz der Physik. Wir könnten ein anthropozentrisches Prinzip bemühen («The Anthropic Principle») und sagen, alles ist, wie es ist, *damit* Menschen entstehen konnten, menschliches Bewußtsein und die Möglichkeit, daß Materie sich selbst reflektiert. Dafür lassen sich viele Belege finden und kein zwingender Grund. Das anthropozentrische Prinzip bezieht alle Entwicklung der Welt auf den Menschen und läßt doch außer acht, daß es zu dessen hervorragendsten Fähigkeiten gehört, von sich selbst abzusehen.

Dennoch, da wir nun einmal existieren, hat die Entwicklung des Weltalls unweigerlich etwas mit uns zu tun. Schließlich kam dieser Kosmos, dessen Geschichte in einem Feuerball aus Elementarteilchen begann – durch Katarakte von Symmetriebrechungen, in denen sich die fundamentalen Kräfte voneinander schieden und die Welt sich diversifizierte – einmal zu diesem seltsamen und bewegenden Resultat: zu einer Kreatur, die nachdenklich die eigene Herkunft überblickt und versucht, sie zu verstehen.

Die Welt hat eine Struktur – nur so macht sie für uns Sinn. Und sie ist vermutlich von vornherein auf Leben hin angelegt, einfach durch die ihr eigenen physikalischen Gesetzmäßigkeiten, durch ihre innere Kohärenz. Dazu muß nicht eine besondere, nur in der lebendigen Natur wirksame evolutionäre Kraft bemüht werden, wie noch die Vitalisten um die Jahrhundertwende meinten. Nirgendwo widerspricht das Leben den Gesetzen der Physik. Lebendiges kann nicht umhin, auch Materie zu sein, die durch Wechselwirkungen strukturiert wird. Wir müssen auch nicht Teilhard de Chardin folgen, der die Erde bei ihrer Geburt aus dem solaren Nebel mit einem Urvorrat von Leben und Bewußtsein ausgestattet sehen will, welcher sich – zunächst in unendlicher Zerstreuung auf alle Materie verteilt – in wachsender Konzentration über die Schwelle wahrnehmbaren Lebens gehoben hätte und nun in fortwährender Verdichtung auf einen Punkt «Omega» hinstrebte, an dem alle verfügbare gewöhnliche Energie schließlich in Geist und Bewußtsein umgewandelt wäre. Das ist interessant, doch ohne Stütze eines Beweises! Und es erklärt auch nichts. Denn wo käme der Anfangsvorrat her (und warum nur auf dieser Erde?), und wo wäre das Umwandlungsprinzip für solche Formen der Energie noch zu studieren?

Wenn wir die Möglichkeiten des Universums nicht von vornherein auf seine Wirklichkeit reduzieren, können wir kein prädestiniertes

Asymmetrie und Ursprung des Lebens

Ziel angeben, und die Richtung der Entwicklung ergibt sich aus dem Ausgang von Entscheidungen an den vielen Verzweigungspunkten auf dem Wege. Eine dieser frühen Entscheidungen ist der Gegenstand dieses Buches: die Entscheidung für links oder rechts in den Grundbausteinen des Lebens. Die Natur kann blind entschieden haben oder nach Notwendigkeit, gemäß dem Prinzip, das schon Maupertuis – unter Friedrich dem Großen Präsident der Preußischen Akademie der Wissenschaften zu Berlin – formuliert hat: Alles im Haushalt der Natur regelt sich nach den Erfordernissen der Ökonomie, das heißt des kleinsten Aufwandes unter gegebenen Umständen, der die größte Wirkung zu erzielen vermag.

Letztlich ist es wohl immer der Ausgang von Entscheidungen in der unablässigen Abfolge von Verzweigungen, durch die sich Evolution darstellt. Unser Platz in ihr ist transitorisch. Mit uns ist Natur noch auf dem Wege, nicht schon in der Herberge. Keiner, der sich des prägenden Ablaufs der Zeit bewußt ist, wird annehmen, daß die Entwicklung des Lebens auf der Erde mit dem Menschen an ein absolutes Ende gekommen ist. Doch können wir nicht in die Zukunft blicken. Was künftige Entscheidungen bewirken, läßt sich nicht im voraus erkennen, denn jede spätere hängt von dem Ergebnis aller vorangegangenen ab, wie immer sie zustande gekommen sind.

Was wir jedoch finden können, sind die richtenden Gesetze und die empirische Gewißheit, daß die zeitliche Entwicklung sich gerade als Prozeß von immer weiter aufeinanderfolgenden Verzweigungen erweist. Indem wir den Blick auf die Basisbausteine des Lebens lenken, organische Moleküle von händiger Gestalt, wollen wir einprägsam machen, wie das eine mit dem anderen zusammenhängen kann: die Struktur der Kräfte über kleinste räumliche Distanzen und die Entscheidung zum Leben in den fernsten Zeiten der Vergangenheit.

In den letzten Jahrzehnten sind Vorstellungen entwickelt worden, die das Entstehen einer Links-Rechts-Asymmetrie auf molekularer Ebene wahrscheinlich machen und ihre besondere Richtung zumindest nicht unwahrscheinlich erscheinen lassen. Die größte Aufmerksamkeit wird dabei ein Bild beanspruchen, das die schwache Wechselwirkung als einzige asymmetrische Naturkraft für die Entstehung molekularer Asymmetrie verantwortlich macht, und zwar direkt und unabhängig von jedem Ort. Ob die beobachtete Asymmetrie des Lebens so entstanden ist, wissen wir nicht. Doch haben wir hier ein quantitativ ausgearbeitetes Modell, das nicht sofort und offensichtlich mit anderen Beobachtungen in Konflikt geraten ist. Es schließt, wie es generell den Abschnitten der Evolution eigentümlich ist, den Zufall nicht aus, braucht und benennt jedoch auch die Notwendigkeit.

Um zu beginnen, werden wir uns in einem ersten Kapitel mit der optischen Aktivität vertraut machen. Sie ist das Wahrnehmungsinstrument, das uns die asymmetrische Gestalt der Moleküle erfahrbar werden läßt. Natürlich ist dann über die Gestaltungskräfte in der molekularen Welt zu sprechen, über die fundamentalen Wechselwirkungen und ihre Symmetrien oder Asymmetrien. Daß die Kräfte der Radioaktivität und der Chemie miteinander verwandtschaftlich verbunden sind, ist durch eine der großartigsten Entdeckungen der Physik in diesem Jahrhundert zutage gekommen, und hier bietet sich seitdem ein Schlüssel an, den Ursprung der wunderbaren Händigkeit der Moleküle zu enträtseln. Aus der Betrachtung durchaus verbreiteter, doch äußerst wirksamer und höchst empfindlicher Verstärkungsmechanismen wird dann allmählich ein mögliches Bild jener Vorstufen molekularer Organisation sichtbar werden, aus denen – vielleicht – am Ende Leben erwachsen konnte.

Kapitel 1
Optische Aktivität und molekulare Asymmetrie

Die Polarisation des natürlichen Lichtes ist keine direkt augenfällige Eigenschaft. Man braucht Hilfsmittel, um sie zum Vorschein zu bringen. Wie ein Prisma oder ein Regentropfen die verschiedenen Frequenzen als Regenbogenfarben aus dem «weißen» Farbgemisch herausprojiziert, so filtern erst gewisse Kristalle, Quarz, Schwerspat, Turmalin und andere, aus dem natürlichen Gemisch der Polarisationsrichtungen eine bestimmte heraus, während andere absorbiert oder aus dem betrachteten Strahl herausreflektiert werden. Trotzdem ist das Phänomen der Aufspaltung des Lichtstrahles durch Doppelbrechung im Kristall, welches auf der Polarisation des Lichtes beruht, schon relativ lange bekannt.

Die erste Beschreibung verdanken wir einem dänischen Mediziner. Sein Vater war Arzt, sein Sohn war Arzt, und sein Neffe entdeckte die Bartholinischen Drüsen und wurde eine medizinische Berühmtheit. Der Arzt Erasmus Berthelsen oder Bartholinus aus Kopenhagen (1625–1698) hingegen ging in die Physikgeschichte ein. Als ihm 1669 – achtzehn Jahre vor Newtons epochalem Werk «Philosophiae Naturalis Principia Mathematica» – aus Island ein glasklarer Kalkspatkristall gebracht worden war, durch den man Gegenstände doppelt sehen konnte (Abb. 1), schloß er daraus, daß der einfallende Lichtstrahl im Kristall in zwei verschiedene Richtungen gebrochen wird und schließlich zwei Strahlen aus dem Kristall austreten. Wenn er den Kristall drehte, blieb eines der beiden Bilder unverändert, während das andere sich mitdrehte. Den Strahl, der das unbewegliche Bild hervorrief, nannte er den «ordentlichen», den anderen «außerordentlichen» Strahl, eine Unterscheidung, die auch heute noch gebräuchlich ist. Erklären konnte Bartholinus die Erscheinungen nicht. Und weder Isaac Newtons Korpuskularvorstellungen noch die vorläufige Wellentheorie des Lichts von Christiaan Huygens (1629–1695), der übrigens die Doppelbrechung intensiv studierte, konnten eine zutreffende Erklärung geben. Die Aufklärung gelang erst eineinhalb Jahrhunderte später und eigentlich durch Zufall.

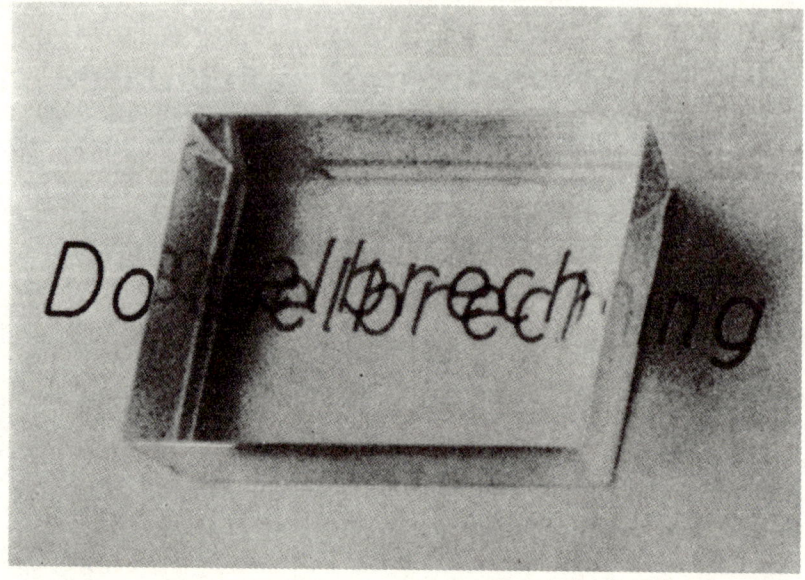

Abb. 1
Doppelbrechung des Lichtes durch einen Calzit-Rhomboeder. Der durchsichtige Calzit (= Kalkspat)-Kristall, auf beschriebenes Papier gelegt, zeigt bei senkrechter Aufsicht die Schrift doppelt; das eine Bild erscheint dort, wo es auch bei einem Rhomboeder aus gewöhnlichem Glas erscheinen würde; das zweite Bild jedoch ist wegen der Anisotropie des Kristalls gegenüber dem ersten verschoben.

Louis Etienne Malus (1775–1812), napoleonischer Gardeoffizier und Physiker aus Leidenschaft, beobachtete eines Abends von seinem Zimmer in Paris aus die untergehende Sonne, wie sie sich in den gegenüberliegenden Fenstern des Palais Luxembourg spiegelte. Er hielt seinen Doppelspatkristall vor die Augen – und sah, daß nur ein Strahl statt der gewohnten zwei aus dem Kristall heraustrat. Seine theoretischen Vorstellungen über das Licht waren noch Newtons Korpuskulartheorie zugeneigt und hatten ihn glauben lassen, daß die beiden durch Brechung im Kalkspat gebildeten Strahlen zwei Polen der Lichtteilchen entsprächen, analog zu den Polen eines Magneten. Er nannte daher die beiden Strahlen polarisiertes Licht und schloß aus seiner Beobachtung, daß Licht durch Reflexion an Glas polarisiert werden kann. Auch fand er durch Drehen des Doppelspatkristalls, daß es zwei Hauptpolarisationsrichtungen geben muß, und daß sie senkrecht aufeinander stehen.

Die Anleihe bei den Polen ist nicht weit von der Wahrheit entfernt. Nur schwingt der Dipol, der das Licht aussendet (nämlich das emittierende Atom), und es ist ein elektrischer und kein magnetischer. Doch auch die Anspielung auf den Stabmagneten hat seine Berechtigung. Denn es schwingt in der Lichtwelle stets auch ein magnetischer Feldvektor senkrecht zum elektrischen Feldvektor mit (Abb. 2). Das alles konnte Malus natürlich noch nicht wissen. Aber er war offensichtlich mit seinen Beobachtungen auf der richtigen Spur. Wenn Licht von einer gewöhnlichen Glasscheibe unter geeignetem Winkel reflektiert wird, kann es polarisiert sein. Und die physikalische Erklärung dafür ist überdies ziemlich einfach.

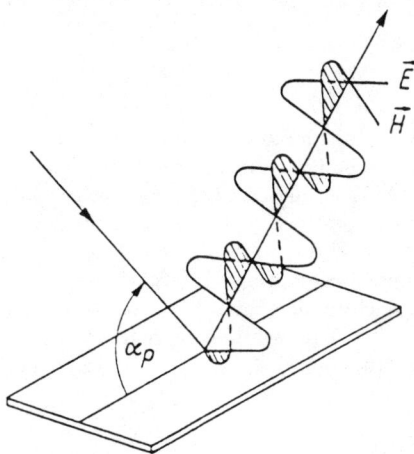

Abb. 2
Die Lage der Schwingungsebenen des elektrischen ($\vec{E}$) und des magnetischen ($\vec{H}$) Feldvektors in linear polarisiertem Licht.

Was die Lichtwelle ausmacht, ist vor allem der elektrische Feldvektorpfeil. Er schwingt transversal, wie Fresnel erkannte, das heißt, er schwingt in einer Ebene senkrecht zur Fortpflanzungsrichtung, zum Beispiel längs einer horizontalen oder einer vertikalen Linie. Dann ist das Licht linear polarisiert, und nach Malus' Beobachtungen gibt es immer zwei Hauptpolarisationsrichtungen, die senkrecht aufeinander stehen. Es existieren aber auch andere Möglichkeiten: Wenn horizontale und vertikale Schwingungen sich überlagern, beschreibt die Spitze des Feldvektorpfeils im allgemeinen eine Ellipse oder im speziellen Fall einen Kreis (Abb. 3). Läuft der Pfeil auf dem

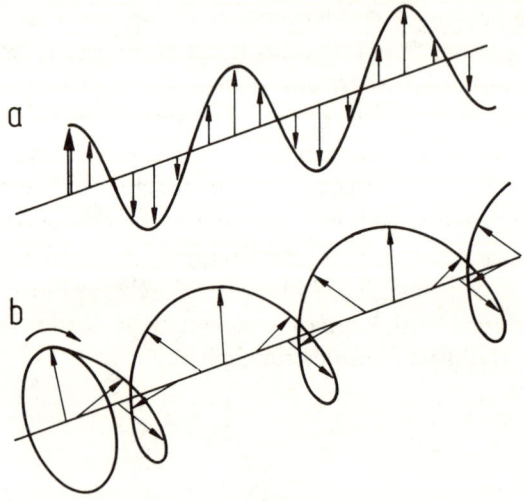

Abb. 3
Die Polarisation des Lichtes wird durch den Vektorpfeil der elektrischen Feldstärke an jedem festen Raumpunkt repräsentiert. Der Vektor schwingt in einer Ebene senkrecht zur Ausbreitungsrichtung des Lichtstrahls mit der Frequenz, die der Farbe des Lichts entspricht. Wenn die Spitze des Vektors eine Linie in der Polarisationsebene zeichnet, so ist das Licht linear polarisiert; es breitet sich als Sinuswelle aus und besitzt keine Händigkeit (a). Wenn das Licht zirkular polarisiert ist, dann zeichnet der Feldstärkevektor einen Kreis in der Polarisationsebene und verbreitet sich schraubenförmig (hier zum Beispiel rechtshändig) durch den Raum (b).

Kreis, so heißt das Licht zirkularpolarisiert; linkszirkular wenn in Richtung der Fortpflanzung gesehen der Pfeil linksherum, rechtszirkular, wenn er andersherum wandert.[1] Was aber ist gewöhnliches Tageslicht? Es ist unpolarisiertes Licht.
Dazu erinnern wir uns, daß unser Sonnenlicht ja seinen Ursprung in all den vielen Quantensprüngen der Atome auf der Sonnenoberfläche hat. Jedes Atom schwingt aber in einer anderen Richtung, und jeder Emissionsprozeß dauert nur 10^{-8} Sekunden. Dann ändert sich die Polarisation des Lichtes alle 10^{-8} Sekunden, und das ist viel zu schnell, als daß unser Auge folgen könnte. Das Licht ist unpolarisiert,

[1] Aber Vorsicht! Wir folgen hier bei der Benennung von links- und rechtszirkular polarisiertem Licht der Konvention der Elementarteilchenphysiker, die beim Licht immer gleich an Photonen und deren Spin denken. Die Chemiker und Optiker treffen die Zuordnung gerade umgekehrt.

Optische Aktivität und molekulare Asymmetrie 33

weil alle Polarisationsrichtungen vorkommen und weil das Auge über alle diese mittelt. Es ist unpolarisiert, weil wir gewöhnlich nicht in der Lage sind herauszufinden, wie es polarisiert ist.

Manchmal aber, unter geeigneten Bedingungen, kann man es herausfinden. Zum Beispiel – wie wir gesehen haben – wenn unter gewissem Winkel Licht von Glas oder von einer Wasseroberfläche spiegelnd zurückgeworfen wird. Genaugenommen wird nämlich der Lichtstrahl gar nicht einfach reflektiert. Unser tieferes Verständnis dieses Vorgangs sagt uns, daß der einfallende Lichtstrahl die Elektronen im Glas oder in der Wasseroberfläche zu Schwingungen anregt, durch die wieder Lichtwellen abgestrahlt werden. Diese sekundären, im Material entstandenen, Wellen bilden den reflektierten Strahl, den wir beobachten. Die atomaren beziehungsweise molekularen Oszillatoren im Glas oder Wasser wirken im Prinzip wie kleine Stabantennen und senden kein Licht in ihrer Schwingungsrichtung aus, sondern nur mehr oder minder senkrecht dazu. Werden nun von der Polarisation des einfallenden Lichts nur die Oszilatoren angeregt, die in der Richtung zu unserem Auge hin schwingen können, so sehen wir nichts – in dieser Richtung gibt es keinen reflektierten Strahl. Werden aber solche Oszillatoren angeregt, die quer zu unserer Sichtlinie schwingen, so erreicht uns die abgestrahlte Welle, der reflektierte Strahl, und er ist in der gleichen Richtung polarisiert, in der die Oszillatoren ihre Schwingungen ausgeführt haben (Abb. 4). Das bedeutet, daß eine das Licht reflektierende Fläche für einen bestimmten Reflexionswinkel als ein Polarisator wirkt, der aus dem ursprünglichen Polarisationsgemisch des natürlichen Lichtes nur eine ganz bestimmte Polarisationsrichtung herausfiltert. Und weil dies so ist, konnte Etienne Malus am Palais du Luxembourg seine verblüffende Beobachtung machen, die in der unmittelbaren Folgezeit zu vielen weiteren quantitativen Beobachtungen anregte (Brewstersches Gesetz, 1815) und viel zur Aufklärung der wahren Natur des Lichts (vor allem durch Augustin-Jean Fresnel, 1788–1827) beitrug.

Malus hatte einen doppelbrechenden isländischen Kalkspatkristall gegen die Fenster des Palais Luxembourg gehalten. Kalkspat ist ein Material, bei dem der Brechungsindex verschieden ist für Licht, das linear in einer Richtung, und für solches, das in einer anderen Richtung polarisiert ist. Das Kalziumcarbonat $CaCO_3$, aus dem Kalkspat chemisch besteht, kristallisiert nicht einfach kubisch wie das Kochsalz NaCl. Weil der CO_3-Anteil seitlich etwas mehr Raum

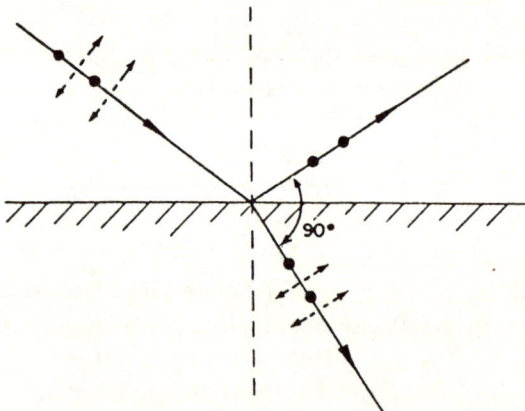

Abb. 4
Entstehung von linear polarisiertem Licht durch Reflexion an einer spiegelnden Oberfläche unter einem bestimmten Winkel (Brewstersches Gesetz). Zwei Haupt-Polarisationsrichtungen sind durch gestrichelte Pfeile (parallel zur Zeichenebene) und kleine schwarze Punkte (senkrecht zur Zeichenebene) dargestellt. Während im einfallenden (und im durchgehenden) Strahl beide Polarisationen zugleich vertreten sind, gibt es im reflektierten Strahl nur noch eine Polarisationsrichtung, diejenige senkrecht zur Zeichenebene.

braucht als das Ca-Atom, ist der Kubus der kristallinen Elementarzelle in einer der Raumdiagonalen gestaucht und dadurch zu einem Rhomboeder verformt. Die Moleküle selbst haben eine größte Ausdehnung in einer Richtung, eine Achse, und diese Achsen besitzen durch den kristallinen Zusammenhalt eine gewisse gleichförmige Ausrichtung. Wenn nun das schwingende Lichtfeld den Kristall durchflutet, dann können dessen Elektronen leichter auf Schwingungen parallel zu den Achsen der Moleküle reagieren als auf Schwingungen senkrecht dazu. Das macht den Brechungsindex in den verschiedenen Richtungen unterschiedlich.

Ein einfaches Instrument zur Erzeugung von polarisierter Strahlung aus natürlichem Himmelslicht gelang 1828 dem Schotten William Nicol (1768–1851). Er brauchte dazu nur zwei geeignet geschnittene Kalkspatplatten und etwas transparenten Leim. Die Einzelheiten mögen uns hier nicht interessieren. Nur die Tatsache ist wichtig, daß Licht, welches parallel zur optischen Achse der Platten polarisiert ist, durchgelassen wird, solches mit dazu senkrechter Polarisation aber, seitlich herausreflektiert, aus dem Strahlengang verschwindet. Stellt man zwei «Nicolsche Prismen» in gleicher Richtung

Optische Aktivität und molekulare Asymmetrie 35

hintereinander auf, so wird das Licht, das durch das erste Prisma geht, auch vom zweiten durchgelassen. Dreht man das zweite Prisma um 90° (man nennt das die gekreuzte Stellung), dann herrscht natürlich Dunkelheit am Ende. Bringt man aber zwischen zwei gekreuzte Nicol-Prismen ein Glasgefäß mit Zuckerlösung, so tritt auch Strahlung durch das hintere der beiden. Die nach dem ersten Prisma senkrechte Polarisationsebene wird beim Durchgang durch die Zuckerlösung ein wenig ins Waagrechte gedreht, und diese waagrechte Komponente läßt das zweite, gekreuzte, Nicol-Prisma jetzt passieren. Die Zuckerlösung kann also den Polarisationszustand des Lichtes verändern, sie ist optisch aktiv.

Das hat Jean-Baptiste Biot (1774–1862) im Jahre 1835 herausgefunden und damit die Grundlagen zur Polarimetrie in der Chemie gelegt. In seiner Jugend ein Feuerkopf, hatte er zusammen mit Malus in den Pariser Straßenschlachten gekämpft, in denen die Französische Revolution zu ihrem Ende kam. Später stieg er im Luftballon auf, um das Erdmagnetfeld in großer Höhe zu messen, und unternahm eine geodätische Expedition nach Spanien. Schon 1815, vor der Erfindung des Nicolschen Prismas, war er auf das Phänomen der optischen Aktivität von organischen Lösungen gestoßen. Auch seine Vermutung, der Effekt könne mit den Eigenschaften der Moleküle zusammenhängen, stammt aus dieser Zeit, kaum daß Atom- und Molekülbegriff – von Dalton 1803 aus den multiplen Proportionen der chemischen Verbindungen gefolgert – sich wissenschaftlich durchzusetzen begonnen hatten. Er erlebte noch, wie sein Schüler Pasteur (1822–1895) die für die Drehung der Polarisationsebene verantwortliche Asymmetrie in organischen Kristallen nachwies. Der Schluß von den asymmetrischen Kristallen zu den asymmetrischen Molekülen jedoch konnte zwingend erst gegen Ende des letzten Jahrhunderts gezogen werden.

Pasteurs Entdeckung begann mit einem Paradoxon. In alten Weinfässern und in lange gelagerten Flaschen findet man zuweilen kleine graue oder rote Kristalle von Tartraten, Salzen der Weinsäure. Sie sind optisch aktiv und gewöhnlich rechtsdrehend. Nun hatte um 1820 ein gewisser Kestner in Thann im Elsaß in den Weinfässern Kristalle gefunden, deren Lösungen die Polarisation des Lichtes nicht drehte; sie waren optisch inaktiv. Niemand wußte warum, aber auch niemand hatte sich der Mühe unterzogen, die merkwürdigen Kristalle wirklich genau zu betrachten. Pasteur tat es und erkannte unter

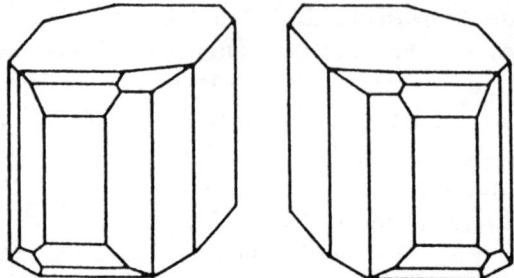

Abb. 5
Bild und Spiegelbild: Weinsäurekristalle entgegengesetzter Händigkeit.

dem Mikroskop feine Unterschiede unter den inaktiven Kriställchen, winzige Facetten an verschiedenen Stellen. Es gab zwei Gruppen, die sich in ihrer Form spiegelbildlich entsprachen (Abb. 5). Indem er durch äußerst sorgfältiges Arbeiten mit der Pinzette die eine Sorte aussonderte und in Lösung brachte, fand er, daß diese die Polarisation des Lichtes drehte. Die andere Sorte erwies sich ebenso als optisch aktiv, nur mit umgekehrtem Drehsinn. Pasteur hat selbst diesen Markstein seiner wissenschaftlichen Karriere beschrieben. Er erinnert sich, wie der 74jährige Professor Biot den Weinstein aus Thann eigenhändig auflöst, im Polarisationsapparat als optisch inaktiv bestätigt und die Flüssigkeit dann der Verdunstung überläßt. Nachdem sich etwa 30 bis 40 Gramm Kristalle gebildet haben, «forderte mich Biot auf, ins College de France herüberzukommen, um vor seinen Augen vermöge des Erkennens des kristallinen Charakters die rechten und die linken Kristalle auszulesen und zu sondern, und er fragte mich noch einmal, ob ich fest behaupte, daß die Kristalle, die ich rechts schichte, nach rechts drehen würden und die anderen nach links. Dies getan, erklärte er, das übrige selbst veranlassen zu wollen. Er bereitete in wohldosierten Mengen die Lösungen, und als sie im Polarisationsapparat beobachtet werden sollten, rief er mich neuerlich in sein Arbeitskabinett. Er füllte zuerst die interessantere Lösung in den Apparat, jene, die links drehen sollte. Ohne sie zu messen, durch den bloßen Anblick der zwei Bilder im Analysator, von denen das eine als das gewöhnliche, das andere außergewöhnlich erschien, sah er, daß eine starke Drehung nach links erfolgte. Sichtlich bewegt nahm mich der berühmte Gelehrte am Arm...»

Louis Pasteur (Abb. 6) war 25 Jahre alt, als ihm diese Entdekkung spiegelbildlicher, optisch aktiver Kristalle gelang, die, zu gleichen Teilen gemischt, das optisch inaktive Razemat ergaben. Zehn Jahre später konnte er zeigen, daß Pflanzen aus einem Gemisch rechts- und linksdrehender Nährlösungen immer nur einen Typ aufnahmen – der erste Hinweis darauf, daß von zwei «optischen Isomeren» die Pflanze stets nur eines verwendet. Pasteur hatte die optische Aktivität auf die asymmetrische Struktur der Kristalle zurückgeführt, aber sie zeigte sich ja auch in Lösungen, in denen die chemischen Verbindungen in Molekülform vorliegen. Die naheliegende Schlußfolgerung, daß auch die Moleküle asymmetrisch aufgebaut sind, konnte aber erst bewiesen werden, als Le Bel (1847–1930) und van 't Hoff (1852–1911) unabhängig voneinander die dreidimensionale Struktur der Kohlenstoffverbindungen entdeckt hatten. Das war 1874 und wurde die Grundlage der Stereochemie. Als Alfred Nobel testamentarisch bestimmt hatte, die Zinsen seines Vermögens zu jährlichen Prei-

Abb. 6
Louis Pasteur (1822–1895) in Straßburg, etwa zur Zeit seiner berühmten Entdeckung der Spiegel-Isomerie an den Tartrat-Kristallen.

sen für die bedeutendsten Leistungen auf den Gebieten der Naturwissenschaften, der Literatur und der Völkerverständigung zu verwenden, wurde Jacobus Henricus van 't Hoff der erste Preisträger der Chemie.

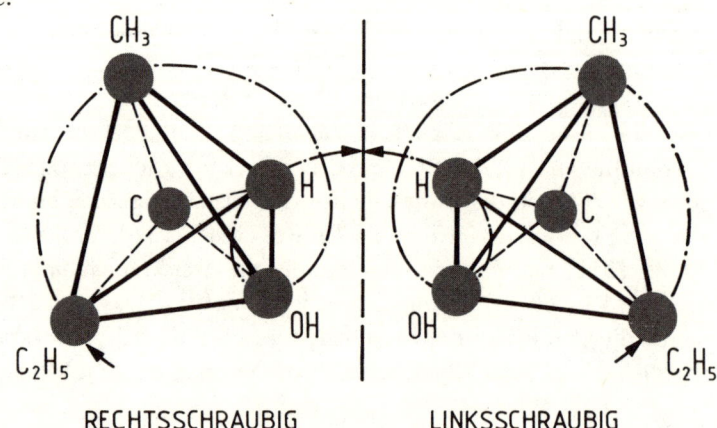

Abb. 7
Asymmetrisch substituiertes Kohlenstoff-Atom. Bild und Spiegelbild sind durch Drehen oder Wenden nicht zur Deckung zu bringen.

Immer sind organische Verbindungen, die in Lösungen die Polarisationsebene des Lichtes drehen, in sich schief, so daß zwei zueinander spiegelbildliche Formen existieren können, die weder durch Drehung noch durch Verrückung miteinander zur Deckung zu bringen sind (Abb. 7). Urtyp ihrer Geometrie ist die räumliche Spirale oder die Schraube (Abb. 8). Das Kohlenstoffatom mit seinen vier Valenzen kann sehr leicht Verbindungen eingehen, die solche schraubenförmige Gestalt haben. Wenn nämlich das Kohlenstoffatom vier andere Atome oder Atomgruppen möglichst ökonomisch, also mit ungefähr gleichen Abständen, um sich versammeln will, dann geht das am besten, wenn das C-Atom wie ein ägyptischer König inmitten einer Pyramide sitzt, deren vier Ecken die Vasallenatome einnehmen. Wenn dann noch alle vier Partner an den Ecken verschieden sind wie bei dem in Abb. 7 gezeigten Beispiel, dann hat die ganze Pyramide eine schraubenförmige Struktur und ist mit ihrem Spiegelbild durch keine Drehung zur Deckung zu bringen (der Leser mag es ruhig einmal probieren). Das Kohlenstoffatom ist dann asymmetrisch substituiert, oder wie man kurz und salopp sagt, das Molekül besitzt ein «asymmetrisches Kohlenstoffatom».

Optische Aktivität und molekulare Asymmetrie

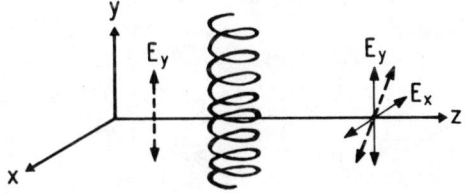

Abb. 8
Modell für ein optisch aktives Molekül.
Die einfallende Lichtwelle ist in y-Richtung linear polarisiert, das heißt, ihr elektrischer Feldvektor E_y schwingt in der Zeichenebene auf und ab und versucht, die Elektronen in der Spirale in gleicher Richtung auf und ab zu treiben. Die Elektronen müssen dabei jedoch den Spiralwindungen folgen, und das Sekundärfeld, das sie bei diesem Wendeltreppenlauf aussenden, gewinnt daher neben der Vertikalkomponente auch eine kleine Horizontalkomponente E_x, so daß die Polarisationsrichtung der auslaufenden Welle gegenüber der einlaufenden in der xy-Ebene gedreht ist.

Pasteurs Weinstein-Kristalle bestehen aus Molekülen mit asymmetrischen Kohlenstoffatomen, und hier sind es sogar zwei in jedem Molekül. Gewöhnlich drehen diese Tartrate die Polarisationsebene des Lichts nach rechts, aber gelegentlich wird bei der alkoholischen Gärung des Traubensaftes auch das Razemat gebildet, aus dem Pasteur durch reines Urteilen mit dem Auge die linksdrehenden Kristalle herausgelesen hat. Pasteur hat nicht nur ungewöhnliche Geschicklichkeit und Sorgfalt bewiesen, als er die zueinander spiegelbildlich geformten Tartratkristalle trennte, er hat auch ungeheures Glück gehabt. Denn meistens bilden sich aus dem Razemat Mischkristalle, denen Pasteur nichts Besonderes hätte ansehen können. Nur bei wenigen Substanzen – bisher sind lediglich knapp 10 derartige Fälle bekannt – kristallisieren die linkshändigen und die rechtshändigen Moleküle aus dem Razemat auch in getrennten Kristallen. Zu ihnen gehören die Natriumsalze der Weinsäure, und auf sie ist wunderbarerweise Pasteur gestoßen.

Auch die Moleküle der 20 Aminosäuren, jener Bausteine des Lebendigen, die regelmäßig in den Proteinen gefunden werden (vgl. Tabelle, Anhang J), besitzen (bis auf eine Ausnahme) ein asymmetrisches Kohlenstoffatom, das für ihre optische Aktivität verantwortlich ist. Daran hängt – der Name drückt es aus – eine Carboxylgruppe COOH (bzw. COO$^-$) und eine Aminogruppe NH$_2$ (bzw. NH$_3^+$); dazu kommt ein Wasserstoffatom und ein mehr oder minder komplizierter organischer Rest R, der für uns im Moment nur die Rolle des

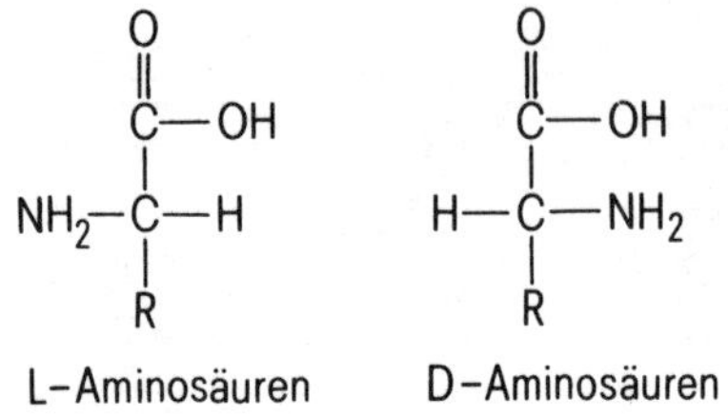

```
        O                  O
        ‖                  ‖
        C—OH               C—OH
        |                  |
  NH₂—C—H            H—C—NH₂
        |                  |
        R                  R
   L-Aminosäuren      D-Aminosäuren
```

Abb. 9
Strukturformeln der enantiomeren Aminosäuren in der «Fischer»-Projektion.

Namensschildchens spielt. Wenn man eine Formel dafür schreiben will, so muß sie wie in Abb. 9 aussehen.

Man sieht sofort, daß man zwei Alternativen aufschreiben kann. Die chemische Zusammensetzung ist die gleiche, aber die räumlichen Konfigurationen sind verschieden. Auch der Drehsinn der Polarisationsebene des Lichts ist verschieden, aber nicht immer in gleicher Weise, wie die räumliche Form des Moleküls uns nahezulegen scheint. Denn es ist immer die Antwort der schwingenden Elektronen in einem vom elektrischen Lichtvektor durchdrungenen Molekül, das diese Drehrichtung bestimmt, und diese ist bei komplizierten Molekülen oft sogar von den umgebenden Molekülen des Lösungsmittels abhängig und nicht so einfach vorauszusagen.

Nun haben wir es also mit L- und D-Serien der Aminosäuren zu tun, die wechselseitig enantiomer sind, das heißt sich spiegelbildlich zueinander verhalten. Im Grunde sollten wir uns zur Veranschaulichung einer perspektivischen Zeichnung bedienen, wie wir sie für die Aminosäure Alanin eingefügt haben (Abb. 10). Das ist jedoch im allgemeinen zu unhandlich. Die gerade (Abb. 9) vorgestellte Kurzschrift (die natürlich auf genau zu beachtenden Vereinbarungen bestehen muß, um Vieldeutigkeiten zu vermeiden) genügt dem Chemiker schon für alle praktischen Fälle. Sie geht auf Emil Fischer (1852–1919) zurück, der sie 1891 bei seinen Untersuchungen über organische Zucker eingeführt hatte, und heißt darum heute Fischer-Projektion.

Dem Kaufmannssohn aus Euskirchen war zunächst der Kaufmannsberuf bestimmt gewesen. Doch zeigte er sich wenig anstellig, so daß der Vater ihn mit der Begründung «Der Junge ist zum Kaufmann zu dumm, so soll er denn in Gottes Namen studieren» von der ungeliebten Lehre erlöste. Daß der Vater weise gehandelt hat, ersieht man

Optische Aktivität und molekulare Asymmetrie 41

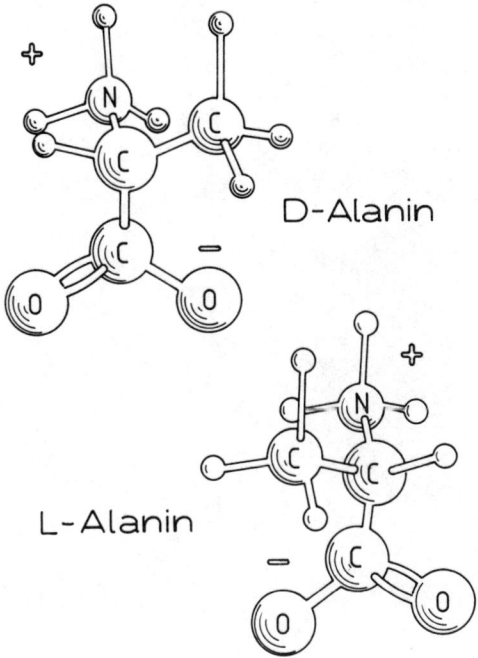

Abb. 10
Räumlich-perspektivische Darstellung für L-Alanin und D-Alanin.

aus der Tatsache, daß der Sohn es schließlich zum Nobelpreisträger brachte, übrigens dem ersten deutschen Preisträger für Chemie.

Aminosäuren spielen ihre entscheidende Rolle in den universellen Lebensvorgängen. Wenn man Aminosäuren im Labor synthetisiert, entstehen die enantiomeren Formen zu gleichen Teilen. Die Natur jedoch macht nur Gebrauch von der L-Serie. Sie liebt die molekulare Asymmetrie. So steht die Frage groß und unbeantwortet vor uns: Warum?

Kapitel 2
Hypothesen zur Entstehung molekularer Asymmetrie

Wie also entstand Asymmetrie aus Symmetrie? Oder: Wie entstand Ordnung aus Chaos? Denn die vollkommene Symmetrie als eine vollkommene Unterschiedslosigkeit ist Chaos, in dem wir uns nicht mehr orientieren können. Information, Erinnerung, Entwicklung kann immer nur auf gebrochener Symmetrie, auf herstellbaren individuellen Bezügen beruhen. Im molekularen Bereich sind es eingeprägte Richtungen, chirale Asymmetrien, die die Voraussetzungen schaffen. Dann erst kann kodierte Information gespeichert und weitergegeben werden. Wie kam es dazu?

Die Spekulationen darüber sind in der Tat Legion. Trotz ihrer Vielzahl unterscheiden sie sich im Grundsätzlichen jedoch nicht so sehr, wie man es anfänglich vermuten könnte. Schließlich muß doch, wie man es auch dreht und wendet, immer ein asymmetrisches Element in die Umgebung eines chemischen Substrats hineingedacht werden, ohne das es sich nicht asymmetrisch entwickeln, nicht auf den Weg zum selbstorganisierenden lebendigen System begeben kann.

Es könnten beispielsweise anorganische Kristalle bestimmter Händigkeit am Ufer oder im seichten Schelf der Urmeere gelegen haben, eine zufällige Ansammlung von linksdrehendem Quarz etwa, an einer Stelle, in deren Nähe sich die Reaktionen der kleinen Biomoleküle abspielten (Abb. 11). Dann würden die Reaktionsprodukte wohl vorzugsweise die vom (−)-Quarz aufgeprägte Händigkeit besessen haben. Aber an anderer Stelle mußten auch (+)-Quarz-Kristalle vorgekommen sein, die fördernd nur für Produkte entgegengesetzter Händigkeit wirken konnten. Und sollte es im Mittel je mehr Kristalle einer Sorte als der anderen gegeben haben, so wäre unser Verständnisproblem für die Entstehung der Asymmetrie nur verschoben, aber nicht wirklich einer Lösung nähergebracht.

Ernsthafter ist über die Rolle von zirkular polarisiertem Licht bei photochemischen Reaktionen nachgedacht worden. Solcherart polarisiertes Licht schraubt sich mit einer gewissen Händigkeit durch den

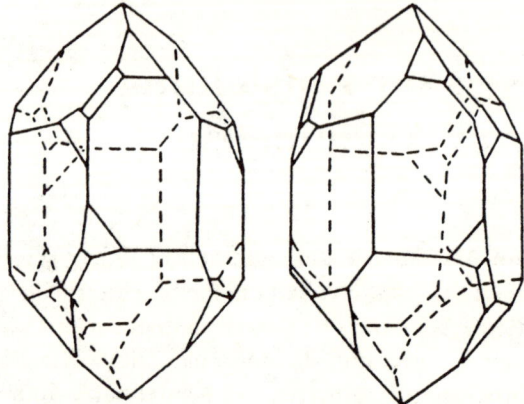

Abb. 11
Linke und rechte Quarzkristalle.
Die beiden spiegelbildlichen Formen heißen enantiomorph und drehen die Polarisationsebene des Lichtes in entgegengesetzter Richtung. Die Quarzmoleküle (SiO_2) sind nicht selbst chiral, führen jedoch wegen ihrer speziellen Anordnung im Kristall zur optischen Aktivität.

Raum; linksdrehend vom entgegenblickenden Beobachter aus gesehen heißt es traditionell linkszirkular polarisiert. Für rechtszirkular polarisierte Wellen ist es umgekehrt. Von modernem Standpunkt vernünftiger erscheint jedoch die entgegengesetzte Zuordnung (vgl. Glossar: Polarisation des Lichts). Beide Schwingungsmöglichkeiten stehen in spiegelbildlicher Beziehung zueinander. Hat man daher nur die eine Schwingungsform, so ist Asymmetrie gegeben, und asymmetrische chemische Reaktionen sind denkbar. Mehr als das! Schon 1929 konnte Werner Kuhn in Heidelberg (zusammen mit E. Braun und mit E. Knopf) zeigen, daß solcherart chirales Licht tatsächlich eine asymmetrische Umwandlung (im allgemeinen eine asymmetrische Zersetzung) organischer Moleküle bewirken kann. Er bestrahlte das razemische, optisch inaktive α-Brom-Propionat (oder nach Genfer Nomenklatur α-Brom-Propionsäure-Ethylester CH_3-CBrH-OC-OC_2H_5) abwechselnd mit links- oder rechtszirkular polarisiertem UV-Licht einer Magnesiumdampflampe (λ = 2800 A) und fand so optisch aktive, abwechselnd links- oder rechtsdrehende Endprodukte – ein eindeutiges Zeichen für die Erzeugung molekularer Netto-Chiralität!

Strenggenommen muß man bei der Wirkung von zirkular polarisiertem Licht zwischen asymmetrischer Zerstörung eines razemischen Gemisches und asymmetrischer Synthese von chiralen Molekülen unterscheiden. Kuhns ursprünglicher Erfolg beruhte auf der asymmetrischen Zersetzung. Eine echte asymmetrische Synthese ist erst viel später am Beispiel der optisch aktiven Helizen-Verbindungen gelungen. Es gibt darüber hinaus noch eine dritte Möglichkeit. Die chiralen Moleküle in einer razemischen Mischung zeigen nämlich zirkularen Dichroismus, das heißt: Ihre Absorptionsraten für rechts- oder linkszirkular polarisiertes Licht sind verschieden. Wenn nun eine photochemische Reaktion in einem Wellenlängenbereich ablaufen kann, in dem ein merklicher zirkularer Dichroismus existiert, dann verläuft sie asymmetrisch. Wenn weiterhin diese photochemische Reaktion in einer Inversion besteht – also der Verwandlung von einem linksdrehenden in ein rechtsdrehendes Molekül oder umgekehrt – dann wird ein razemisches Gemisch durch zirkular polarisiertes Licht partiell zersetzt, ohne daß sich chemisch etwas ändert. Ein anfänglich razemisches, optisch inaktives Substanzgemisch wird optisch aktiv. Auch dieser Prozeß ist (an Tri-Oxalatchromat) beobachtet worden.

So sind nun drei Wege beschrieben, auf denen zirkular polarisiertes Licht einer bestimmten Händigkeit zur Erzeugung von optischer Aktivität wirken kann. Alle drei Wege beruhen nicht auf theoretischer Spekulation, sondern auf experimenteller Beobachtung, und es ist ganz klar, daß sich unter steter Bestrahlung von zirkular polarisiertem Licht eine Bevorzugung von beispielsweise linksdrehenden Molekülen von selbst ergeben haben kann, wie wir sie heute in der lebenden Zelle finden.

Leider ist natürliches Licht, wie es die Sonne uns schickt, im allgemeinen unpolarisiert. Bei der Streuung in der Atmosphäre entsteht wohl etwas Polarisation; das Streulicht ist aber nur linear polarisiert und somit zunächst nicht asymmetrisch, denn links- und rechtshändige Wellen sind dabei genau mit gleichen Anteilen überlagert. Doch führt die Mehrfachstreuung an den Aerosolteilchen der oberen Atmosphäre (die sogenannte Mie-Streuung im Unterschied zur Rayleigh-Streuung an den atmosphärischen Molekülen) zu einer schwachen Zirkularpolarisation. Eine solch kleine, zirkular polarisierte, Komponente (0,1 %) ist zu gewissen Tageszeiten – in der Morgendämmerung und am Abend – auch beobachtet worden, allerdings nur im infraroten Spektralbereich (7800–8800 Å), wo sie für photolytische Reaktionen schon praktisch nicht mehr in Frage kommt. Ihr Vorzeichen ist am Abend und am Morgen verschieden, so daß der

Effekt sich über kleine Zeiträume im allgemeinen schon wegmittelt. Schließlich besitzt die Erde mit dem Erdmagnetfeld noch selbst ein Element, das in Verbindung mit der Einfallsrichtung des Lichtes für Asymmetrie sorgen kann. Die linkszirkular polarisierte Komponente wird unter dessen Einfluß beim Durchgang durch die Erdatmosphäre ein wenig anders behandelt als die rechtszirkular polarisierte Komponente, so daß am Erdboden eine kleine Asymmetrie, das heißt eine Netto-Zirkularpolarisation des Sonnenlichtes, verbleibt. Dieser magneto-optische Effekt – nach Faraday benannt – übersteht im wesentlichen wohl den ewigen Wechsel zwischen Tag und Nacht sowie die jahreszeitlichen Schwankungen, die mit der Schiefe der Ekliptik zusammenhängen. Doch er ist kaum ansatzweise abzuschätzen. Bestenfalls bleibt nach Abzug aller periodischen Veränderungen noch ein klein wenig Asymmetrie aus dieser Quelle übrig, um photochemische Reaktionen in eine gewisse Richtung zu treiben.

Unglücklicherweise gibt es aber sofort einen Einwand, wenn man eine Hypothese auf das Erdmagnetfeld gründet. Da nämlich das Vorzeichen des zu erwartenden Effektes von der Richtung des Magnetfeldes abhängt, ist man gezwungen, die Argumentation auf die Konstanz eben jener Magnetfeldrichtung im relevanten Evolutionszeitraum abzustellen. Genau diese Prämisse gilt jedoch als unwahrscheinlich. Die geologischen Erkenntnisse sprechen im Gegenteil für Umpolungen der magnetischen Achse im Laufe der Erdgeschichte. Statt mit dem geographischen Nordpol zusammenzufallen, wanderte der magnetische Nordpol gelegentlich nach Süden. Aus den Daten der letzten fünf Millionen Jahre ergibt sich eine ziemlich zufällige Inversion alle 10 000 bis 100 000 Jahre. Weiter zurück werden die Belege spärlicher und die Inversionszwischenräume größer, aber generell zeigt sich das gleiche Bild. Es ist von den magnetischen Gesteinen aufgezeichnet worden. Die meisten von ihnen enthalten Spuren von ferromagnetischen Mineralien (Magnetit zum Beispiel, wie es – gehäufter – auch in den Eisenerzlagerstätten vorkommt). Als diese aus den Lava-Schmelzen erstarrten, behielten ihre Elementarmagnetzellen die Richtung, die ihnen das dabei gerade herrschende Erdmagnetfeld eingeprägt hatte. Sie froren dieses paläologische Feld ein und zeichneten es dadurch auf. Und alle diese Tatsachen lassen uns im Verbund mit dem gänzlichen Mangel an quantitativen Berechnungen in großem Zweifel darüber, ob wirklich zirkular polarisiertes Licht die asymmetrische Umgebung herzustellen vermochte, in der sich die organischen Ur-Reaktionen zum dissymmetrisch geprägten Lebenskreislauf hin entwickeln konnten.

Wäre Sonnenlicht die einzige Quelle zirkularpolarisierter Strahlung, so wäre dieses Kapitel über den Ursprung der molekularen Asymmetrie vermutlich jetzt schon zu Ende. Wir wären weiterhin der Überzeugung, daß keine Asymmetrie spontan aus Symmetrie entstanden sein konnte, aber wir würden mit Hermann Weyl diese «richtige Feststellung» als wenig hilfreich empfinden, wenn weit und breit keine «der Natur selbst innewohnende Asymmetrie» zu entdecken wäre.

Kapitel 3
Naturgesetze im Spiegel betrachtet

Der große Mathematiker und Physiker Weyl hat die «der Natur innewohnende» Asymmetrie – die er doch immer als Möglichkeit gedacht und tiefer Untersuchungen für wert befunden hatte – nicht mehr als Tatsache zur Kenntnis nehmen können. Er starb im Dezember 1955, knapp ein halbes Jahr, bevor die seltsame Links-Rechts-Asymmetrie einer der Grundkräfte der atomaren Welt entdeckt worden ist. Zwei damals blutjunge Amerikaner chinesischer Abstammung, Tsung Dao Lee von der Columbia-Universität in New York und Chen Ning Yang vom Princeton Institute for Advanced Studies, zogen im Sommer 1956 aus den Beobachtungen beim Zerfall bestimmter Elementarteilchen den Schluß, der als «Sturz der Parität» in die Annalen der Physik einging. Sie folgerten, daß es in solchen Zerfällen und in anderen, verwandten Prozessen, wie zum Beispiel den radioaktiven β-Umwandlungen leichter Atomkerne, nicht mehr spiegelungssymmetrisch zugeht, daß also die «Parität» (nämlich diejenige zwischen links und rechts) verletzt ist. Dies rührt gewiß an die Fundamente der Physik und an die Grundvorstellungen, die wir uns von der Natur gebildet haben. Eine eingehendere Betrachtung des Effektes ist daher geboten.

Fundamentale Kräfte

Bis 1956 durfte man also glauben, daß alle Basiskräfte der Natur nicht wirklich links und rechts in einem absoluten Sinne unterscheiden können. Was rechts ist oder links, bestimmt ja die Konvention. Sehen wir im Feld einen einzelnen Baum, so führt ein Weg vielleicht rechts an ihm vorbei. Gingen wir hinter ihn und blickten zurück, so sähen wir den Weg links vorbeiführen. Wir könnten die Bezeichnung aber auch umgekehrt treffen. Das heißt, im Grunde kommt es dabei nur auf unseren Standpunkt an oder, wie man präziser sagt, auf die Wahl des Bezugssystems. Und – wir können den anderen Standpunkt auch einnehmen, wir können hinter den Baum gehen und zurückschauen; kein Naturgesetz verbietet es uns (Abb. 12).

Abb. 12
Die Relativität von links und rechts. Der Wanderer befindet sich links oder rechts des Weges, je nachdem ob man ins Tal hinabschaut oder vom Tal herauf. Die Zeichnung ist den Illustrationen der Grimmschen Märchen von Otto Ubbelohde (1867–1922) entnommen.

«Für den wissenschaftlichen Geist», schrieb Hermann Weyl in seinem klassisch gewordenen Essay über die Symmetrie, «gibt es keinen Unterschied, keine Polarität zwischen links und rechts, wie es sie z. B. in dem Gegensatz zwischen männlich und weiblich gibt oder zwischen dem Vorder- und dem Hinterende eines Tieres. Es erfordert einen Akt willkürlicher Wahl, um festzustellen, was links und was rechts ist.» Eine linke Hand und eine rechte Hand können nicht voneinander unterschieden werden, wenn jede für sich allein betrachtet wird. Ihre Anordnung im Raum ist dann das einzige, relative Unterscheidungsmerkmal, und da die Anordnung durch Spiegelung geändert werden kann, löst sich auch dieses in der Unverbindlichkeit einer Definition auf. Doch ist eines zu bedenken: Der dreidimensionale Raum unserer Anschauung ist Gegenstand der Geometrie. Der Raum ist aber auch, wie Weyl betont, das Medium aller physikalischen Geschehnisse. Denn «die Struktur der physischen Welt offenbart sich in den allgemeinen Naturgesetzen. Diese drücken sich als mathematische Gesetze für gewisse Fundamentalgrößen aus, welche Funktionen des Raumes und der Zeit sind. Man würde zu dem Schluß kommen, daß die physische Struktur des Raumes, um eine anschauliche Redewendung zu gebrauchen, eine Schraube enthält, wenn die Gesetze nicht durchweg in bezug auf Spiegelungen invariant wären.» Ob die Gesetze spiegelungsinvariant sind, müssen wir durch Experimente herausfinden. A priori wissen wir nur, wie es geometrischen Größen bei einer Spiegelung ergeht. Wie sich physikalische Größen, Kräfte, Feldstärken etc. bei Spiegelungen verhalten, ist nicht a priori festgelegt, sondern muß bei Befragung der Natur als Antwort erscheinen.

Mit den physikalischen Kräften, die zwischen den – großen oder kleinen – Dingen wirken, verhält es sich folgendermaßen: Die Gravitation macht keinen Unterschied, ob wir in Neuseeland oder in Frankfurt stolpernd auf den Boden fallen; es tut gleich weh. Denn die Erde ist – in beachtlicher Näherung – eine Kugel mit einem Gravitationsfeld, das sich überall auf ihr Zentrum richtet, und beides sieht im Spiegel auch nicht anders aus. Eine andere wesentliche Kraft, die wir direkt und sinnlich spüren können – wenn Folien beim Kopieren aufeinander haften, wenn ein Magnetplättchen die Kühlschranktür geschlossen hält –, ist gleichermaßen spiegelungssymmetrisch. Das mag der Kugelkondensator veranschaulichen. Aber auch die Lichtwelle, die ein Atom mit einem Quantensprung verläßt, unterscheidet nicht wirklich zwischen links und rechts. Denn ist sie etwa linkszirkular polarisiert, so hält die Natur auch ihr spiegelbildliches Gegenstück, die rechtszirkular polarisierte Welle, bereit, und nichts hindert uns daran, ihre Wechselwirkung mit Materie in einem beliebigen Bezugssystem zu beschreiben. Die Resultate sind im gespiegelten Bezugssystem nicht anders als im ungespiegelten. Gewöhnlich hat man sogar ein «razemisches Gemisch» aus Lichtwellen, dessen Netto-Polarisation verschwindet.

Die Kräfte der Mikrowelt

Soweit die Kräfte unserer Alltagswelt – die Schwerkraft und die elektromagnetischen Kräfte in allen ihren Ausprägungen! Jedoch gibt es darüber hinaus noch zwei wesentliche, fundamentale Kräfte, die ausschließlich in mikroskopischen Bereichen wirken, so daß wir mit direkten Sinnen nichts von ihnen spüren können: die Starke Wechselwirkung oder Kernkraft und die Schwache Wechselwirkung. Beide können nicht über den Rand eines Atomkerns hinausgreifen, und so vermögen wir nicht, eine unmittelbare Anschauung von ihnen zu gewinnen. Nur mittelbar an ihren Folgen – Wohltaten oder Verheerungen – lassen sie sich studieren: Die starke Wechselwirkung auf der einen Seite hält die in den Kernen konzentrierte Materie zusammen. Ohne sie wäre die ganze Welt nicht mehr als eine ungeheure Ansammlung von Wasserstoff – kein Element sonst könnte existieren – und Leben wäre natürlich ausgeschlossen. Die schwache Wechselwirkung auf der anderen Seite hat mit der natürlichen Radioaktivität zu tun, genaugenommen nur mit einem Teil, den sogenannten β-Zerfällen. Sie sorgt dafür, daß alle Welt nicht zu stabil und unbeweglich ist, und erlaubt etlichen Atomkernen, sich durch Verwandlung in ein Nachbarelement ein wenig günstiger, stabiler, zurechtzulegen. Auf der Erde erscheinen solche Prozesse natürlicher β-Radioaktivität, zum Beispiel der K^{40}-Zerfall oder der zur prähistorischen Altersbestimmung verwendete C^{14}-Zerfall, eher marginal, und gewöhnlich nehmen wir auch gar keine Kenntnis von ihnen. In der Sonne und in den Sternen jedoch steuern einige von ihnen die thermonuklearen Reaktionen, die seit Jahrmilliarden für den wohldosierten Strom an Licht und Wärme sorgen, dessen wir uns Tag um Tag erfreuen.

Kapitel 4
Eine der Natur selbst innewohnende Asymmetrie

Mit uns, dem Leben und des Lebens Anfängen hat die schwache Wechselwirkung möglicherweise aber noch auf subtilere Weise zu tun. Und dieser Zusammenhang betrifft nun ganz und gar die Spiegelsymmetrie. Die schwache Wechselwirkung bricht die Spiegelsymmetrie – als einzige der fundamentalen Kräfte der Natur. Sie unterscheidet objektiv und unumstößlich zwischen links und rechts. Demnach gibt es ein physikalisches Gesetz, das in bezug auf Spiegelungen nicht mehr invariant ist. Der physische Raum enthält tatsächlich, anschaulich gesprochen, eine Schraubenstruktur, die dem Raum als Gegenstand der Geometrie nicht zukommt. Auseinanderzuhalten, was die Mehrzahl der Physiker aus unbefragter Gewohnheit immer als das gleiche angesehen hat – nämlich geometrischen und physikalischen, apriorischen und real-materiellen Raum – erzeugte erhebliche Irritationen. Die Gleichwertigkeit zwischen links und rechts im physikalischen Raum ließ sich nicht halten. Sie bedurfte der Revision, und sie wurde revidiert. Den Urhebern dieses Umbruchs im physikalischen Denken wurde 1957 der Nobelpreis zuteil. Den Umbruch aber experimentell vollzogen zu haben, ist vor allem das Verdienst von Mme Chieng-Shiung Wu. Schon im Dezember 1956 konnte sie mit Ernest Ambler und dessen Mitarbeitern am National Bureau of Standards, dem höchsten amerikanischen Eichamt in Washington, die brillante Hypothese von Lee und Yang bestätigen, und zwar mit einem Experiment an Kobalt bei äußerst tiefen Temperaturen.

Das Kobalt-Experiment

Kobalt ist ein Element, das in silikatischen Oxid-Verbindungen zu leuchtend blauer Farbe Anlaß gibt. Die Delfter Porzellanmaler haben es mit Sicherheit in ihren Farbnäpfchen. Wenn man gewöhnliches Kobalt (Co^{59}) im Kernreaktor mit Neutronen bestrahlt, so kann man β-radioaktives Co^{60} gewinnen, ein sehr geeignetes Material, um die Zerfallswechselwirkung nach einer eventuellen Vorliebe für links oder rechts zu befragen. Zunächst einmal zerfällt es langsam genug (mit circa fünf Jahren Halbwertszeit), um bequem damit experimentieren zu können. Zweitens aber – um rechts von links im Experiment sicher unterscheiden zu können – läßt sich eine Richtung auszeichnen, gegen die die Ausbeute an Zerfallsprodukten gemessen werden kann. Die Kobalt-Kerne gleichen nämlich winzigen Elementarmagneten, die sich wie Kompaßnadeln an einem Magnetfeld ausrichten können. Für gewöhnlich sind sie nach allen Richtungen verteilt. Legt man aber ein sehr starkes Magnetfeld an, so gruppieren sie sich in eine einzige bestimmte Richtung, parallel zum Feld (und parallel zueinander). Makroskopische Felder der benötigten Stärke ($\sim 100\,000$ Gauß) sind nicht ohne weiteres erzeugbar. Kobalt ist aber gerade so beschaffen – und das macht seine Eignung für diesen Versuch aus –, daß die Elektronenhülle des paramagnetischen Co^{60}-Ions ein ungemein starkes Magnetfeld am Kernort erzeugt, sobald nur die Drehimpulse der Hüllenelektronen gleichgerichtet sind. Das kann man jedoch schon mit mäßig starken Magnetfeldern von einigen hundert Gauß erreichen. Um die thermische Bewegung der gleichzurichtenden Partikeln zu unterdrücken, muß noch beträchtlich gekühlt werden (auf $0{,}01\,°K$). Dann aber erhält man eine ziemlich gute Polarisierung der zerfallenden Kobalt-Kerne in Richtung des von außen angelegten Magnetfeldes, die überdies hier auch relativ einfach überwacht werden kann.

Wäre nun die Zerfallswechselwirkung spiegelsymmetrisch, so dürften die im Zerfall ausgesandten Elektronen nicht von der Polarisationsrichtung der Kerne abhängen. Es müßten im Mittel genauso viele Elektronen in Richtung des Kernspins (das heißt in Richtung des angelegten Magnetfeldes) gemessen werden wie in entgegengesetzter Richtung. Denn dreht sich ein Kreisel vor einem Spiegel etwa rechtsherum – und ein Kobaltkern ist in gewisser Hinsicht nichts anderes als ein kleiner Kreisel –, so dreht sich sein Spiegelbild gerade umgekehrt, nämlich linksherum (Abb. 13). Der Pfeil der Drehachse – seine Polarisation – zeigt also für den Kern nach oben und für sein Spiegelbild nach unten. Hingegen erscheinen die beim Zerfall nach unten herausgeschleuderten Elektronen auch im Spiegel als nach unten fliegend – zuerst also entgegen der Pfeilrichtung und nach der Spiegelung in gleicher Richtung wie der (gespiegelte) Pfeil. Spiegelsymmetrie herrscht demnach nur, wenn zwischen Bild und Spiegelbild kein absoluter Unterschied besteht, das heißt, wenn immer

Eine der Natur selbst innewohnende Asymmetrie

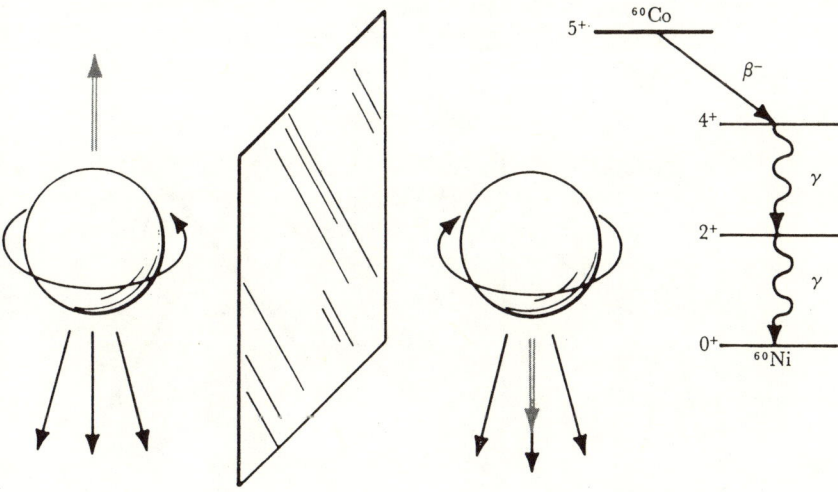

Abb. 13
Bild und Spiegelbild eines polarisierten Kobalt-Kerns, der im β-Zerfall Elektronen aussendet. Rechts das Zerfallsschema: Der Kobalt-Kern geht in einen angeregten Nickel-Kern über, der seine Anregungsenergie unmittelbar darauf durch Abstrahlung von γ-Quanten verliert. Die Winkelverteilung dieser γ-Strahlung gibt Auskunft über den Polarisationszustand des Kerns.

gleich viele Elektronen in Polarisationsrichtung ausgesandt werden wie dieser entgegen. Das jedoch ist nicht das, was man beobachtet hat. Die Rate entgegen der Spinrichtung ist größer als die entsprechende Rate entlang der Spinrichtung. Und das bedeutet, daß die Spiegelsymmetrie nicht mehr erhalten ist; die den Zerfall verursachende Kraft, die schwache Wechselwirkung, »verletzt die Parität«. Genau das zeigte das historische Co^{60}-Experiment (Abb. 14; für mehr Details vgl. Anhang A). Bild und Spiegelbild sind bei der schwachen Wechselwirkung – und nur dort – physikalisch unterschieden. Eine »der Natur selbst innewohnende Asymmetrie« – so wissen wir nun seit 35 Jahren – existiert, wenngleich nur winzig und auf mikroskopischem Niveau. Sie könnte der Ursprung sein für die makroskopisch beobachtete Links-Rechts-Asymmetrie der Aminosäuren und Ribosen in den lebendigen Zellen.

Die zentrale Frage zielt nun darauf, wie es geschehen kann, daß aus Asymmetrie beim Kernzerfall eine Selektion chiraler Moleküle

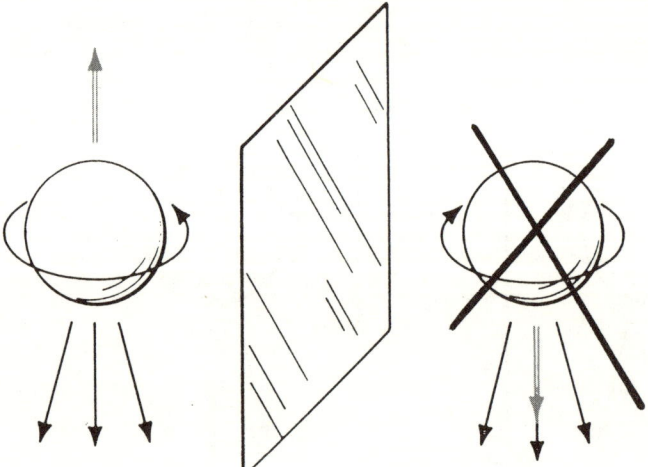

Abb. 14
Der Ausgang des Kobalt-Experiments: Der gespiegelte Zerfall kommt nicht vor.

entsteht. Wir suchen Mechanismen, die diese Asymmetrie in der Struktur der Kraft auf geometrische Beziehungen zwischen Atomen übertragen können. Auf welchem Wege wandelt sich die Asymmetrie der β-Radioaktivität in asymmetrische chemische Wirkung? Ist es ein direkter Einfluß der radioaktiven Kerne auf deren unmittelbare Umgebung, der zu unterschiedlichen Reaktionen bei zueinander spiegelbildlichen Molekülen führt? Oder muß eher die mehr indirekte Wirkung betrachtet werden, welche die schwache Wechselwirkung als allgemeine Naturkraft in den Molekülen selbst entfaltet? Und: Werden auch tatsächlich dadurch gerade die linkshändigen Aminosäuren vor den rechtshändigen bevorzugt und die rechtshändigen D-Formen der Ribosen vor den linkshändigen L-Formen? Denn nur dann können wir hoffen, das Ergebnis der chemischen Evolution auch als physikalisch notwendig zu erkennen – unter der stillschweigenden Voraussetzung freilich, daß sich die Gesetze der Physik in den Milliarden Jahren seit der Urentstehung des Lebens nicht geändert haben. Aber das nehmen wir immer an.

Der β-Zerfall genauer betrachtet

Wenn ein Kern eine β-Zerfallsumwandlung erleidet, so werden dabei immer zwei Teilchen emittiert: ein Elektron e^- und ein Antineutrino

$\bar{v}_e$, oder ein Positron e^+ und ein Neutrino v_e. Im ersten Fall hat sich im Kern ein Neutron in ein Proton umgewandelt, wobei ein Quant an negativer Ladung frei wird und mit dem Elektron davonfliegt. Im zweiten (selteneren) Fall ist der Kern zu reich an Protonen, um stabil zu sein; er schickt ein Positron mit einem positiven Ladungsquant auf Reisen. Die jeweils begleitenden neutralen Teilchen $\bar{v}_e$, v_e sorgen dafür, daß die Energie- und Drehimpulsbilanzen ausgeglichen sind. Nun verlassen sowohl Elektron und Positron als auch Neutrino (v_e) oder Antineutrino ($\bar{v}_e$) den Kern polarisiert. Das meint, daß von zwei möglichen Einstellrichtungen des Spins entlang der Flugrichtung des Teilchens und entgegengesetzt dazu nur immer (oder fast immer) eine angenommen wird. Das Neutrino ist – soweit wir wissen – ein ganz und gar linkshändiges Teilchen: Sein Spin zeigt immer antiparallel zu seiner Flugrichtung. Und umgekehrt erweist sich das Antineutrino als rechtshändig (Abb. 15). Für Elektron oder Positron im β-Zerfall gilt ähnliches. Nur ist die Polarisation hier nicht vollständig; sie hängt vom Impuls des Teilchens, beziehungsweise seiner Geschwindigkeit, ab: $P(e^-) = -v/c$ und $P(e^+) = +v/c$. Meist ist, weil auch Elektron und Positron sehr leichte Teilchen sind, die Fluggeschwindigkeit sehr nahe an der Lichtgeschwindigkeit ($|v/c| \approx 1$), so daß die jeweilige Polarisation dem Betrage nach fast maximal (d.h. ± 1) sein kann. Die Polarisationen aller dieser Teilchen sind in den ersten Jahren nach der Entdeckung der Paritätsverletzung in einer Reihe ingeniöser Experimente gemessen worden, und es hat sich bestätigt, was nach dem Ausgang des klassischen Co^{60}-Experimentes für alle β-Zerfälle vorausgesagt werden konnte: $P(e^\pm) = \pm v/c$ (und $P(\overset{(-)}{v}) = (\pm) 1$).

Neutrinos, die einmal freigesetzt worden sind, beeinflussen die Materie auf ihrem Wege kaum. Vermutlich masselos, durchfliegen sie den Raum mit der Geschwindigkeit des Lichts. Sie tragen keine elektrische Ladung und kein magnetisches Moment. Sie sind (fast) nichts als reiner Spin.

Daß Teilchen Spin haben können, Eigendrehimpuls, der keine klassisch-makroskopische Entsprechung besitzt, hat Wolfgang Pauli 1927 vollgültig formuliert und damit seinem Namen in nahezu biblischer Weise Ehre gemacht. Denn die Idee des «spinning electron», 1925 zuerst von Kronig und unabhängig im gleichen Jahr von Uhlenbeck und Goudsmit in die Diskussion gebracht, stieß zunächst auf Paulis Ablehnung. Pauli war schon damals eine Institution in der Physik, und da auch Heisenberg und Bohr zunächst skeptisch blie-

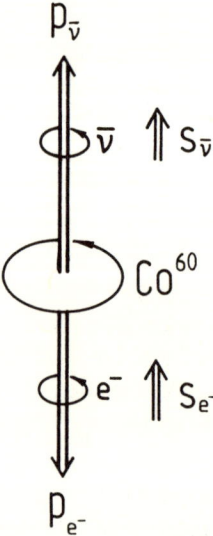

Abb. 15
Spin (S) und Impuls (p) der beim β-Zerfall emittierten Teilchen. Beim Elektron e⁻ sind Spin und Impuls antiparallel, die Bewegung ist linksschraubig, das Teilchen besitzt negative Helizität. Umgekehrt hat das Antineutrino $\bar{\nu}$ mit parallelem Spin und Impuls rechtshändigen Charakter, das heißt positive Helizität.

ben, hat Kronig seine Hypothese nie publiziert. Die Arbeit von Uhlenbeck und Goudsmit erschien dann auch nur deshalb im Druck, weil ihr Mentor Ehrenfest gemeint hatte, «junge Leute wie sie könnten sich schon mal eine Dummheit leisten.» Im nachhinein war es natürlich keine Dummheit, sondern eine grandiose Einsicht, die die «jungen Leute» mit einem Schlag in den Areopag der Naturforscher hineinkatapultierte, und Pauli, der dort schon saß, machte sich nun die Idee nicht nur zu eigen, sondern entwickelte sie zur umfassenden Theorie.

Genau besehen ist es darum nicht ohne innere Logik, daß Pauli auch das Neutrino «erfand», das heißt ein Teilchen vorhersagte, das im Grunde nur Spin ist (und Energie) und sonst nichts. Sein berühmt gewordener, launiger Brief vom 4. Dezember 1930 an die in Tübingen[1] versammelten «Radioaktiven Damen und Herren» gilt als Ge-

---

1   In Tübingen fand eine den Fragen der Radioaktivität gewidmete Gebietstagung der deutschen Physiker statt.

burtsurkunde für diese so interessanten und wichtigen Teilchen: «Wie der Überbringer dieser Zeilen, den ich huldvollst anzuhören bitte, Ihnen des näheren auseinandersetzen wird, bin ich angesichts der ‹falschen› Statistik der N- und Li^6-Kerne sowie des kontinuierlichen β-Spektrums auf einen verzweifelten Ausweg verfallen, um den ‹Wechselsatz› der Statistik[2] und den Energiesatz zu retten. Nämlich die Möglichkeit, es könnten elektrisch neutrale Teilchen, die ich Neutronen[3] nennen will, in den Kernen existieren, welche den Spin ½ haben. ...Ich traue mich vorläufig aber nicht, etwas über diese Idee zu publizieren, und wende mich erst vertrauensvoll an Euch, liebe Radioaktive, mit der Frage, wie es um den experimentellen Nachweis eines solchen Neutrons stände, wenn dieses ein ebensolches oder etwa 10mal größeres Durchdringungsvermögen besitzen würde wie ein γ-Strahl.»

Das Durchdringungsvermögen der Neutrinos wurde damals von Pauli noch gewaltig unterschätzt; in Wirklichkeit ist es viele Zehnerpotenzen größer als das von γ-Strahlen, und darum hat die experimentelle Suche auch lange als hoffnungslos gegolten. Es hat dann ein volles Vierteljahrhundert gedauert, bis die ersten Neutrinos nachgewiesen werden konnten, und nochmals ein Jahrzehnt, bis man mit ihnen richtig zu experimentieren lernte. Aber das ist ein anderes Kapitel!

Wie gesagt, Neutrinos sind der reine Spin, und überdies Bewegungsenergie, die sie mit sich fortschleppen, wenn sie ihren Ursprungsort verlassen. Liegt dieser im Innern heißer Sterne, so tragen sie dadurch zur Kühlung des stellaren Feuers bei. Mit ihrer Umgebung können sie nur durch die Kraft, der sie ihre Entstehung verdanken, in Kontakt treten. Diese Möglichkeit ist aber so gering, das heißt, die schwache Wechselwirkung ist so schwach, daß selbst ein materieller Körper von der Größe der Sonne einem hindurchfliegenden Neutrino noch als vollkommen transparent erscheint.

Ganz anders verhält es sich mit Elektronen und Positronen. Da sie eine Ladung tragen, treten sie sofort mit allen geladenen Teilchen

2   Gemeint ist das Paulische Ausschließungsprinzip für Teilchen mit halbzahligem Spin (zum Beispiel Elektronen), auf das wir an späterer Stelle genauer zurückkommen werden (s. Anhang C).

3   Der Name Neutrino für das von Pauli vorgeschlagene Teilchen (genaugenommen wäre es das Elektron-Antineutrino $\bar{v}_e$ nach heutiger Sprechweise) ist erst später von Fermi eingeführt worden.

am Wege in Coulomb-Wechselwirkung. Sie werden an Kernen und Hüllenelektronen gestreut und am Ende nach gar nicht langer Wegstrecke (zum Beispiel nach einigen Zentimetern oder Dezimetern, je nach Energie und Dichte des Targetmaterials) eingefangen. Diese Elektronen oder Positronen können daher die ihnen im Zerfallsprozeß aufgeprägte Information auf die Umgebung übertragen. Sie sind in der Lage, ihre Händigkeit beziehungsweise Polarisation weiterzugeben. Wie das geschehen kann, ist zu diskutieren. Allerdings sind Elektronen aus natürlichen Zerfällen zu energiereich, um sofort chemisch wirken zu können. Sie müssen zuerst abgebremst werden. Das geschieht vorwiegend durch einen Elektron-Elektron-Stoß, wobei natürlich Ionisationsprozesse eine Rolle spielen. Beim Abbremsen wird übrigens die ursprüngliche Polarisation zum Teil erhalten. Das konnte kürzlich experimentell gezeigt werden. Im einzelnen liegt der Mechanismus direkter chemischer Einwirkung von longitudinal polarisierten Elektronen auf Materie jedoch noch im dunkeln, theoretisch wie experimentell. Aber es gibt auch eine Möglichkeit, mit schnellen polarisierten Elektronen auf Moleküle einzuwirken. Sie ist etwas indirekt, braucht einen Vermittler, aber sie hat doch den Vorzug, in ihren einzelnen Stufen experimentell belegt zu sein. So ganz im dunkeln tappen wir hier also nicht. Werfen wir daher gleich einen Blick auf einen solchen Prozeß, der Asymmetrie in chemischen Reaktionen zu erzeugen verspricht.

Der Ulbricht-Vester-Prozeß

Manchmal, wenn unter Wissenschaftlern ein Problem gärt und nur noch ein Argument fehlt, dem Gedankengang Schlüssigkeit zu verleihen, kann es passieren, daß solch ein «missing link» der Argumentation sich unvermutet und auf höchst kuriosem Weg einfindet. Im Januar 1957 wurden zwei junge Chemiker der Yale-Universität am gleichen Tag durch denselben Artikel einer von ihnen gewöhnlich nicht gelesenen Zeitung von der Entdeckung der Paritätsverletzung unterrichtet. Der eine, T. L. V. Ulbricht, saß dabei, wie er erzählt, in einer chinesischen Wäscherei und kaufte beim Warten auf die gebügelten Hemden das Blatt. Der andere, Frederic Vester – wie Ulbricht mit einem Stipendium in Amerika – hatte die Notiz von einem Freund auf einer Party zugesteckt bekommen, auf die er eigentlich nicht hatte gehen wollen. Jedenfalls versetzte der Bericht über die plötzliche

Linkshändigkeit in den Gesetzen der Natur die beiden Chemiker spontan in einen angeregten Zustand. Sie hatten sich bislang im wesentlichen mit der Rolle der optisch aktiven Zellbausteine bei der Krebsentstehung befaßt; jetzt kam ihnen die neue physikalische Asymmetrie als mögliche Ursache für die optische Reinheit der biologischen Moleküle ins Blickfeld. Wenn Lee und Yang Recht hatten – wie Madame Wu soeben bewiesen zu haben schien – wenn also die Links-Rechts-Symmetrie (die Parität) im β-Zerfall gestört war, dann mußte das – so dachten sie – den Schlüssel zur beobachteten Bevorzugung von jeweils nur einer Sorte spiegelbildlicher (enantiomerer) Moleküle liefern. Und dann konnte man hoffen, auch Licht auf die Entstehung des Lebens zu werfen, an der Übergangsstelle nämlich zwischen einfachen, unorganisierbaren Molekülen (in allenfalls razemischen Gemischen) und den komplexeren, asymmetrisch strukturierten Biomolekülen, die Information speichern können und in stereospezifischen Reaktionen weiterzugeben vermögen. Wie sollte man sich aber die Einwirkung der β-Zerfalls-Wechselwirkung auf chemische Reaktionen vorstellen?

Bekannterweise gibt es in der Erdkruste – wenn auch nicht gerade häufig – Elemente mit natürlicher β-Radioaktivität, zum Beispiel C^{14} oder K^{40}. Diese haben verhältnismäßig lange Halbwertszeiten (knapp 6000 Jahre für C^{14}, und circa 1,5 Milliarden Jahre für K^{40}) und können demgemäß über lange Zeiten als recht konstante Strahlungsquellen gelten. Die von ihnen emittierten Elektronen sind größtenteils polarisiert (und zwar linkshändig, wie wir schon wissen). Wenn Elektronen durch Materie fliegen, werden ihre Bahnen durch die elektromagnetischen Kraftfelder der auf dem Wege passierten Atome und Atomrümpfe etwas gekrümmt. Sie werden beschleunigt oder verlangsamt. Das veranlaßt sie, elektromagnetische Wellen abzuschütteln, die wir Bremsstrahlung nennen. Die Bremsstrahlung von polarisierten Elektronen ist ebenfalls polarisiert. Der Drehsinn des Elektrons geht dabei einfach auf den des abgestrahlten Lichtquants über. Das war um 1957 schon theoretisch bekannt und ist im Jahre darauf auch experimentell nachgewiesen worden. Die polarisierten Lichtquanten nun geben zu asymmetrischen photochemischen Reaktionen Anlaß, zumindest wenn sie genügend niederenergetisch sind, um in das Energie-Fenster der chemischen Umsetzungen hineinzupassen. Das hatte schon W. Kuhn zu Anfang der dreißiger Jahre gezeigt, als er razemisches α-Brom-Propionat mit polarisiertem

UV-Licht selektiv zerlegte. So ist alles beisammen, um folgende Spekulation für die Entstehung chiraler Asymmetrie im molekularen Bereich zu wagen:

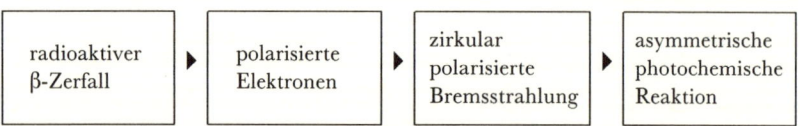

Das ist der von Ulbricht und Vester erdachte und nach ihnen benannte Prozeß.

Bisher wissen wir nur theoretisch, daß auf diesem Wege Moleküle einer bestimmten Händigkeit im Überschuß entstehen können. Die experimentelle Verifikation der Ulbricht-Vesterschen Reaktionskette jedoch ist ungeachtet der Tatsache, daß alle ihre Einzelschritte experimentell belegt sind, bis heute nicht gelungen. Müssen wir uns darüber wundern? Vielleicht doch nicht!

Zunächst ist im Auge zu behalten, daß der Polarisationsgrad der β-Elektronen von ihrer Geschwindigkeit im Augenblick der Emission abhängt: Je langsamer die Teilchen, desto seltener sind Spin und Flugrichtung antiparallel. Hier sind wir im Vorteil. Gewöhnlich entstehen nämlich die Elektronen im β-Zerfall mit hohen Energien (einige 100 keV) und sind daher ziemlich kräftig polarisiert. Ihre Energie verteilen sie dann durch Stoß- und Ionisationsprozesse in den Hüllen der auf dem Wege liegenden Moleküle. Aber danach ist man im Nachteil. Denn nur ein kleiner Teil der Elektronenenergie ($\sim 10^{-3}$) wird tatsächlich als Bremsstrahlung abgegeben. Von dieser fällt wiederum nur ein kleiner Teil ($\sim 10^{-3}$) in den photochemisch wirksamen Spektralbereich des nahen Ultraviolett. Damit nicht genug: Bremsstrahlung von einigen eV Energie ist nur in bescheidenem Maße zirkularpolarisiert ($\sim 10^{-4}$). Und diese Zirkularpolarisation ist der einzige Effekt, der bei der Photospaltung von chiralen Molekülen zu unterschiedlichen Raten für die L- oder D-Formen führt. Zieht man noch in Betracht, daß die photolytische Absorption dieser zirkularpolarisierten Komponente auch nur im Prozentbereich liegt, so überschlägt man leicht durch Multiplizieren aller genannten Unterdrückungsfaktoren, daß die im Ulbricht-Vester-Prozeß erzeugte Asymmetrie am Ende sehr klein sein muß (Asym $\sim 10^{-11} \div 10^{-12}$). Die Betrachtung läßt sich verfeinern, aber das Ergebnis bleibt im wesentlichen das gleiche. Ein meßbarer Überschuß für chirale Moleküle der einen oder der anderen Form kann bei den Intensitäten natürlicher β-Strahlungsquellen sicher nicht erwartet werden. Was mit gegenwärtig erreichbarer Präzision nicht meßbar ist, muß jedoch nicht auch für präbiotische Entwicklungslinien wirkungslos geblieben sein. Haben für Prozesse mit geringer Effizienz doch auch geologisch lange Zeiträume zur Verfügung gestanden! Man darf annehmen, daß einfache chirale Biomoleküle wie Aminosäuren in der Uratmosphäre als razemisches Gemisch erzeugt werden konnten, vielleicht in langen Zeiten auch an geeigneten Stellen konzentriert blieben und dort beständiger Bestrahlung aus natürlichen β-radioaktiven Strahlungsquellen ausgesetzt waren. Berücksichtigt man dazu die Razemisierung, die alle Unterschiede zwischen den Konzentrationen der L- und D-Formen chiraler Moleküle wieder einzuebnen trachtet, so findet man, daß die genannte Asymmetrie von etwa 10^{-11} bis 10^{-12} auch eine Obergrenze für die relative Differenz der Konzentrationen $\eta_R = (n_L - n_D)/(n_L + n_D)$ darstellt, die sich nach dem Ulbricht-Vester-Prozeß innerhalb von mäßig langen Zeiträumen ($10^6 - 10^8$ Jahre) herausgebildet haben mag. Solche Konzentrationsunterschiede sind natürlich abhängig von der Temperatur der Umgebung und der Stärke der Strahlungsquelle. Hohe Temperaturen wirken zerstörend auf die Asymmetrie; vorteilhaft wäre mäßig starker Frost (T = −20 °C). Starke Strahlungsquellen verkürzen die Zeit bis zu einer Ausbildung des L-D-Konzentrationsunterschiedes und wirken stabilisierend auch bei höheren Temperaturen.

Zu den stärksten Strahlungsquellen werden kurioserweise natürliche Uranmeiler gezählt. Offenbar ist es nicht auszuschließen, daß die Natur sich solcher nuklearer Feuer schon weit früher als der Mensch bedient hat. Und in der Tat wurden 1972 in Uranerzen der Lagerstätte Oklo in Gabun Anomalien der Isotopenverhältnisse beobachtet, die den Schluß nahelegen, hier müsse vor knapp zwei Milliarden Jahren eine nukleare Kettenreaktion in Gang gewesen sein. Fragt man aber weiter, wie eine solche Uranerzkonzentration der kritischen Größe sich denn gebildet haben kann, so wird man auf die Mitwirkung einer oxydierenden Atmosphäre geführt, ohne die eine Anreicherung durch wiederholte Dehydrierungs- und Fraktionierungsprozesse schwer vorstellbar ist. Freier Sauerstoff jedoch, so nimmt man an, ist erst durch Pflanzen in die Luft gekommen. Der Oklo-Reaktor setzt also vermutlich schon Leben voraus und kann daher wohl schwerlich für den Übergang von der unbelebten zur belebten Natur in Anspruch genommen werden. Wenngleich auch alle diese Argumente nicht streng beweiskräftig sind, so wollen wir doch die Möglichkeit, daß die Asymmetrie des Lebens ihre Entstehung der Kernkraft zu verdanken hat, dahingestellt sein lassen. Viel eher kommen die weniger starken, aber doch mit großer Wahrscheinlichkeit auf der jungen Erde schon vorhandenen Quellen polarisierter Elektronen aus den natürlichen β-radioaktiven Elementen in Betracht. Die radiolytisch erreichbaren Konzentrationsunterschiede zwischen den spiegelbildlichen (enantiomeren) Molekülen sind dann geringer, aber sie könnten möglicherweise doch ausreichen, um die Bevorzugung einer der beiden Formen erklärbar zu machen. Notwendig ist wahrscheinlich nur, daß eine solche objektiv bestehende Differenz groß genug ist, um anfänglich aus den statistischen Fluktuationen der beiden chiralen Komponenten herauszuragen. Man kann sich dann autokatalytische Verstärkungsmechanismen vorstellen, die im Laufe der Zeit eine große und am Ende vollständige Auslese einer chiralen Komponente auf Kosten der anderen zuwege bringen. Autokatalytische Reaktionen können außerordentlich empfindlich für kleine Asymmetrien sein, und bei der enormen Teilchenzahl in makroskopischen Substanzmengen sind in homogenen Bereichen auch deren statistische Fluktuationen sehr klein. Wir werden darauf an anderer Stelle, in Kapitel 8, noch zurückkommen.

Asymmetrische Reaktionen an asymmetrischen Molekülen – eine experimentelle Herausforderung

Wir wissen nicht, ob der Ulbricht-Vester-Prozeß tatsächlich zur Anhäufung von L-Aminosäuren in der Ursuppe der frühen Ozeane auf der Erde geführt haben kann. Es ist immerhin möglich – aber doch nicht ganz befriedigend! Wir möchten zur quantitativen Aussage vorstoßen, vom Argument zur Zahl kommen. Zählen aber heißt messen. Und messen heißt experimentieren. Der quantitative Dialog mit der Natur ist das Experiment. Auch dann, wenn die Frage die ferne Urgeschichte zum Gegenstand hat.

Wie bereits bemerkt, hat die Kette der Mechanismen, die den Ulbricht-Vester-Prozeß bilden, im Labor bislang zu keinem meßbaren Endresultat geführt. Das gilt für die ersten Versuche von Vester, Ulbricht und Krauch in den späten fünfziger Jahren, bei denen keine

Netto-Erzeugung von optischer Aktivität beobachtet wurde. Es gilt cum grano salis auch für die Folge-Experimente. Wenn – entgegen theoretischer Erwartung – positive Ergebnisse gemeldet wurden, konnten sie später nicht reproduziert werden. Natürlich hat man versucht, die Bedingungen zu verändern – durch lange Bestrahlungszeiten (18 Monate) oder durch Übergang zu polarisierten Elektronen aus dem Beschleuniger, deren Intensität und Polarisationsgrad höher als bei natürlichen radioaktiven Quellen gewählt werden kann. Überzeugende Bestätigungen für eine durch zirkular polarisierte Bremsstrahlung der β-Elektronen in Gang gesetzte, asymmetrische Reaktion waren nicht zu erlangen. Und völlig im Vorhof der qualitativen Diskussion mußten dabei die Razemisierungs- und Rekombinationsprozesse bleiben, die stets der asymmetrischen Zersetzung (oder auch Synthese) eines Gemisches aus L- und D-Molekülen entgegenwirken.

Aber vielleicht ist die Reaktionskette des Ulbricht-Vester-Prozesses auch unnötig lang, das Zwischenglied der zirkular polarisierten Bremsstrahlung möglicherweise entbehrlich. Dann müssen polarisierte β-Elektronen direkt in stereospezifischer Weise mit chiralen Molekülen in Wechselwirkung treten. Das ist in der Tat keine abwegige Vermutung. Wenn nämlich zirkular polarisiertes UV-Licht die asymmetrische Zersetzung eines razemischen Gemisches bewirkt oder eine asymmetrische Synthese chiraler Moleküle in Gang setzt, dann sollte auch Teilchenstrahlung – ist sie nur polarisiert – mit chiralen Molekülen in unterschiedlicher Weise reagieren. Denn es ist das Element der spiegelbildlichen Asymmetrie, der innere Schraubensinn sozusagen, der sich sowohl im zirkular polarisierten Licht wie auch in den polarisierten Elektronen manifestiert. Dieses von außen herantretende asymmetrische Element führt in den spiegelbildlichen Molekülen zu unterschiedlichen Reaktionen. Natürlich kann man polarisiertes Licht auch als Strahl polarisierter Photonen auffassen. Dann ist die Analogie zum polarisierten Elektronenstrahl offensichtlich. Der Unterschied zwischen polarisierten Photonen und polarisierten Elektronen wird auf dem Niveau der Elementarteilchenphysik sogar fast bedeutungslos. Denn Elektronen wirken auf Teilchen und atomare oder molekulare Teilchengebilde auch stets durch den Austausch eines Photons ein: Am Ende absorbiert das Molekül immer ein Lichtquant oder Photon – ein reelles Quant der Bremsstrahlung oder ein virtuelles, das nur im Moment des Vorbeifliegens eines Elektrons eine anschauliche Realität besitzt (Abb. 16).

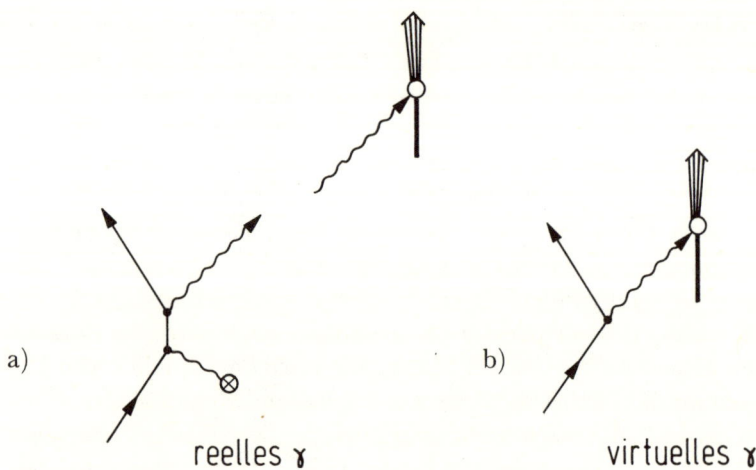

Abb. 16
Wechselwirkung zwischen Teilchen durch Vermittlung (a) eines reellen Photons, das von einem der Teilchen als Bremsstrahlungsquant emittiert und nach einer Strecke von makroskopischer Dimension von anderen Teilchen absorbiert wird, (b) eines virtuellen Photons, das sogleich und ohne Möglichkeit einer direkten (!) Beobachtung absorbiert wird.

Heute kann man mit relativ langsamen polarisierten Elektronen experimentieren – solchen, die nur ein paar Elektronenvolt (eV) an kinetischer Energie besitzen. Sie sind der Skala der inneren Anregungen im Molekül weit besser angepaßt als die relativ hochenergetischen β-Elektronen aus den radioaktiven Kernzerfällen. Wenn also Asymmetrien in der Elektron-Molekül-Wechselwirkung zu erwarten sind, dann am ehesten hier. Polarisierte Elektronen niedriger Energie herzustellen, ist nicht sonderlich schwer. Im Prinzip kann man beispielsweise eine leistungsfähige Elektronenquelle benutzen, deren Glühkathode mit intensivem zirkularpolarisiertem Laserlicht bestrahlt wird. Die austretenden Elektronen sind dann zu einem beachtlichen Grad (P = 28 Prozent) longitudinal polarisiert, und ihre Polarisationsrichtung (ihr Schraubensinn) ist durch die Händigkeit des eingestrahlten Laserlichts bestimmt.

Solche Experimente sind in den letzten Jahren durchgeführt worden, vor allem in Edinburgh, wo Professor Peter Farago, gebürtiger Ungar und wie so viele ungarische Physiker im Ausland zu Ehren gelangt, die Spiegelmoleküle auf ihr Absorptionsvermögen für polarisierte Elektronen untersucht hat. Er schickte polarisierte Elektronen von 5 eV Energie durch kleine Gefäße mit Kampfer, einer optisch aktiven, intensiv riechenden ätherischen Substanz, die aus dem Holz des ostasiatischen Kampferbaumes gewonnen oder aus Terpentinbestandteilen synthetisiert werden kann. (Im ersten Fall gewinnt man nur die rechtsdrehende D-Form, im zweiten auch die L-Form.) Der Versuch steht in vollkommener Analogie zu dem Zirkular-Dichroismus in der Optik. Hier wie dort wird ein polarisierter Strahl beim Durchgang durch ein links- oder rechtsdrehendes optisch aktives Medium in unterschiedlicher Weise abgeschwächt. Man könnte deshalb die unterschiedliche Absorption von Elektronen an L- und D-Molekülen einen «elektronischen zirkularen Dichroismus» oder «elektronischen Cotton-Effekt» nennen – wenn er in meßbarer Größe existiert.

Farago fand tatsächlich einen Effekt. Der polarisierte Elektronenstrahl wird beim Durchgang durch D- oder L-Kampfer nicht in völlig gleicher Weise gedämpft. Die Unterschiede sind zwar nur im Promille-Bereich, aber doch relativ genau bestimmbar, wenn man Kontrollexperimente mit razemischem Kampfer oder solche mit unpolarisierten Elektronen heranzieht. Trotzdem ist das Ergebnis überraschend – nicht wegen der Kleinheit des Effektes, die dem Experimentator einiges an Geschicklichkeit und Präzision abverlangt, sondern ganz im Gegenteil wegen seiner relativen Größe, verglichen mit der theoretischen Erwartung. Nach den Erfahrungen, die man mit der quantentheoretischen Berechnung von Moleküleigenschaften gemacht hat, sollte die Asymmetrie gut einen Faktor 100 kleiner sein. Von einem quantitativen Verständnis der in Edinburgh beobachteten Asymmetrie ist man deshalb noch ein gutes Stück entfernt. Ist aber das Signal tatsächlich so groß, wie es in dieser Messung erscheint, dann hat der Ulbricht-Vester-Prozeß zumindest eine Konkurrenz bekommen: Man braucht nicht unbedingt die von den polarisierten β-Elektronen abgestrahlte Bremsstrahlung zu bemühen; direkte Wechselwirkungen zwischen Elektronen und Molekülen leisten den gleichen Dienst und womöglich gar effektiver.

Wie mit Elektronen läßt sich übrigens auch mit Positronen arbeiten. Als Antiteilchen der Elektronen gleichen sie diesen aufs Haar – bis auf ihr Ladungsvorzeichen: Dieses ist positiv, und daher der Name![4] Auch Positronen können im β-Zerfall radioaktiver Kerne ent-

---

4   Genaugenommen besitzt das Elektron außer der elektrischen Ladung noch eine weitere ladungsartige Quantenzahl, die (elektronische) Leptonzahl. Auch diese ändert das Vorzeichen, wenn man zum Antiteilchen übergeht.

stehen – vorwiegend als Zerfallsprodukte von protonenreichen Isotopen leichter Elemente, die auf diese Weise ihren Protonenüberschuß loswerden. Im freien Flug sind sie stabil. Doch wenn sie auf ihrem Wege einem Elektron begegnen (und nicht vermöge elastischer Streuung «seitwärts ausweichen»), ist beider Schicksal fatal: Entweder vernichten sie sich sofort zu reiner Strahlung, oder sie bilden für kurze Zeit ein atomares System, Positronium genannt, das dann in γ-Quanten, das heißt energiereiche Photonen, zerfällt. In einem solchen System übernimmt das Positron die Rolle des geladenen Atomkerns; es entsteht sozusagen ein ultraleichtes Wasserstoffatom. Im Grundzustand gebildet zerstrahlt es jedoch rasch in 3 oder 2 reelle Photonen, je nachdem, ob sich die Spins von Elektron und Positron parallel zum Ortho-Positronium oder antiparallel zum Para-Positronium zusammenfinden. Das Ortho-Positronium ist entschieden langlebiger (mittlere Lebensdauer = 140 Nanosekunden) als das Para-Positronium und so als Indikator für die Reaktion von Positronen in Materie vorteilhafter. Dies nutzt man aus.

Die interessanteste Frage ist für uns natürlich die nach einer unterschiedlichen Wirkung *polarisierter* Positronen auf L- oder D-Moleküle der gleichen Substanz, und besonderes Interesse fällt selbstverständlich auf Aminosäuren. Wird beispielsweise Ortho-Positronium in L-Alanin oder L-Leucin merklich häufiger (oder merklich weniger häufig) gebildet als in einer Probe von jeweils spiegelbildlicher Entsprechung? Wenn dem so ist, so hat man einen unabhängigen Zugang zum experimentellen Studium der Entstehung molekularer Asymmetrie. Die Methoden zielen aufs gleiche. Nur die Wege sind verschieden. Und es ist nicht von vornherein ausgemacht, welcher der leichtere oder der erfolgversprechendere ist.

Eine Gruppe von Physikern an der Universität von Michigan in Ann Arbor hat sich diesen Forschungen verschrieben. In ihrem Labor nicht weit von Amerikas Automobil-Zentrum Detroit im Industrierevier der großen amerikanischen Seen bombardieren sie verschiedene Aminosäuren mit longitudinal polarisierten Positronen (Polarisationsgrad $P \approx 20$ Prozent) und messen die Ausbeute an Positronium-Zerfallsstrahlung. Obwohl sich anfänglich kleine Unterschiede ergeben haben, hat eine Wiederholung der Experimente mit verbesserter Apparatur bislang keine L/D-Asymmetrie auf dem Niveau der erreichten Empfindlichkeit zutage gebracht. Doch kann man die Vermutung hegen, daß man nicht allzuweit von meßbaren Effekten entfernt ist. Eine ähnliche Schlußfolgerung wie zuvor ließe sich dann ziehen: daß nämlich eine direkte Reaktion polarisierter Elektronen oder Positronen aus den natürlichen β-Zerfällen als treibendes Agens am Anfang der Entwicklung zum Leben gestanden haben kann. Und sie wäre quantitativ!

Es gibt noch eine Unzahl anderer experimenteller Versuche, den vermuteten Mechanismus der chemischen Evolution in der einen oder anderen Weise experimentell zu stützen. Doch handelt es sich dabei praktisch immer um Variationen der schon geschilderten Experimente, und wir wollen hier nicht weiter darauf eingehen. Der Fachmann mag die Auslassung bedauern, unsere willkürliche Auswahl tadeln; ein am Überblick interessierter Leser hingegen wird – so hoffen wir – billigen, wenn wir eher kursorisch verfahren und das Gebiet seiner eigenen Entwicklung überlassen. Das schafft uns Raum, um einen neuen Aspekt «einer der Natur selbst innewohnenden Asymmetrie» ins Auge zu fassen.

Form und Stabilität

Der neue Aspekt betrifft tatsächlich eine Einsicht, die wir erst in den letzten 20 Jahren, ja so recht erst im letzten Jahrzehnt, gewonnen haben – eine Einsicht, daß die schwache Wechselwirkung, die den β-Zerfall der Atomkerne bewirkt, strukturell reicher ist, als man zuvor wahrgenommen hat. Und diese Bereicherung verbindet sie eng mit der elektromagnetischen Wechselwirkung, welche die Welt im Kleinen, die Welt der Moleküle und Atome, regiert. Schwache Wechselwirkung und Coulomb-Kraft sind nicht so absolut getrennt, wie man noch vor einiger Zeit glauben mochte; sie interferieren ein bißchen miteinander. Zwar besteht ein horrender Größenunterschied zwischen den beiden Kräften: Die elektromagnetische Coulomb-Kraft bleibt in Atomen und Molekülen ausgesprochen dominant. Aber sie behauptet nicht mehr ausschließlich das Feld; eine kleine direkte Beimischung von schwacher Wechselwirkung muß sie tolerieren. Und da die schwache Wechselwirkung ja in sich schief und asymmetrisch ist, wie wir bereits gesehen haben, so sind auch die inneren Beziehungen zwischen den Elektronen und den Atomrümpfen nicht mehr von makelloser Spiegelinvarianz. Ein Atom im Spiegel betrachtet muß ein ganz klein wenig anders «aussehen», ein bißchen schief muß es sein wie ein asymmetrisches Molekül und infolgedessen ein bißchen optisch aktiv. Schon gewöhnliche Atome sollten also die Polarisationsebene von linear polarisiertem Licht um einen winzigen Winkel drehen. Das ist ein subtiler Effekt, der mit ungeheurer Akribie gesucht und schließlich auch gefunden worden ist – übrigens ziemlich gleichzeitig an drei Forschungszentren, die weiter voneinander entfernt kaum gedacht werden können: in Nowosibirsk, Oxford und Seattle.

Für Moleküle ergeben sich ähnliche Konsequenzen. Wenn die Kräfte oder Wechselwirkungen im Molekül nicht ganz spiegelsymmetrisch sind, dann wirkt sich das auf die Bindungsverhältnisse aus. Ein Molekül muß einen anderen Energieinhalt besitzen als sein Spiegelbild, sofern sein Spiegelbild sich von ihm unterscheidet. Nun ist die Natur – wie wir seit Pasteurs scharfsinnigen Beobachtungen an den Bodensätzen alter Weinfässer wissen – durchaus nicht arm an Molekülen, bei denen Bild und Spiegelbild sich unterscheiden. Das sind ja gerade die optisch aktiven, enantiomeren Moleküle: Aminosäuren, Zucker, Kampfer, die von Pasteur untersuchten Salze der Weinsäure und viele andere. Sie können in L- oder D-Form existieren, die sich spiegelbildlich entsprechen wie beispielsweise ein Paar Schuhe. Wäre die spiegelungsinvariante elektromagnetische Wechselwirkung die einzige Kraft, die Kerne und Elektronen im Molekül zusammenbindet, so dürften sich die Bindungsenergien von L- und D-Enantiomer nicht unterscheiden. Da aber die reine Spiegelsymmetrie der Bindungskraft durch eine kleine Beimischung von schwacher Wechselwirkung gestört ist, muß auch ein kleiner Unterschied im Energie-Inhalt von Form und Spiegelform bei enantiomeren Molekülen bestehen.

Ein kleiner Unterschied im Energie-Inhalt von enantiomeren Molekülen bedeutet aber auch einen kleinen Unterschied in der Stabilität solcher Moleküle bei chemischen Reaktionen. Entweder sind beispielsweise L-Aminosäuren ein bißchen stabiler als D-Aminosäuren oder umgekehrt. Gleich stabil sind sie jedenfalls nicht, wenn wir die Mischung zwischen elektromagnetischer Coulomb-Anziehung und schwacher Wechselwirkung ernst nehmen. Und das müssen wir tun, unabhängig von der Größe des Effekts.

Es würde uns natürlich sehr befriedigen, könnten wir erkennen, daß gerade die von der lebenden Zelle bevorzugten L-Aminosäuren stabiler sind als ihre spiegelverkehrten Gegenstücke. Denn dann gäbe es für sie sozusagen einen eingebauten Vorteil. Auch müßte man sein Argument nicht mehr auf zufällige Konzentrationen natürlicher

Radioaktivität in der frühen Erdkruste gründen; die energetische Asymmetrie der enantiomeren Formen, ihre ungleiche Stabilität, würde automatisch für die beobachtete Selektion sorgen – *wenn* sie genügend groß ist *und* das richtige Vorzeichen besitzt!

Noch ist das Spekulation. Aber Wissenschaftler wären nicht neugierig aus Passion, setzten sie nicht alles daran, solche Vermutungen durch Argumente zu erhärten – oder aber mit Gegenargumenten zu verwerfen. Wie die Dinge stehen, scheint es, daß wir die Vermutungen zumindest ernst zu nehmen haben. Dies darzulegen, erfordert jedoch, daß wir etwas ausholen. Wir müssen verstehen, wie die Kräfte der Coulomb-Anziehung und der schwachen Wechselwirkung zusammenwirken, um solche Energiedifferenzen zwischen Spiegelmolekülen zustande zu bringen. Dies hat mit sehr tiefen Prinzipien der Natur zu tun, denen wir uns im nächsten Kapitel zuwenden wollen. Der Leser, der dem darin unternommenen Exkurs in die Physik der elementaren Prozesse und Zusammenhänge nicht folgen möchte, sondern eher auf dem Weg der vermuteten evolutionären Entwicklung weiterdrängt, mag das Kapitel zunächst überschlagen.

Kapitel 5
Grundmuster der Natur –
Einheit in Vielfalt

Vielleicht gehört es zum menschlichen Wesen wie Atem und Bewußtsein, die Welt gedanklich nur in Ordnungen zu begreifen – als Abbild eigener Ordnung, die sich – vordergründig – dem Entropiegesetz entgegen entwickelt hat. Darum das Bestreben, durch die Vielfalt der Erscheinungen hindurch auf die Einheit eines wirkenden Prinzips schauen zu können! Die abendländische Kultur beginnt im Grunde mit dieser Frage nach einer Einheit in der Natur – eine Frage, die durch alle Jahrhunderte seitdem ihre Antwort sucht, in Religion oder durch Wissenschaft.

Leukippos von Milet (um 490 v. Chr. geboren, Lehrer des Demokrit) dachte sich wohl als erster die Welt als atomar gestaltet. Alles Stoffliche ist zurückführbar auf die Atome und den leeren Raum zwischen ihnen. Die Vielfalt der Gestalten, ihre Farben, ihr Geruch und Geschmack beruhen auf den Beziehungen zwischen den Elementen. Diese sind selbst nicht gestaltlos. Ihre geometrische Form steht für die Eigenschaften der Stoffe – freilich nicht in modernem Sinn. Nicht die auf Beobachtung beruhende Einsicht Pasteurs, daß die räumliche Schiefe der Tartratkristalle und ihrer molekularen Bestandteile ihr Vermögen zu optischer Aktivität begründet, finden wir bei den griechischen Philosophen vorgebildet. Die mikroskopische Welt der Antike ist reiner Gedanke. Keine empirische Brücke verbindet sie mit den makroskopischen Erscheinungen. Und doch, wie viele der frühen Vorstellungen sind gültig geblieben, nun experimentell gesichert und mit reicheren Inhalten gefüllt!

Seit dem Wiedererwachen wissenschaftlicher Neugier in der Renaissance ist es auch nicht mehr allein die Geometrie, die das Interesse beschäftigt. Mehr und mehr treten die gestaltenden Kräfte, die Formen und Bewegung schaffen, in das Blickfeld. So wie alles Materielle auf 92 chemische Elemente zurückführbar ist, auf 92 verschiedene Atome, die wiederum aus Elementen – Elektron und Nukleon – bestehen, so lassen sich auch die Kräfte oder die Wechselwirkungen in unserer Erfahrungswelt auf wenige zurückführen.

Die Einheit zwischen elektrischen und magnetischen Erscheinungen

Die Schwerkraft oder Gravitation ist, wie wir schon früher erwähnt haben, eine der fundamentalen Wechselwirkungen; Elektrodynamik eine andere! Als elektrische Kräfte zuerst studiert wurden, mit Katzenfell und Bernstein, und als nüchterne Betrachtung der Magnetkräfte den sagenhaften Magnetberg im Nordmeer, der den Schiffen die Nägel aus den Planken zieht, allmählich in das Land der Fabel verwies, dachte wohl keiner der Naturforscher jener Tage an eine Verbindung in gemeinsamer, elektro-magnetischer Beschreibungsweise oder Theorie. Die Zusammenhänge wurden erst allmählich sichtbar: Der Däne Oersted (1777–1851) entdeckte 1820, daß ein stromdurchflossener Leiter eine nahegelegene Magnetnadel ablenkt. Goethe, stets empfänglich für alles Universale in der Natur, nahm lebhaften Anteil an dieser Entdeckung. Später konnte Ampère (1775–1836) beweisen, daß stromdurchflossene Leiterschleifen sich selbst wie Magnetnadeln verhalten. Und sogar die Umkehrung des Oerstedschen Versuches gelang: Michael Faraday (1791–1867) erzeugte 1831 Strom in einem Leiter, indem er einen Magneten dagegen bewegte.

Dies waren enorme Schritte in Richtung einer Vereinheitlichung von Elektrizität und Magnetismus. Den ganzen Weg maßen sie noch nicht aus. Im nachhinein erscheint uns auch noch etwas anderes wichtig und am Ende sogar noch weiterführend, nämlich das Herauskristallisieren neuer Begriffe, die zuerst ermöglichen, das Beobachtete zutreffend auszudrücken: elektrische und magnetische Felder! Wir sprechen von ihnen wie von den gewöhnlichen Dingen nebenan – ohne viel Nachdenken und mit einer gewissen bildhaften Vorstellung: Eisenfeilspäne auf dem Papier, dem der darunter gehaltene Stabmagnet eine Struktur aufprägt! Das ist nicht selbstverständlich. Darum gehört Faradays intuitive Formulierung des Feldbegriffs zu den wahrhaft grandiosen Leistungen des vergangenen Jahrhunderts. Man muß sich nur recht vor Augen halten, daß Begriffe Werkzeuge sind – Werkzeuge, die den Gedanken erst formen, die Einsicht bilden.[1] Welcher Anstrengungen hatte es bedurft, bis aus einer noch obskuren «leben-

---

1   Bei Popper findet sich ein ähnlicher Gedanke: «Meine These ist, daß unser menschlicher Geist sich nicht nur in Wechselwirkung mit dem Gehirn befindet, sondern in Wechselwirkung mit seinen Produkten – vor allem mit der

digen Kraft» die Energie hervortrat als Begriff einer «Substanz», die sich bei allen Umsetzungen niemals ändert.
Elektrische und magnetische Kraftfelder sind nicht Energie. Aber sie tragen Energie, sie vermitteln Kraft und Wirkung. Sie können sich sehr wohl verändern, räumlich und zeitlich. Und sie hängen miteinander zusammen: Indem ein magnetisches Feld zusammenbricht, entsteht darum herum ein elektrisches Kraftfeld. Und das Umgekehrte gilt nach Maxwell auch!

Maxwells Elektrodynamik

Der geniale Schotte James Clerk Maxwell, 1831 in Edinburgh geboren und auf dem mütterlichen Landsitz Glenlair aufgewachsen, zeigte schon in jungen Jahren Proben seiner überragenden Talente. Nach Studien in Edinburgh und Cambridge wurde er bald fellow und staff member am traditionsreichen Trinity College in Cambridge, an dem schon Newton gewirkt hatte. Hier begann er, angeregt durch William Thomson (1824–1907), dem späteren Lord Kelvin, sich mit Elektrizität und Magnetismus zu beschäftigen. Als er 1860 auf den Lehrstuhl für Natural Philosophy and Astronomy am Kings College in London berufen wurde, fand er persönlichen Kontakt zu dem um 40 Jahre älteren Faraday, dessen Werk er bewundernd studiert hatte (Abb. 17). Faraday war ein pragmatisches Genie und sich der Tragweite seiner Entdeckungen durchaus bewußt, wenn er sich auch um ihre wirtschaftlichen Aussichten wenig kümmerte. Einem Finanzbeamten, der ihn – verwundert über das geringe Vermögen des berühmten Mannes – einmal gefragt hat, wozu er sich denn eigentlich so abplage, soll er geantwortet haben: «Das weiß ich nicht, aber ich weiß, daß Sie eines Tages Steuern darauf legen werden.» Wie wir wissen, behielt er auch hierbei recht. Maxwell hingegen sah sich selbst in bescheidenerem Licht, vornehmlich als einen Mathematiker, der ein wenig Ordnung in das Gefüge der elektrischen und magnetischen Erscheinungen zu bringen berufen war und der diese Ordnung in der Einheit verwirklichte. Am 8. Dezember 1864 verlas er vor der Royal Society seine berühmte Abhandlung «A Dynamical Theory of the Electromagnetic Field». Das Manuskript hatte er schon einige

Sprache.» Wir würden sagen: – vor allem mit den Begriffen! (Siehe: Karl Popper und Konrad Lorenz, Die Zukunft ist offen, Piper, München 1983, S. 80.)

Abb. 17
Michael Faraday, 1791-1867 (links); James Clerk Maxwell, 1831-1879 (rechts).

Wochen zuvor bei den Philosophical Transactions der Gesellschaft eingereicht. Es enthält die vier partiellen Differentialgleichungen, die seinen Namen unsterblich machen sollten.

Maxwell hatte schon 1862 vorbereitende Untersuchungen zum Begriff der Faradayschen Kraftlinien veröffentlicht. Und seiner erwähnten, dann 1865 erschienenen großen Abhandlung ließ er 1873 in krönender Zusammenfassung sein zweibändiges Buch «Treatise on Electricity and Magnetism» folgen, das Generationen von Physikern zum Gegenstand fruchtbarer Beschäftigung geworden ist. Der 8. Dezember 1864 jedoch darf sinngemäß, wie Pascual Jordan 100 Jahre später schrieb, als Geburtstag der berühmten Maxwellschen Gleichungen betrachtet werden.

Bemerkenswerterweise sind es allesamt bereits bekannte Beziehungen, die Maxwell hier «in überraschender Einfachheit und Schönheit» (Boltzmann) neu formulierte – bis auf eine kleine, aber entscheidende Hinzufügung – den Verschiebungsstrom. Maxwell sah, daß die Ampèresche Relation zwischen Strom und Magnetfeld mathematisch unrichtig wird, wenn die Stromfäden nicht geschlossen sind, sondern auf den Platten eines Kondensators münden. Erst die zeitliche Änderung des elektrischen Feldes zwischen den Kondensatorplatten kann, als ein Strom aufgefaßt, die mathematische Konsistenz retten. Was sich zugleich dadurch ergibt, ist ein unbedingter Erhaltungssatz für

Grundmuster der Natur – Einheit in Vielfalt 77

die elektrische Ladung. Sie hat, gleichermaßen wie die Größe «Energie», den Charakter einer Substanz: nicht vermehrbar und nicht verminderbar. Nur trennen, bewegen, umverteilen läßt sich die Ladung. Ihr Gesamtvorrat im Universum ist ewig der gleiche, und wahrscheinlich ist er ewig Null.

Der Verschiebungsstrom nun war neu und unerwartet und konnte wegen seiner Kleinheit zunächst auch nicht unmittelbar gemessen werden. Die experimentell zugänglichen zeitlichen Variationen der Felder waren noch zu gering, die erreichbaren Frequenzen noch zu niedrig. Es bedurfte langer und sorgfältiger Studien, bis endlich 1887/88 Heinrich Hertz (1857–1894), damals in Karlsruhe, durch die Erzeugung und den Nachweis elektromagnetischer Wellen die glänzende und unwiderlegbare Bestätigung der Maxwellschen Theorie erbringen konnte. «Wenn in der kinetischen Gastheorie Maxwell zwar als Führer auftritt, aber doch diese Rolle mit mehreren anderen Forschern teilt», urteilt Max Planck, «offenbart sich auf dem Gebiet der Elektrizitätslehre sein Genie in vollkommener, einsamer Größe. Denn hier war speziell ihm nach mehrjähriger stiller Forschungsarbeit ein Erfolg beschieden, den wir zu den größten Wundertaten menschlichen Geistes rechnen müssen, da es ihm gelang, durch reines Denken der Natur Geheimnisse abzulocken, die zum Teil erst ein volles Menschenalter später durch scharfsinnige und mühsame Experimente ans Licht gezogen wurden. Daß eine solche Leistung überhaupt möglich war, würde völlig unbegreiflich erscheinen, wenn man nicht anerkennen wollte, daß zwischen den Gesetzen der Natur und denen des Geistes sehr enge Beziehungen bestehen.»

Maxwell starb 1879, erst achtundvierzigjährig, in Cambridge. Seine Gedanken freilich wirken – heute vielleicht sogar stärker als in den Jahrzehnten zuvor – richtungweisend wie ein Feuerzeichen fort. Sie haben den Grund für sehr viel weiter reichende Vereinheitlichungen in der Physik gelegt. Auf sie müssen wir uns – vermutlich – stützen, wenn wir die Entwicklung zum Leben hin nicht als einen einzigartigen Zufall begreifen wollen, sondern als eine Notwendigkeit, die in den Gesetzen der Natur von Anbeginn beschlossen liegt.

Felder und Teilchen

Eine der schönsten und von Maxwell selbst schon untersuchten Folgerungen der elektromagnetischen Feldtheorie ist wohl, daß wir durch sie die Ausbreitung des Lichts als eine durch den Raum fortschreitende elektromagnetische Welle verstehen können. Die Quantentheorie hat dieser Vorstellung von Licht als einer Welle noch eine neue Dimension hinzugefügt: Licht ist zugleich auch korpuskular. Wellen- und Korpuskelbild widersprechen sich nicht mehr. Beide sind, wie Niels Bohr sagte, tiefe Wahrheiten. Die Welle transportiert ihre Energie in kleinsten «Päckchen» vom Strahler zum Empfänger. Solche Licht-«Quanten» sind beobachtbar – etwa im Photoeffekt. Wir nennen sie Photonen. Und auch über ihre Eigenschaften wissen wir Bescheid: Sie sind masselos und tragen ganzzahligen Spin. Man sagt, sie sind Bosonen, genauer Vektorbosonen, denn ihr Spin ist nicht allein ganzzahlig (Boson), sondern hat sogar (in Einheiten des Planckschen Wirkungsquantums $\hbar$) den Wert eins (daher Vektorboson). Doch wollen wir hier nur behalten, daß das Photon ein spezielles Vektorboson ist, nämlich eines, das keine Masse – und keine elektrische Ladung – trägt.

Von Maxwell zu Weinberg – neue Vereinheitlichungen

Hundert Jahre nach Maxwell ist es nun ein zweites Mal gelungen, zwei disparate Teile im Kräftevorrat der Natur als gleichartig und zusammengehörig zu erkennen und gemeinsam zu beschreiben: Die elektromagnetische und die schwache Wechselwirkung. Natürlich konnte Maxwell die Partnerkraft, die schwache Wechselwirkung, noch nicht erkennen. Sie ist ja auf das Innere der Atome beschränkt, das erst in unserem Jahrhundert ins Blickfeld der Physik geriet. Aber selbst für die neue, umfassendere Zusammenfügung haben Faraday und Maxwell schon den Grund gelegt. Denn auch die schwache Wechselwirkung ist – wie wahrscheinlich alle fundamentalen Kräfte – feldtheoretisch beschreibbar. Auch ihre Wirkungen werden durch Felder übertragen, deren Energiequanten wieder Teilchen sind, Vektorbosonen wie das Photon.

Hideki Yukawa (1907–1981), Japans erster Nobelpreisträger, hatte 1935 die Rolle der Feldquanten bei der mikroskopischen Beschreibung einer jeden Wechselwirkung erkannt: Es sind Boten, durch deren «virtuellen» Austausch zwei beliebige Materieteilchen oder Teilchenpaare sich wechselseitig beeinflussen und Kraft aufeinander ausüben. Wir können uns das ein wenig veranschaulichen, wenn wir uns vorstellen, daß Yukawa mit einem Schüler Ball spielt:

Grundmuster der Natur – Einheit in Vielfalt 79

Indem der eine den Ball wirft und der andere ihn fängt, verspüren beide eine – abstoßende – Kraft. Im Grunde handelt es sich aber um einen Quanteneffekt, und anziehende Kräfte sind natürlich ebenso beschreibbar wie abstoßende. Wichtig ist nur, daß die Reichweite der Kraft durch die Masse der ausgetauschten Teilchen bestimmt wird: Ist der Ball schwerer, so müssen die Spieler enger zusammenstehen; ist er leichter, so können sie ihren Abstand vergrößern. Je massiver also das Teilchen, desto kürzer die Reichweite der Kraft – und umgekehrt! Die elektromagnetische (Coulomb-) Kraft ist offenbar über makroskopische Distanzen spürbar. Ihre Reichweite ist deshalb unendlich und ihr Botenteilchen das unendlich leichte, also masselose Photon. Die schwache Wechselwirkung hingegen ist von äußerst kurzer Reichweite – viel kürzer als ein Atomkernradius. Ihre Botenteilchen – es hat sich der Name «Vektor-Bosonen» oder «Eich-Bosonen» dafür eingebürgert – müssen sehr schwer sein.

Damit haben wir einen sehr wichtigen Unterschied zwischen elektromagnetischer und schwacher Wechselwirkung schon genannt. Andere – ebenfalls erwähnte – kommen hinzu.

(1) Das Photon ist elektrisch neutral, und es repräsentiert ein einziges Kraftfeld, das elektromagnetische.[2] Die intermediären Vektorbosonen sind zu mehreren und unterscheiden sich durch ihre Ladung. Auf jeden Fall müssen diejenigen, die den gewöhnlichen radioaktiven β-Zerfall der Kerne bewirken, geladen sein, denn im β-Zerfall ändert sich die Kernladungszahl um eine Einheit. Aus Kohlenstoff zum Beispiel wird Stickstoff ($_6C^{14} \rightarrow {_7}N^{14} + e^- + \bar{\nu}_e$), aus Kobalt wird Nickel, und so läßt sich die Reihe der Exempel fortsetzen (Abb. 18).

---

2   Nur für den fachkundigen Leser, der sich über diese Sprechweise wundert, fügen wir hinzu, daß wir mit dem einzigen Kraftfeld natürlich das Aggregat der sechs Komponenten E_x, E_y, E_z und B_x, B_y, B_z meinen, die sich jedoch kompakt in einem Feldtensor $F_{\mu\nu}$ zusammenfassen lassen – gerade darin drückt sich ja Maxwells Vereinheitlichung aus! Hingegen denken wir bei der Verallgemeinerung an mehrere Feldtensoren $F^a_{\mu\nu}$ – deren Teilchen jedoch verschiedene Ladungen Q_a besitzen und keineswegs allesamt neutral wie das Photon sind.

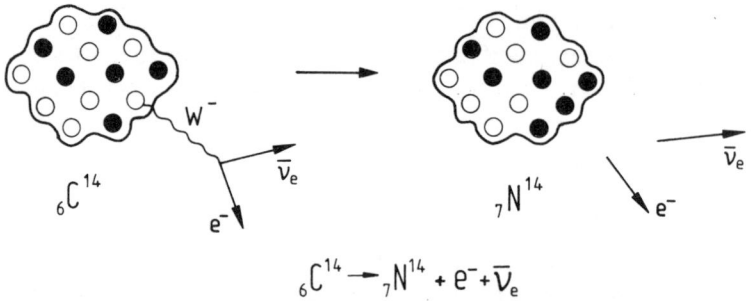

Abb. 18
Veranschaulichung des β-Zerfalls des Kohlenstoff-Isotops C^{14}. Der Kern ist eine Ansammlung von 6 Protonen (schwarz) und 8 Neutronen (weiß). Eines der Neutronen wandelt sich in ein Proton um, wobei – durch Vermittlung eines virtuellen geladenen Vektorbosons W^- – ein Elektron und ein Elektron-Antineutrino den Kern verlassen.

(2) Ein Unterschied von großer Bedeutung ist natürlich das Verhalten der beiden Kräfte unter Raumspiegelungen: Die schwache Wechselwirkung ist nicht spiegelungssymmetrisch, sie verletzt die «Parität»; die elektromagnetische erhält sie. Paritätserhaltende Wechselwirkungen (und dazu gehören neben der elektromagnetischen ja auch die starke Wechselwirkung und die Gravitation) sind frei von jeder Vorliebe für links oder rechts. Das bedeutet nicht, daß Asymmetrien nicht auftreten könnten. Das menschliche Gesicht ist niemals makellos symmetrisch; die Hopfenpflanzen und die Feuerbohnen ranken gewöhnlich rechtsherum und nicht linksherum (Abb. 19). Aber sie könnten es tun, und gelegentlich kommt es auch vor. Die Spiegelinvarianz der Kräfte bedeutet eben nur, daß alles, was die Natur linkshändig machen kann, von ihr auch ebenso rechtshändig gemacht werden könnte. Das heißt, daß nichts die Existenz von Bild *und* Spiegelbild verbietet. Die schwache Wechselwirkung allein hält sich nicht an diese Regel. Denn ein Kobalt-Kern kann beim Zerfall zu Nickel sein «überzähliges» Elektron *nur* entgegen seiner eigenen Polarisationsrichtung loswerden; der gespiegelte Prozeß (bei dem das Elektron entlang der Polarisationsrichtung davonfliegt) hingegen kommt nicht vor (vgl. Abb. 14).

(3) Schließlich muß die unterschiedliche effektive Stärke der elektromagnetischen und der schwachen Wechselwirkung erwähnt werden. Ein angeregter Atomkern, der ein energiereiches Photon ab-

Grundmuster der Natur – Einheit in Vielfalt 81

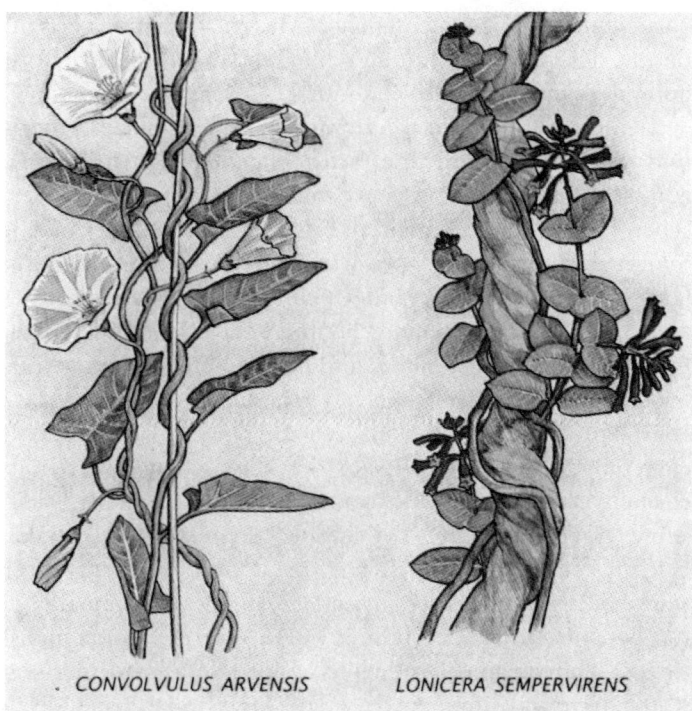

Abb. 19
Links- und rechtswindende Pflanzen.
Ein ausgeprägter Windungssinn, eine bevorzugte Händigkeit im Emporwachsen, ist vielen Pflanzen eigentümlich. Geläufige Beispiele aus der heimischen Natur sind auch das linkswindende Geißblatt (*Lonicera sempervirens*) und die rechtsschraubige Ackerwinde (*Convolvulus arvensis*) (© Spektrum der Wissenschaft).

strahlt, bewerkstelligt das unter der kräftig drängenden elektromagnetischen Wechselwirkung relativ schnell, vielleicht in 10^{-10} Sekunden. Ein durch die starke Wechselwirkung verursachter Zerfall läuft, wenn er kinematisch möglich ist (im allgemeinen nicht bei gewöhnlichen Atomkernen, aber bei Elementarteilchen), sogar noch sehr viel schneller ab, etwa in 10^{-22} Sekunden. Hingegen drängt die schwache Wechselwirkung stets nur bescheiden auf Zerfall, so daß die Lebensdauern gewöhnlich im Zehntelsekundenbereich liegen (bei besonderen Behinderungen durch die Kernstruktur wohl auch nach Jahrtausenden oder gar nach Jahrmillionen zählen können). Dieser Unterschied der effektiven Stärken beider Wechselwirkungen läßt sich jedoch leicht auf die verschiedenen Massen der jeweiligen Feldteilchen zurückführen. Die Botenteilchen-Massen waren das eigentliche Hindernis, dessen Überwindung schließlich den Durchbruch zur Vereinigung der beiden Kräfte schaffte.

Und nun zur Überwindung der Unterschiede: Um das Photon und die Vektorbosonen der schwachen Wechselwirkung zusammenzufassen, bedurfte es zunächst einer Verallgemeinerung der Maxwellschen Feldtheorie auf mehrere Felder, die zueinander in einer inneren Symmetriebeziehung stehen wie die Teilchen eines Multipletts (siehe Glossar). Eine solche verallgemeinerte Feldtheorie wurde schon vor mehr als 35 Jahren (genaugenommen im Jahre 1954) von C. N. Yang und R. L. Mills gefunden und heißt seitdem Yang-Mills-Theorie, auch Eichtheorie, weil solche Theorien als allgemeinen Zug die Eigenschaft der Eichinvarianz zeigen. Dieser ursprünglich von Weyl eingeführte Begriff ist uns aus der klassischen Elektrizitätslehre am ehesten vertraut: Ein elektrostatisches Potential beispielsweise hat keine eigene absolute Bedeutung, denn nur Potentialdifferenzen, Feldstärken, sind wirklich meßbar. Durch Hinzufügen einer Konstante läßt sich ein Potential ändern, umeichen, ohne daß die meßbaren Größen dadurch beeinflußt wären – die elektromagnetische Theorie ist eichinvariant! Die eichinvariante Verallgemeinerung der Elektrodynamik war übrigens der erste Geniestreich von C. N. Yang.

Seinen zweiten führte er ja mit T. D. Lee zusammen gegen das Dogma von der unbeschränkten Spiegelsymmetrie der Basiskräfte der Natur. Zwar war durch Yang und Lee der schwachen Wechselwirkung eine Sonderrolle zugekommen, doch hielten andererseits derselbe Yang und sein junger Kollege Mills auch schon den weiten Rahmen bereit, in dem die schwache und die elektromagnetische Wechselwirkung trotz ihrer Unterschiedlichkeiten unterkommen konnten.

Die Yang-Mills-Theorie sagt nicht, wie viele Felder oder Teilchen zusammengefaßt werden sollen. Man probierte es natürlich zuerst mit einem Triplett, das man aus dem neutralen Photon und den beiden geladenen intermediären Vektorbosonen W^+ und W^- bilden konnte.[3] Aber das ging nicht wegen des unterschiedlichen Paritätsverhaltens. Glashow zeigte 1961, daß man es trotzdem schaffen

---

3   Es gibt β-Zerfälle, bei denen ein Elektron emittiert wird, und solche, bei denen ein Positron davonfliegt. Entsprechend muß es natürlich auch (mindestens) zwei Arten von Botenteilchen geben, ein negativ geladenes (W^-) und eins mit positiver Ladung (W^+).

konnte, wenn man noch ein weiteres, neutrales Vektorboson Z^0 postulierte (Abb. 20); die Yang-Mills-Theorie war dann nur ein wenig reicher, ihre innere Symmetriegruppe[4] ein wenig größer als zunächst gedacht. Aber die Existenz des zusätzlichen neutralen Vektorbosons Z^0 mußte ein Bündel von phänomenologischen Folgerungen – insbesondere neue, bisher unbekannte, Reaktionen der schwachen Wechselwirkung – hinter sich herziehen. Das war zu prüfen. Doch was war mit den Massen? Man konnte sie nicht nach Belieben hinzufügen, ohne die hohe innere Symmetrie der Yang-Mills-Theorie (die ja für eine Vereinheitlichung nötig ist) zu zerstören.

$$\{W^-, \gamma, W^+\} \qquad \text{falsches Triplett}$$
$$\{W^-, Z^0, W^+\}, \{\gamma\} \qquad \text{Triplett + Singulett}$$

Abb. 20
Die drei Vektor-Bosonen W^- (negativ), γ (neutral) und W^+ (positiv) bilden kein echtes Triplett. Die vereinheitlichte elektroschwache Wechselwirkung von Glashow, Salam und Weinberg fordert vielmehr die Existenz von 4 Teilchen: einem Triplett aus W^-, Z^0, W^+ und einem einzelnen Singulett-Teilchen γ.

Die Lösung fanden Ende der sechziger Jahre Steven Weinberg in Harvard und Abdus Salam am Imperial College in London, indem sie die sogenannte «spontane Symmetriebrechung» der Yang-Mills-Theorie untersuchten und dabei einen schon zuvor bekannten Effekt berücksichtigten, der mit dem Namen Higgs verknüpft ist. Wenn die innere Symmetrie spontan gebrochen wird, so lassen sich Massen einführen, ohne daß dies an anderer Stelle vernichtende Folgen nach sich zieht. Das ist sozusagen ein sanfter Mechanismus, ein milder Eingriff in die Theorie. Spontane Symmetriebrechung läßt sich durchaus veranschaulichen, wenn wir das folgende kleine Exempel betrachten, das Salam selbst gelegentlich erzählt haben soll: Stellen wir uns vor, daß wir mit anderen Gästen zu einem Abendessen eingeladen sind. Ein großer, runder Tisch ist gedeckt, an dem sich alle niederlassen. Zwischen jedem Gedeck befindet sich in jeweils gleichem Abstand ein Schälchen mit Salat. Die Anordnung ist vollkom-

---

[4] Die innere Symmetrie der Yang-Mills-Theorie hat nichts mit den Spiegelungseigenschaften der Felder oder der Wechselwirkung zu tun; sie äußert sich einfach darin, daß man zu einem positiv geladenen W^+-Teilchen ein negativ geladenes W^--Teilchen (und vielleicht noch weitere Teilchen) haben kann, die einander so ähnlich sind, daß sie sich zu einem Multiplett gruppieren lassen.

men symmetrisch, und wir haben die Wahl, wie Buridans Esel, uns für das rechte oder linke Schälchen zu entscheiden. Trifft dann der erste seine Wahl, so ist die Beliebigkeit der vollen, runden Symmetrie aufgehoben, sie ist spontan verflogen, und nun weiß jeder, ob er rechts oder links zugreifen soll. Obwohl das Bild des runden Tisches sich damit nicht ändert, ist doch für jeden einzelnen am Tisch entschieden, zu welchem der Salate er sich wenden muß. Der Grundzustand der schmausenden Gesellschaft ist asymmetrisch geworden, wenn jeder sich zur Linken seines Gedeckes neigt, nicht aber – wie es der Symmetrie des Tisches entspräche – mal zur Linken und mal zur Rechten, denn das gäbe selbstverständlich eine heillose Verwirrung.

Mit dem Higgs-Effekt, der die spontane Symmetriebrechung in bestimmter mathematischer Weise ausnutzt, konnten Salam und Weinberg genau den drei intermediären Vektorbosonen W^+, W^- und Z^0 Massen geben und das Photon masselos halten, wie es der Erfahrung entspricht. Die Zuordnung der Kräfte über ihre Botenteilchen bleibt unangetastet, ihre Vereinheitlichung in der «elektro-schwachen» Theorie erhalten; nur ihre Unterschiede werden als Besonderheiten erkannt – so wie Geschwister ihre Besonderheiten haben und doch zur gleichen Familie gehören.

Es ist nicht unsere Absicht, das Gedankengebäude, das Glashow, Salam, Higgs und Weinberg auf den Fundamenten der Maxwellschen Theorie errichtet haben, in seinen Einzelheiten darzustellen. Für den Überblick genügt es festzuhalten, daß die schwache Wechselwirkung trotz ihrer Ladungen, trotz ihrer Schiefe und trotz ihrer Schwäche in eine intelligent verallgemeinerte Elektrodynamik hineinpaßt.

Eine solche Vereinheitlichung hat Folgen. Und diese interessieren uns nun besonders. Denn sie beeinflussen das Coulombsche Gesetz, das alle atomaren und molekularen Beziehungen regiert. Die Coulomb-Anziehung kommt im feldtheoretischen Bilde, das wir uns von den Basiskräften der Natur gemacht haben, durch virtuellen Austausch eines Photons zustande (Abb. 21). Im neuen, elektroschwachen Rahmen jedoch ist das Photon nicht mehr das einzige neutrale Botenteilchen; es gibt ein zweites, nämlich das Vektorboson Z^0, das, mit dem Photon zusammengespannt, die Coulomb-Anziehung ein bißchen verändert.

Wir behaupten mit Festigkeit: «Es gibt ein Vektorboson Z^0». Die schöne, einheitliche, elektroschwache Theorie sagt es voraus. Sie nährt das Zutrauen, es werde schon so sein. Die Überzeugung jedoch,

Grundmuster der Natur – Einheit in Vielfalt

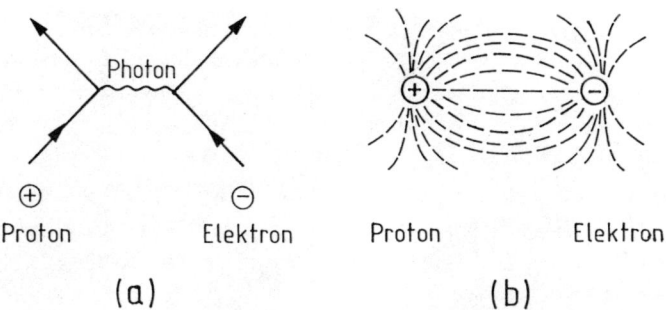

Abb. 21
Mikroskopisches Bild für eine makroskopische Kraftwirkung: Coulomb-Anziehung zwischen Elektron und Proton: (a) Die beiden geladenen Teilchen treten quantentheoretisch durch Austausch eines virtuellen Feldteilchens, des Photons, miteinander in Kontakt. (b) Klassisch kommunizieren die geladenen Teilchen durch das elektromagnetische Feld, das sich durch ihr Vorhandensein im Raum aufbaut.

daß es so ist, bedarf der Stütze des Experiments. Das Z^0-Boson muß sich in Reaktionen zeigen, die man andernfalls nicht beobachten würde. Und genau so hat es sich auch zu erkennen gegeben, zuerst indirekt (1973), aber schon unmißverständlich; dann – als die notwendigen Energien im Beschleuniger zur Verfügung standen – auch direkt (1983), durch Beobachtung seiner Erzeugung und seines Zerfalls. Die Entdeckung der ersten Zeichen seiner realen Existenz ist eine interessante Geschichte, die zu erzählen lohnt. Spiegeln sich in ihr doch alle wesentlichen Elemente moderner Grundlagenforschung, ihre philosophischen, technischen und soziologischen Züge, und auch die Auseinandersetzungen um die Anerkennung der Ergebnisse. Denn wirklich suchen konnte man nach dem Z^0-Teilchen erst, als man die – übrigens begründeten – Vorurteile in Frage zu stellen bereit war, als sich – um Thomas Kuhns scharfsinnige Analyse wissenschaftlicher Revolutionen zu zitieren – ein Paradigmenwechsel abzeichnete. Finden konnte man die Z^0-Bosonen erst, als die experimentell-technischen Voraussetzungen die nötige Höhe erreicht hatten. Am Ende spielte wie immer Fortuna ihre Rolle. Und nicht ohne Beachtung darf bei dem Ganzen das Gemisch aus Überzeugungen und Übereinkünften bleiben, das schließlich zur Kanonisierung der Ergebnisse, das heißt zu ihrem Einbau in das neue wissenschaftliche Weltbild führte.

Abb. 22
Die große CERN-Blasenkammer «Gargamelle», ein historisch bedeutendes Nachweisgerät für Neutrinoreaktionen.
a) Der Stahlzylinder der eigentlichen Kammer ist so groß, daß man bequem darin arbeiten kann. Hier wird gerade das Einsetzen der Kameras vorbereitet, welche während des Betriebes die Teilchenspuren photographieren (Foto: CERN).

Neutrinos und neutrale Ströme

Als man an Teilchenbeschleunigern Anfang der sechziger Jahre zum ersten Mal Neutrinostrahlen erzeugen konnte, glaubte man damit die schwache Wechselwirkung in Reinkultur studieren zu können. Der β-Zerfall der Atomkerne öffnet ja nur ein Fenster, das einen Blick auf das Wirken dieser schwachen Kraft erlaubt. Neutrinos jedoch entriegeln eine Tür, durch die hindurch man Prozesse schwacher Wechselwirkungen gezielt studieren kann. Aber wie Columbus Amerika fand, als er nach Indien zu segeln glaubte, so entdeckten die Neutrino-Physiker am Ende ein Stück elektromagnetischer Wechselwirkung in der schwachen Kraft. Sie entdeckten neutrale Ströme!

Auch der elektromagnetische Strom ist neutral. Zwar schleppen die Elektronen in einem Stromkreis ihre Ladungen von der Kathode zur Anode, aber sie sind dabei doch nur immer Transporteure, keine

b) Der Aufbau von «Gargamelle» in der CERN-Experimentierhalle. Die eigentliche Kammer wird von einem starken Magneten eingeschlossen, der im Hintergrund des Bildes sichtbar ist. Das Tanklager im Vordergrund dient der Versorgung der Blasenkammer; davor liegen Rohre für die Aufnahmeoptik (Foto: CERN).

Verwandler. Ihren eigenen Ladungszustand ändern sie dabei nicht. Anders die Neutrinos: Schießt man sie auf Materie, so verwandeln sie sich gewöhnlich im Stoß in andere, geladene Teilchen; die schwache Wechselwirkung macht Myonen aus Neutrinos (jedenfalls, wenn es sich um Myonneutrinos handelt, wie sie in überwiegender Zahl vom Beschleuniger produziert werden). Ihre Ströme, die schwachen Ströme, sind geladen. So erscheinen gerade die vom Stoßpunkt fortfliegenden Myonen sozusagen als Fähnchen, mit denen Neutrinos eine Reaktion und damit ihre Existenz signalisieren. Um Neutrinoreaktionen nachzuweisen, stellt man deshalb dem Neutrinostrahl einen Detektor in den Weg, der nach solchen Fähnchen fahndet, das heißt, der Teilchen registrieren kann und insbesondere die «Kandidaten» für Myonen aufzusammeln gestattet.

Ein voluminöser Detektor war 1970 am europäischen Beschleunigerzentrum CERN bei Genf fertig geworden – die große Blasenkammer «Gargamelle» (Abb. 22). Ein Stahltank wie ein Lokomotivkessel,

2 Meter im Durchmesser und fast 5 Meter lang, gefüllt mit einer klaren Flüssigkeit knapp unterhalb der Siedetemperatur! Der Tank wird etwa im Sekundentakt mit einem riesigen Stempel abwechselnd unter Druck gesetzt und wieder entspannt. Dabei gerät die Flüssigkeit periodisch unter Siedeverzug, und wenn in einer dieser Überhitzungsphasen geladene Teilchen, zum Beispiel aus einer Neutrinoreaktion, die Kammer durchfliegen, so wirken sie darin wie Siedesteine. Sie ziehen eine Spur von Dampfbläschen hinter sich her, die für eine kurze Weile sichtbar sind und durch Fenster in den Kammerwänden fotografiert werden können. Die Spuren sind aufschlußreich; sie machen Mitteilung über Art und Bewegungsgrößen der Teilchen, und das ist alles, was der Physiker für seine Analyse der Elementar-Reaktion braucht.

Gargamelle war zu ihrer Zeit das größte Nachweisgerät für Neutrinoreaktionen. Ihr Name, eigentlich ein Spitzname, wie ihn die Physiker für ihre Apparate lieben – oft doppelbödig, ironisch und in aller Rationalität voller Anspielungen –, ist dem derbdrastischen Werk des François Rabelais entnommen, der mit der Fabulierfreude des 16. Jahrhunderts den nimmersatten Riesen Gargantua aus dem Ohr seiner Mutter Gargamelle entspringen ließ, nachdem diese 16 Malter und 2 Scheffel Kutteln verspeist und sich mit berauschendem Getränk der Kontrolle ihrer Körperöffnungen gänzlich begeben hatte. Wie monströs auch immer der Name, die Blasenkammer arbeitete präzise und versorgte die Labors der Gargamelle-Kollaboration – Aachen, Brüssel, CERN, Ecole Polytechnique Paris, Mailand, Orsay und University College London – mit wachsenden Mengen von Filmrollen.

Die Aufnahmen wurden zunächst auf Projektionstischen routinemäßig nach gewissen Kriterien durchgemustert («gescannt», Abb. 23). Bilder mit gänzlich durchlaufenden Spuren zum Beispiel zeigen im allgemeinen kosmische Strahlen an und sind hier uninteressant. Interessanter sind Bilder, auf denen von einem Punkt im Innern der Kammer Spuren ausgehen. Sie können von Neutrinoreaktionen stammen. Man fahndet dann nach dem Neutrino-«Fähnchen», dem vom Reaktionspunkt ausgehenden Myon, das eine lange, glatte, meist vorwärts laufende Spur durch die Kammer ziehen muß (Abb. 24). Am interessantesten sind solche Bilder, auf denen zwar eine Reaktion wie von einem Neutrino sichtbar ist, aber kein Myon gefunden werden kann.

Grundmuster der Natur – Einheit in Vielfalt

Abb. 23
Auf Scan-Tischen werden in den Labors die Filmaufnahmen aus dem Inneren der Blasenkammer auf Spuren der Teilchen aus Neutrinoreaktionen untersucht (Foto: CERN).

Zu Anfang des Jahres 1973 kam Bewegung in die Gargamelle-Kollaboration. Sie geriet sozusagen selbst in einen angeregten Zustand. Auf den Meßtischen des III. Physikalischen Instituts der Rheinisch-Westfälischen Technischen Hochschule Aachen war ein äußerst merkwürdiges Neutrino-Ereignis gefunden worden. Es zeigte ein entlang der Neutrino-Strahlrichtung aufschauerndes Elektron und sonst nichts (Abb. 25, S. 92). Daß Glück, Verdienst und Zufall sich dabei, wie so oft, gemischt hatten, mag die Geschichte dieser Entdeckung illustrieren: Die Scannerin am Projektionstisch hatte das Ereignis zunächst mißinterpretiert, nämlich als Myon plus Photon, und so etwas war im Moment wenig interessant. (Hochenergetische Photonen und Elektronen ähneln einander auf den Blasenkammerbildern, da sie fast in gleicher Weise aufschauern. So kommen Verwechslungen schon einmal vor.) Ein Diplomand, F. J. Hasert, der die Klassifikation der Ereignisse zu kontrollieren hatte, war jedoch neugierig, vielleicht auch etwas skeptisch – jedenfalls ließ er sich die Filmaufnahme noch einmal auf den Meßtisch projizieren und sah sich das Ereignis mit eigenen Augen an. Er erkannte in der sich spiralartig

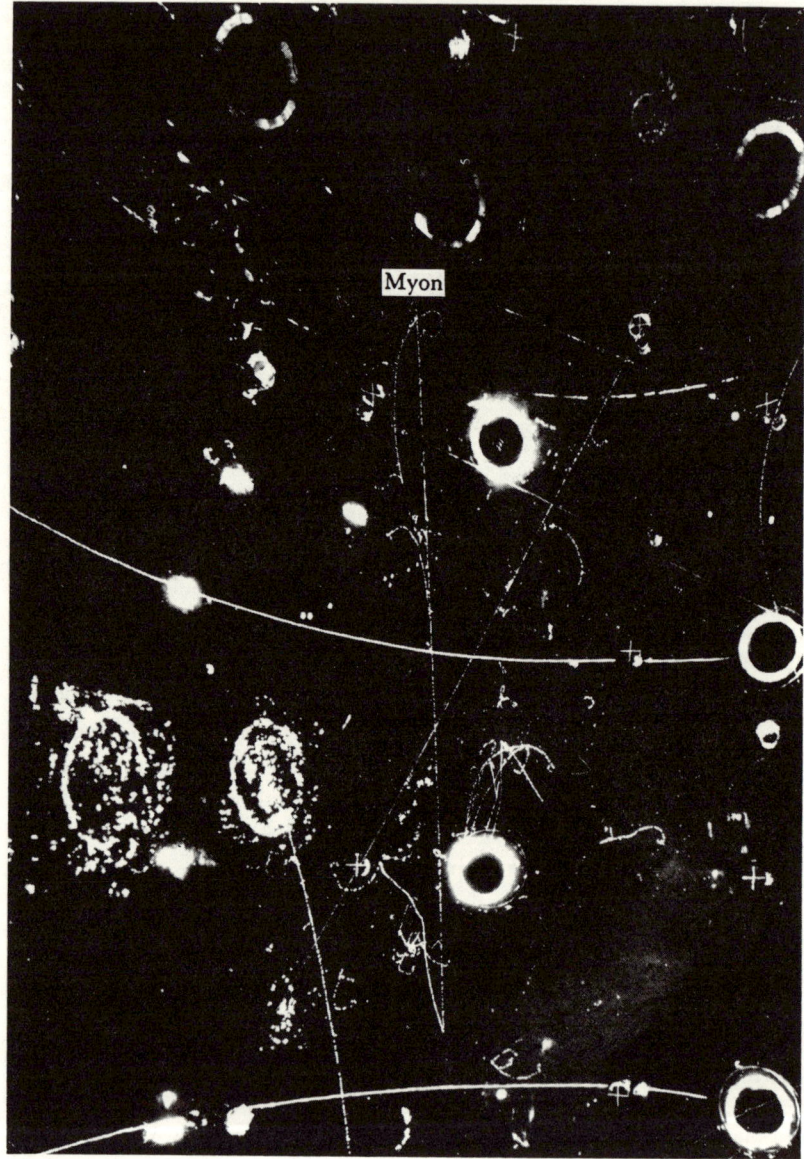

Abb. 24
Eine typische Neutrinoreaktion, wie sie sich auf einem Blasenkammerbild von «Gargamelle» zu erkennen gibt. Das vom Beschleuniger kommende Myonneutrino (unsichtbar) trifft, von unten kommend, auf einen Atomkern der Blasenkammerflüssigkeit und verwandelt sich im Stoß in ein Myon, das die Kammer ohne sichtbare Wechselwirkung auf geradem Weg verläßt und damit den Charakter des Projektilteilchens verrät (Foto: CERN).

entwickelnden Hauptspur korrekt ein langsam aufschauerndes Elektron und holte damit das mißdeutete Ereignis sozusagen wieder aus dem Papierkorb hervor. Nachdem er sich seiner Sache genügend sicher war, brachte er das Bild seinem Gruppenleiter und dessen Stellvertreter. Beide fanden das Ereignis interessant und gingen damit zu Helmut Faissner, dem Institutschef. Wie Professor Faissner später, sich erinnernd schrieb, erkannte er sofort, daß er ein «Bilderbuch-Ereignis» einer Reaktion vor sich hatte, von der die Kollaboration seit Monaten schon hoffte, daß sie sich zeigen würde: eine elastische Myonneutrino-Elektron-Streuung ohne Umwandlung des Neutrinos in ein Myon! Das war ein klares Anzeichen für die Existenz eines neutralen schwachen Stromes.[5] Denn in einer solchen Reaktion stößt das ankommende Neutrino nur ein Elektron an, das vehement davonfliegt. Es ändert aber seinen eigenen Ladungszustand dabei nicht.

Ein Neutrino-Ereignis dieser Art zu finden, hatte nicht von Anfang an zu den Hoffnungen der Kollaboration gehört. Die Kammer war ursprünglich mit dem Ziel gebaut worden, die schwache Kraft bis zu ganz kleinen Abständen zu verfolgen und, wenn möglich, die *geladenen* intermediären Vektorbosonen nachzuweisen, die nach Yukawas Vorstellungen als Botenteilchen die Kraftwirkung zustande bringen. Nur die geladenen Botenteilchen $W^{\pm}$ hatte man im Visier, denn anfänglich dachte man nur an geladene Ströme. Wohl war auch früher schon nach neutralen Strömen gesucht worden, aber mangels theoretischer Nachfrage nur mit halbem Herzen und ohne Erfolg. Mehr noch: aus K-Meson-Zerfällen hatten sich erdrückende Befunde gegen eine Existenz neutraler schwacher Ströme ergeben. Aber K-Meson-Zerfälle und Neutrinoreaktionen testen nicht immer das gleiche, und Analogieschlüsse sind in solchen Fällen leichtfertig. Und Steven Weinbergs Arbeit, 1967 in Physical Review Letters publiziert, enthielt die Voraussage neutraler schwacher Ströme explizit. Sie wurde jedoch von der Mehrheit der Experimentatoren jahrelang nur als eine Art theoretischer Spielerei angesehen, deren es zu jeder Zeit viele gibt und die zu verfolgen nur in den wenigsten Fällen lohnt. Erst um die Zeit, als Gargamelle bereits fertiggestellt und in der Erpro-

---

5 Ein klares Anzeichen für die Existenz eines neutralen schwachen Stromes ist – wie wir schon erwähnt haben – zugleich ein klares Anzeichen für die Existenz eines neutralen intermediären Vektorbosons Z^0, das diesen Teil der schwachen Kraft allein vermitteln kann.

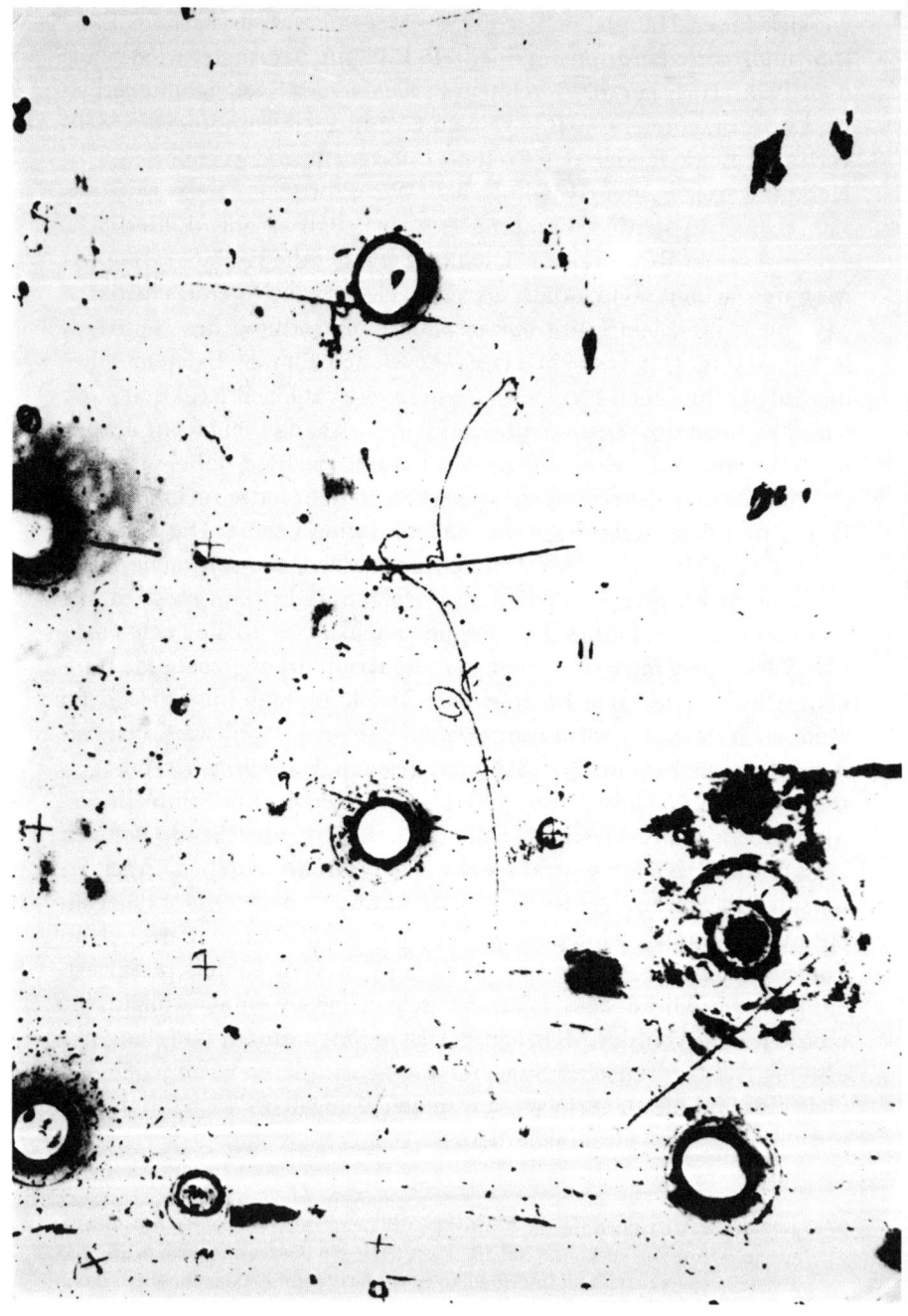

◁ Abb. 25
Das erste Neutrino-Ereignis, bei dem sich die Existenz eines neutralen Stromes und damit eines Z^0-Bosons zu erkennen gab. Das im Bild von unten kommende Myon-Antineutrino trifft in der Bildmitte auf ein Elektron, das – nach vorne weggeschleudert – in charakteristischer Weise aufschauert. Es ist aber kein Myon, welches sonst die Neutrinoreaktion charakterisiert, zu sehen (Foto: Aachen/CERN/Gargamelle).

bungsphase war, hatte sich, nach ingeniösen mathematischen Beweisen des Holländers Gerard 't Hooft und seines Lehrers Martinus Veltman in Utrecht die Überzeugung Bahn gebrochen, daß dieser großartige Entwurf einer Vereinheitlichung Realität besitzen muß. Nun gab es für die Suche nach neutralen Strömen in Neutrinoreaktionen eine hohe Motivation. Und nun konnten sich die Hoffnungen in der Gargamelle-Kollaboration bilden, die 1973 (übrigens in scharfem Wettlauf mit den Amerikanern) in Erfüllung gingen.

Im Grunde hätten die im weiteren Verlauf des Jahres 1973 zahlreich gefundenen myonlosen Neutrino-Nukleon-Reaktionen auch schon in früheren Experimenten, wo sie gelegentlich beobachtet worden waren, als Indizien wenn auch nicht als Beweis für die Existenz neutraler schwacher Ströme erkannt werden können.[6] «Daß wir damals nicht glaubten, was wir sahen», schrieb Faissner dazu später, «war ein unglückliches Zusammentreffen von intellektueller Blockade aufgrund theoretischer Vorurteile und von experimentellem Mißgeschick.» Man fühlt sich dabei an einen Ausspruch Albert Einsteins erinnert, der Heisenberg tief beeindruckte: «Erst die Theorie entscheidet darüber, was man beobachten kann.» Das ist nicht kleinmütig aufzufassen. Es wirft nur Licht auf die Bedingungen, unter denen unabhängige Erfahrung gewonnen werden kann. Erst wenn ein Paradigma, der nahezu unbewußte Hintergrund eines kollektiven Fürwahr-Haltens, sich zu ändern beginnt, kann wirklich Neues aufge-

6 Erst ein Detektor von den Ausmaßen der Gargamelle-Blasenkammer erlaubte es, myonlose Neutrino-Reaktionen von Untergrundreaktionen zu unterscheiden, welche durch vagabundierende Neutronen in der Kammer ausgelöst worden waren. Denn Neutronen dringen nicht weit in die Kammer ein, und ihre Reaktionen nehmen über die Länge der Kammer exponentiell ab. Neutrinoreaktionen aber sind überall in der Kammer mit gleicher Wahrscheinlichkeit zu finden.

nommen werden, kann eine wissenschaftliche oder kulturelle Revolution sich vollziehen.

Das veränderte Coulomb-Potential

Nicht nur Neutrinos spüren einen neutralen schwachen Strom, wenn sie auf Materie treffen und ihre Identität dabei doch beibehalten. Auch Elektronen können durch neutrale schwache Ströme mit ihrer Umwelt reagieren. Freilich bleibt diese Reaktionsweise gewöhnlich unter der überwältigenden Wirkung der zugleich vorhandenen elektromagnetischen Kraft verborgen. Es gibt aber dennoch einige Stellen, an denen das Wechselspiel zwischen elektromagnetischem und neutralem schwachen Strom meßbar wird, so daß wir eine unmittelbare Anschauung davon gewinnen können. Und da gerade dieser Punkt, die Mischung von elektromagnetischer und schwacher Wechselwirkung des Elektrons, von zentraler Bedeutung für die subtilen Effekte der Chemie ist, welche die noch rätselvollen frühesten Stufen der Evolution hervorgetrieben haben könnten, so wollen wir auch einen Augenblick dabei verweilen.

Wäre der neutrale schwache Strom vom ebenso neutralen elektromagnetischen Strom nur durch die relative Stärke unterschieden, so könnte man den ersteren nur unter Bedingungen nachweisen, unter denen der zweite nicht auftreten darf. So ist es bei Neutrinoreaktionen, und so wurden neutrale schwache Ströme entdeckt. (Denn da der elektromagnetische Strom an die elektrische Ladung des Teilchens gebunden ist und das Neutrino keine solche besitzt, muß die sonst konkurrierende elektromagnetische Wechselwirkung hier unbeteiligt bleiben.) Bei Elektronen aber würde man immer nur den gesamten neutralen Strom registrieren, ohne jedoch dabei sagen zu können, welches der elektromagnetische und welches der schwache Anteil ist. Glücklicherweise, wie wir schon wissen, überläßt uns die Natur nicht solcher Frustration. Sie hat die beiden Anteile mit verschiedenen Qualitäten ausgestattet, die sich zeigen, wenn man die Ströme sozusagen im Spiegel betrachtet. Das Spiegelbild des elektromagnetischen Stromes ist seinem Urbild bis aufs Vorzeichen gleich. Der elektromagnetische Strom ist weder linkshändig noch rechtshändig, sondern – wenn man so will – beides zugleich. Der schwache neutrale Strom hingegen sieht im Spiegel ganz anders aus. In dieser Hinsicht kann er seine brüderliche Verwandtschaft mit den gewöhnlichen geladenen Strömen, die als reine Linkshänder im β-Zerfall der Kerne und Elementarteilchen wirken, nicht verleugnen.[7] Ist nun Gelegenheit, daß schwacher und elektromagnetischer Strom miteinander interferieren, so läßt sich ob dieser Unterschiede im Spiegelungsverhalten die bescheidene schwache Wechselwirkung aus der dominanten elektromagnetischen Wechselwirkung herauserkennen. Und das geht am besten bei hohen Energien. Wie das gezeigt werden konnte, ist im Anhang B ausgeführt. Uns interessiert an dieser Stelle allein die Tatsache einer Interferenz zwischen γ und Z^0, zwischen dem elektromagnetischen und dem schwachen Strom. Und da die Coulomb-Anziehung im Atom und in den Molekülen ja auf dem Austausch eines virtuellen γ-Quants beruht, so wird sofort verständlich, daß auch der Austausch eines virtuellen Z^0-Bosons ganz unvermeidbar einen Anteil zu der Coulomb-Kraft, dem Urgrund der Chemie, zu liefern hat.

Das bringt uns zu unserem eigentlichen Thema zurück. Der Faden aus Kapitel 4, den wir für eine Weile hatten ruhen lassen, kann wieder aufgenommen werden. Was wir gewonnen haben, ist die – erst kürzlich erworbene – Einsicht, daß Chemie, dieses Finden und Verlieren wechselnder Atome, das Aneinander-Festhalten, das wir chemische Bindung nennen, ein ganz klein wenig mehr ist als elektrostatische Anziehung zwischen den Atomhüllen. In Wirklichkeit – soweit wir heute wissen – ist es elektroschwache Anziehung, die Bindung bewirkt. Natürlich sind die elektromagnetische und die schwache Komponente darin ein ungleiches Paar, und der schwache Anteil versteckt sich hinter dem elektromagnetischen als unmerklich kleine Korrektur. Doch bei den optisch aktiven, chiralen Molekülen kommt die neue Qualität der schwachen Komponente zum Zuge, ihre Eigenschaft nämlich, die Rechts- und die Links-Formen mit unbekümmerter Ungleichartigkeit zu behandeln. Wie das geschieht und welche Folgerung daraus zu ziehen ist, wollen wir nun im folgenden etwas genauer besehen.

---

[7] Bei genauerem Hinsehen ist die Linkshändigkeit des neutralen schwachen Stromes nur partiell. Ein bißchen schaut nämlich der neutrale schwache Strom doch wie ein elektromagnetischer Strom aus, und das muß natürlich auch so sein, wenn wirklich eine einheitliche Beschreibung elektromagnetischer und schwacher Kräfte gelten soll.

Kapitel 6
Statische Asymmetrie

Die chemische Bindung

Wenn Atome sich miteinander zu Molekülen verbinden, so sind die wirkenden Kräfte, wie wir gerade bemerkt haben, in guter Näherung die Kräfte der elektrostatischen Anziehung. Die anderen Anteile der elektroschwachen Wechselwirkung treten dagegen zurück: Magnetische Kraftwirkungen betreffen den Spin der Elektronen und erscheinen als relativistische Korrekturen, und die winzige Beimischung schwacher Wechselwirkung spielt im Orchesterpart der intramolekularen Kräfte nur bei den fernen Pianissimi eine die Wahrnehmung berührende Rolle.

Zunächst und für alle molekularen Bindungen haben wir es also mit Coulombscher Anziehung oder Abstoßung zwischen Elektronen und Atomkernen zu tun, und es ist nützlich, das Gewöhnliche wenigstens in groben Zügen zu studieren, um nachher das Besondere und Subtile auf diesem Hintergrund sich abheben zu sehen.

Das allereinfachste Molekül, das eigentlich gar kein richtiges vollständiges Molekül ist, sondern ein räuberischer Vagabund auf der Suche nach Sättigung, ist das Wasserstoffmolekül-Ion H_2^+. Es besteht aus zwei Wasserstoffkernen, also Protonen, und nur einem einzigen Elektron, in dessen Begleitung sie sich teilen müssen (Abb. 26). (Erst zwei wirkliche Wasserstoffatome mit zwei Protonen und zwei Elektronen können ein anständiges Molekül bilden. Das H_2^+-«Molekül» existiert jedoch unter spektroskopischen Bedingungen.)

Stellen wir uns vor, daß sich irgendwo im Raum ein stabiles Paar von Elektron und Proton, eben ein Wasserstoffatom, befindet und daß in einiger Entfernung ein einsames Proton vor sich hin dümpelt. Zählt man die Energien, die dieses System besitzt, so findet man als ersten Anteil die Bewegungsenergie des Elektrons, als zweiten und dritten die jeweilige elektrostatische Anziehung zwischen dem Elektron und den beiden Protonen und schließlich die Abstoßungsenergie der Protonen untereinander. Die – auch vorhandene – Bewegungs-

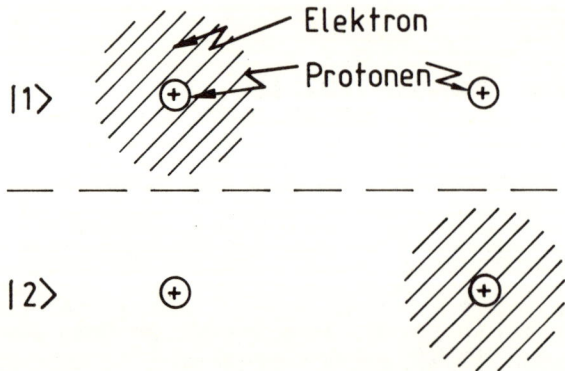

Abb. 26
Die Bestandteile des Wasserstoff-Molekül-Ions H_2^+: Zwei Protonen als Kerne und ein Elektron, dessen Aufenthaltsbereich schraffiert gezeichnet ist. Die beiden gezeigten Konfigurationen entsprechen zwei extremen Situationen, bei denen das einzige Elektron entweder am einen oder am anderen Proton gebunden ist.

energie der Protonen braucht man fürs erste nicht in die Rechnung einzubeziehen, weil Protonen ja sehr viel schwerer und daher träge im Vergleich zum leichten, bewegungsfrohen Elektron sind. Diese Erkenntnis – Born-Oppenheimer-Näherung genannt – ist grundlegend für alle quantitativen Berechnungen in der Chemie und ruht auf dem rätselvollen Massenverhältnis zwischen Elektron und Nukleon, das noch niemand zwingend erklären oder begründen konnte. Denkt man sich weiter den Abstand zwischen den Protonen kleiner, die Elektronenbewegung jedoch noch immer unverändert um das eine Proton zentriert, so kommt es zu einem Anwachsen der Gesamtenergie und so zur Abstoßung des Eindringlings, denn in der Ferne erst ist beider Energie zusammengenommen am kleinsten (Abb. 27).

Die Wirklichkeit erweist sich als geschmeidiger: Wie in den klassischen Dreiecksverhältnissen der Romanliteratur wird das Elektron dem ursprünglichen Proton teilweise entfremdet und fühlt sich zum neuen Partner hingezogen. Daß dieser jedoch dem Nebenbuhler zu nahe kommt, verhindert die mit wachsender Nähe sich steigernde Abstoßung der beiden Protonen. Am Ende gerät das System bei einem ganz bestimmten, festen und berechenbaren Abstand (etwa um 1 Angström herum) in ein stabiles Gleichgewicht, aus dem nur unter Energieaufwand wieder herauszukommen ist. Das Elektron gehört

Statische Asymmetrie

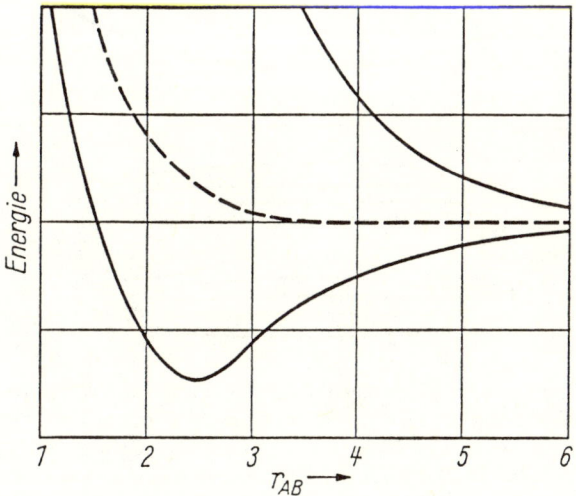

Abb. 27
Potentialkurven für das Wasserstoff-Molekül-Ion H_2^+: Aufgezeichnet ist die Energie der Wechselwirkung eines Wasserstoff-Atoms H und eines Protons H^+ als Funktion des Kernabstandes r_{AB} in Einheiten des Bohrschen Radius a_o = 0,53 Angström. Bei großer Entfernung gibt es praktisch keine Wechselwirkung zwischen dem H-Atom an der Stelle r_A und dem H^+-Ion an der Stelle r_B. Solange die Struktur $H_A + H_B^+$ bei gegenseitiger Annäherung der Kerne erhalten bleibt, ergibt sich eine wachsende Abstoßung (gestrichelte Kurve). Es ist jedoch auch die umgekehrte Situation $H_B + H_A^+$ zu berücksichtigen. Das führt bei einem bestimmten Wert des Kernabstandes r_{AB} zu einem Minimum der Wechselwirkungsenergie, das heißt zu einem stabilen Bindungszustand (untere ausgezogene Kurve).

dann beiden Protonen an. Seine Wahrscheinlichkeit, sich in der Mitte zwischen beiden aufzuhalten, ist groß, und das Elektron ist nicht mehr überwiegend um das eine oder das andere Proton konzentriert (Abb. 28). Einen solchen Zustand allseitiger Zufriedenheit würde der Chemiker eine Ein-Elektronen-Bindung nennen.

Nun sollte man sich das allerdings nicht allzu statisch vorstellen. Das Elektron hüpft durchaus, wenn man es sich bildlich vorstellen will, heftig flirtend von einem Proton zum anderen und wieder zurück. Zwar könnte es nach der klassischen Physik seinen ursprünglichen Kern gar nicht verlassen – es würde zuviel Energie kosten – aber quantenmechanisch ist es möglich, das ist gerade der Punkt! Durch diesen quantenmechanischen Tanz wird ja die Kommunikation zwischen den beiden Kernen hergestellt, die zur Absenkung der Gesamt-

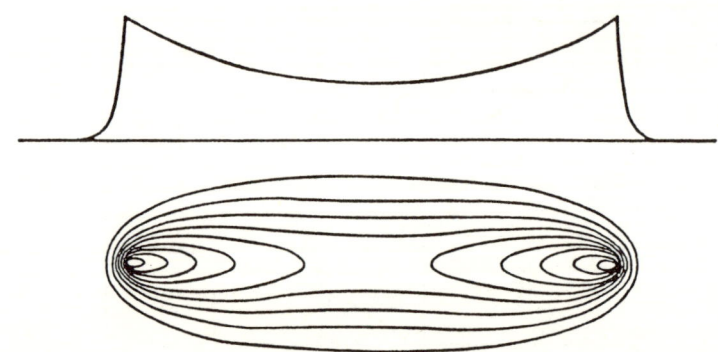

Abb. 28
Die Elektronendichte im H_2^+-Molekül-Ion: Die Figur gibt die Linien gleicher Elektronendichte an, sozusagen die Höhenlinien des Wahrscheinlichkeitsgebirges für den Aufenthalt des Elektrons. Darüber das Gebirge im Profil. Aus beidem ist ersichtlich, daß das Elektron sich überwiegend zwischen den Kernen aufhält und kaum nur «hinter» einem der beiden Kerne.

energie und so zur Bindung führt, und je heftiger die Kommunikation, um so tiefer das Energie-Minimum, um so fester also die Bindung!

Übrigens hat dieses Bild der chemischen Bindung seinerzeit Yukawa zu der Vorstellung inspiriert, die Bindungskraft der Nukleonen im Atomkern ganz ebenso als Resultat von solchen «virtuellen» Teilchenaustauschprozessen aufzufassen; nur sind es im Kern natürlich keine Elektronen, welche Neutronen und Protonen zusammenbacken, sondern im wesentlichen etwas schwerere Teilchen, die wir Pi-Mesonen oder Pionen nennen. Ein Proton beispielsweise kann ein positiv geladenes π^+-Meson zum Neutron senden. Dann wird das Neutron beim Empfang zum Proton, und das ursprüngliche Proton bleibt als Neutron zurück. Umgekehrt geht es auch, indem ein negativ geladenes π^--Meson seinen Weg vom Neutron zum Proton nimmt. Heute meinen wir zu wissen, daß alle fundamentalen Kraftwirkungen in solcher Weise als Teilchenaustausch zustande kommen – wir haben an früherer Stelle (Kap. 5) schon darauf hingewiesen.

Zurück zur chemischen Bindung! Das Wasserstoff-Molekül-Ion ist wirklich ein Modellbaukasten, an dem man fast alles Grundsätzliche der Chemie schon studieren kann. Wenn also das Elektron zwischen den beiden Protonen hin und her tanzt, dann ist das ziemlich genau so, als wäre es halb beim einen Proton im Grundzustand und

Statische Asymmetrie

halb beim anderen. Seine wahre Konfiguration im Molekül ergibt sich als Kombination dieser beiden Möglichkeiten. Und zwar ist es die additive Kombination, die zur stabilen Bindung führt, denn dabei ist die Aufenthaltswahrscheinlichkeit des Elektrons mitten zwischen den beiden Protonen am größten. Die Kombination mit umgekehrten Vorzeichen hingegen läßt die Mitte zwischen den Protonen leer und der wechselseitigen Abstoßung der Protonen freien Raum; die Aufenthaltswahrscheinlichkeit des Elektrons ist dann lediglich in der Nähe der Kerne bedeutend. (So etwas ist ungünstig und führt im allgemeinen nur zu schwacher Bindung – im Fall des H_2^+ sogar zur Dissoziation; vgl. die obere Kurve in Abb. 27).

Es ist in der Tat eine einfache und naheliegende Idee, den wahren Zustand eines Moleküls durch Überlagerung möglicher Zustände der beteiligten Atome zu beschreiben. Und die Natur scheint ihr zu folgen. Zustände werden in der Welt der Atome durch Schrödingersche Wellenfunktionen, sogenannte Orbitale, repräsentiert, und das anschaulichste Bild, das man sich von diesen machen kann, ist ein Bild diffuser, die Kerne einhüllender Elektronenwolken. Wenn sich Molekülzustände aus Atom-Zuständen aufbauen lassen, dann sind molekulare Orbitale (MO's) nichts anderes als *L*inear-*C*ombinationen von *A*tomaren *O*rbitalen (AO's), und das Verfahren heißt folgerichtig LCAO-Methode. Es ist mit der Zeit ein mächtiges Instrument geworden, mit dem die Chemiker die Eigenschaften von Heerscharen von Molekülen theoretisch zu analysieren vermögen.

Aber bleiben wir noch etwas beim Einfachen: Betrachten wir das richtige Wasserstoff-Molekül! Es ist nur ein klein wenig komplizierter als das H_2^+-Ion, weil es zwei Elektronen besitzt und nicht eines wie das Ion. Wieder erlaubt die Quantenmechanik, daß ein Elektron seinen Kern verläßt und zum anderen wandert; nur gilt dies jetzt für beide Elektronen. Das läßt uns mehrere Möglichkeiten der Kombination (Abb. 29). Eine besteht darin, daß beide Elektronen um den gleichen Kern kreisen; diese Anordnung entspricht einer ionischen Struktur H^+-H^- und spielt nur eine ziemlich unerhebliche Rolle. Andererseits kann auch jedes der beiden Elektronen allein bei einem Kern bleiben; dann haben wir mono-atomaren Wasserstoff. Dieser ist bekanntlich äußerst reaktionsfreudig und verharrt nur Bruchteile von Sekunden in diesem Zustand, bis – wir ahnen es schon – eine dritte Möglichkeit realisiert ist: Die beiden Elektronen zweier Nachbaratome machen gemeinsame Sache und bevölkern den Binnenraum

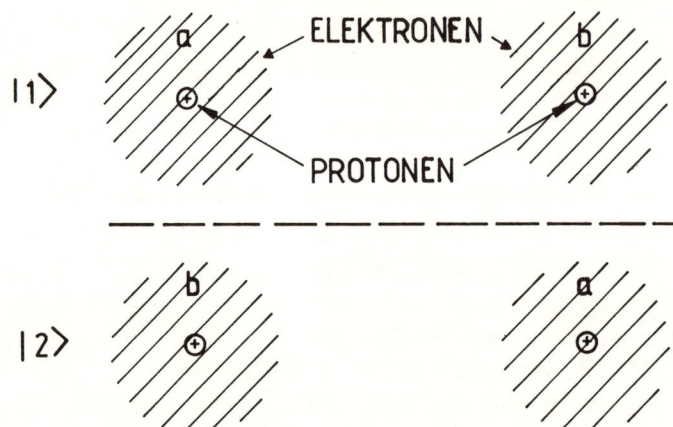

Abb. 29
Das Wasserstoff-Molekül H_2. Die additive Kombination der beiden gezeigten Basiszustände führt auf eine Elektronenverteilung, welche vor allem den Binnenraum zwischen den beiden Protonen bevölkert; sie repräsentiert die kovalente Zwei-Elektronen-Bindung.

zwischen den beiden Kernen. Indem nämlich mit gleicher Wahrscheinlichkeit ein Elektron am ersten Kern, das andere am zweiten Kern sitzt, und umgekehrt das erste Elektron am zweiten Kern und das zweite am ersten Kern, kommt die chemische Bindung zustande, und diese ist nun eine Zwei-Elektronen-Bindung. Der Chemiker nennt sie kovalente Bindung. Anschaulich gesprochen sind nun zwei Elektronen zwischen den Kernen in fortwährendem Austausch begriffen. Es ist, als spielten die Kerne mit zwei Bällen zugleich Tischtennis.

Für dieses Ping-Pong-Spiel hat die Natur allerdings eine einschneidende Regel aufgestellt. Pauli hat sie als erster entdeckt. Wie für Galileis Trägheitssatz gibt es keinen erkennbaren Grund dafür – sie ist einfach da. Darum hat sie besonderen Rang in der Physik und einen besonderen Namen, nicht Regel oder Gesetz, sondern Prinzip: das Pauli-Prinzip! (Man vergleiche jedoch den – ausführlicheren – Abschnitt zum Pauli-Prinzip im Anhang C.) Wenn zwei Elektronen am gleichen Ort sind und in allen Quantenzahlen übereinstimmen, so sagt Pauli: Das ist verboten! Eine vollkommen symmetrische Konfiguration zweier Elektronen, die bei Vertauschung des einen Elektrons mit dem anderen sich gar nicht ändert, kann nicht existieren. Und daran muß sich die Natur halten.

Statische Asymmetrie

Wieder treffen wir hier auf Wolfgang Pauli, der in den zwanziger und dreißiger Jahren dieses Jahrhunderts unsere Kenntnisse über die Welt im Atom und im Molekül so wesentlich bereichern und vertiefen konnte wie wenige neben ihm. Schon mit 21 Jahren – damals Assistent bei Max Born in Göttingen – veröffentlichte er eine klassische Monographie über Einsteins Relativitätstheorie. Born nannte sie später in seinen Erinnerungen ein «fundamentales Werk, das die nächsten 30 Jahre alle anderen Darstellungen der Theorie an Tiefe und Gründlichkeit übertraf». Einstein und Born waren miteinander befreundet und pflegten einen lebenslangen Briefwechsel. Als Pauli 1921 ein Angebot nach Hamburg annahm, schrieb Born mit einem Anflug von Melancholie: «Der kleine Pauli ist sehr anregend; einen so guten Assistenten werde ich nie mehr kriegen.» Er sollte sich jedoch irren. Schon knapp zwei Jahre später – und dies zeigt, wie dicht die genialen Begabungen der Physik damals gesät waren – konnte er dem Freunde in Berlin mitteilen: «Ich hatte im Winter Heisenberg hier; dieser ist mindestens ebenso begabt wie Pauli, aber persönlich netter ... Auch spielt er sehr gut Klavier.»

Pauli hatte sein Ausschließungsprinzip im Sommer 1925 formuliert: Eine vollkommen symmetrische Anordnung zweier Elektronen im Molekül kann nicht existieren: Nun haben wir jedoch zuvor beim H_2^+-«Molekül» gesehen, daß die Bindung zwischen Wasserstoffkernen gerade dadurch zustande kommt, daß das einzelne hin und her springende Elektron sich ganz symmetrisch bezüglich beider Kerne verhält. Wenn das nun auch für zwei Elektronen gelten soll – und so müssen wir es erwarten – dann gibt es keinen Unterschied zwischen Zuständen, bei denen die Elektronen einfach vertauscht sind, und das sollte eigentlich verboten sein. Glücklicherweise besitzen zwei Elektronen aber nicht nur Masse und Ladung, sondern mit ihrem Spin auch ein magnetisches Dipolmoment. Sie sind also kleine Elementarmagnete, die sich aneinander ausrichten können, parallel oder antiparallel (Abb. 30). Sind beide Spins gleich gerichtet, etwa wenn beide nach oben zeigen, so ändert sich nichts, wenn die Elektronen ihre Plätze tauschen. Sind die Spins jedoch einander entgegengesetzt gerichtet, so macht es einen Unterschied, ob zum Beispiel der Spin des rechten Elektrons zuerst nach oben zeigte und der des linken Elektrons nach unten. Denn nach dem Platzwechsel zeigt der Spin des linken Elektrons nach oben und der des rechten nach unten, und das ist ein anderer Zustand und daher Pauli-erlaubt. Das bindende Elek-

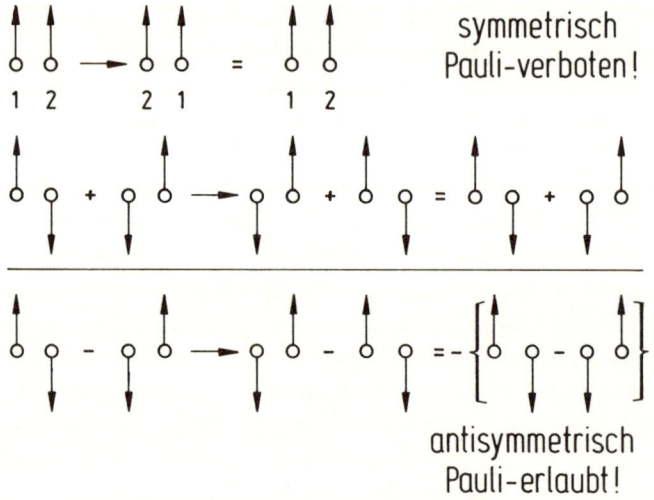

Abb. 30
Absättigung der Elektronenspins bei der kovalenten chemischen Bindung. Wenn die Elektronen (in sonst gleichen Zuständen) bezüglich ihrer Spinrichtung übereinstimmen, so ist ihre Konfiguration symmetrisch und damit nach dem Pauli-Prinzip verboten. Stehen die Spins jedoch entgegengesetzt, so entsteht bei einem Platzwechsel der Elektronen nicht mehr die gleiche Konfiguration wie zuvor; der Gesamtzustand kann antisymmetrisch und somit Pauli-erlaubt sein.

tronenpaar muß also seine Spins antiparallel ausrichten, so daß sie sich gegenseitig aufheben. Allgemein haben in den Molekülen die äußeren Elektronen der Atome immer die Tendenz, ihre Spins wechselseitig abzusättigen. Das ist genau, was man experimentell findet: Das Wasserstoffmolekül ist wie die meisten Moleküle diamagnetisch, hat also keine ungepaarten Spins in der Elektronenhülle.

Die Bindung durch ein gemeinsames, spin-abgesättigtes Elektronenpaar, die kovalente Bindung, ist überaus häufig in der Chemie, ja sie ist die allergewöhnlichste Valenz-Bindung überhaupt. Obgleich – wie wir gesehen haben – auch ein einzelnes Elektron genügt, um zwei Atomrümpfe zusammenzubinden, ist eine Ein-Elektronen-Bindung doch relativ selten; die Bedingungen sind zu heikel. Besonders gilt das, wenn ungleich schwere Atome, wie Wasserstoff und Sauerstoff, im Spiele sind: Ein Elektron reagiert auf solche Ungleichartigkeit empfindlich, einem Elektronen-Paar aber macht der Unterschied kaum etwas aus.

Manchmal ist es energetisch günstiger, wenn sich alle Valenzelektronen in der Nähe eines einzigen Kerns einfinden. Dann besitzt das eine Atom im Molekül mehr Elektronen, als ihm zusteht, und das andere hat einen entsprechenden Mangel. Es kommt zur Ionenbindung, wie sie beim Kochsalzkristall (NaCl) realisiert ist. Aber das bezeichnet nur ein anderes Extrem der Bindungsmöglichkeit. Dazwischen kommen alle Abstufungen vor. Ein Beispiel für eine solche Stufenleiter bieten die Verbindungen des Chlors mit Magnesium, Aluminium usw.: Je weiter der Bindungspartner des Chlors auf einer Reihe des Periodensystems nach rechts wandert, desto kovalenter wird die Bindung.

Es können auch mehr als zwei Elektronen Bindung bewirken. Die organische Chemie ist reich an Doppel- und Mehrfachbindungen. Hier durchdringen sich die Elektronenwolken in komplizierterer Weise. Es ist etwa so, als würden zwei Elektronen aufeinander zuspringen und zwei andere parallel senkrecht dazu auf und ab schwingen und dabei miteinander kommunizieren. Aber das ist schon nicht mehr unser Thema.

Nach dieser Exkursion zu den physikalischen Grundlagen der Chemie haben wir nun alles beisammen, um die Frage angehen zu können, um wieviel stärker (oder weniger stark) ein linkshändiges Molekül denn gebunden sein mag als sein rechtshändiges Spiegelbild. Das soll im folgenden Abschnitt geschehen.

Links wiegt schwerer als rechts – oder umgekehrt

a) Asymmetrische Kraftwirkung

Chemische Bindung – so haben wir gesehen – kommt vor allem vermöge der Coulombschen Anziehung zwischen Elektronen und Atomrümpfen zustande. Wenn wir aber ganz genau hinsehen, dann bewirkt nicht die elektromagnetische, sondern die «elektro-schwache» Wechselwirkung die Kraft zwischen Elektron und Elektron oder zwischen Elektron und Atomkern. Und diese enthält immer zwei Anteile, den gewöhnlichen, Coulomb-artigen, und den schwachen Anteil. Wie der Name – natürlich nicht unbedacht gewählt – ausdrückt, ist der schwache Anteil sehr klein, millionenfach kleiner als der Coulombsche Anteil noch in den prominentesten seiner Wirkungen im Atom. Zudem ist dieser schwache Anteil von sehr kurzer Reichweite, nahezu punktförmig auf der Skala der inneratomaren Abstände. Und da auch die Spiegelsymmetrie von diesem Teil der Wechselwirkung nicht mehr respektiert wird, so ändert sich sein Vorzeichen, wenn man das Koordinatensystem spiegelt. Das wird sich gleich als interessant erweisen.

Nun läßt es sich kaum vermeiden, wenn wir präzise sein wollen, die Charaktere der beiden unlösbar miteinander verflochtenen Bindungskräfte zu beschreiben. Die elektrostatische Anziehung (oder Abstoßung) folgt dem wohlbekannten Coulombschen Gesetz. Mathematisch verbirgt sich dahinter nichts anderes als das Gesetz der Anziehung der Himmelskörper. Nur wirken hier zwei Körper nicht vermöge ihrer Masse aufeinander ein, sondern vermöge ihrer elektrischen Ladung, so sie eine solche besitzen. Elektronen und Protonen fallen als geladene Teilchen in die besitzende Klasse, Neutronen sind von besitzlosem Stand. Den schwachen Anteil zur Bindungsenergie – wir wollen ihn, um einen Namen zu haben, V^{PNC} (das heißt *p*arity *n*on *c*onserving potential) nennen – kann man sich ähnlich vorstellen wie den Coulomb-Anteil V^{Coul}. Allerdings ist er ein bißchen komplizierter. Wir wollen keine Formel dafür aufschreiben, aber die Physiognomie dieser Wechselwirkung wollen wir uns doch vergegenwärtigen.

Erstens ist V^{PNC} viel kleiner als V^{Coul} (weil nicht die Ladungen der aufeinander einwirkenden Teilchen die Stärke bestimmen, sondern die Fermische Kopplungskonstante der schwachen Wechselwirkung, und die ist viel geringer). Zweitens ist die Wechselwirkungskraft nicht mehr umgekehrt proportional zum Abstand der Teilchen wie bei der Coulomb-Kraft, sondern sinkt schon bei ganz kleinen Abständen – kleiner als der Durchmesser eines Protons – praktisch auf Null ab. Drittens – und das ist etwas Ungewohntes, aber ganz Charakteristisches – tritt in diesem schwachen Wechselwirkungsanteil V^{PNC} ein Ausdruck auf, der eine Quelle räumlicher Asymmetrie darstellt: Es ist eine besondere Verknüpfung zwischen Spin und Impuls der wechselwirkenden Teilchen, Helizität genannt, die in den Ausdruck für das Potential V^{PNC} eingeht. Elektronen tragen ja einen Spin, und wenn sie sich bewegen – Elementarteilchen sind immer in Bewegung –, so kann man den Spin entlang ihrer Bewegungsrichtung, oder entgegen ihrer Bewegungsrichtung, feststellen. Helizität, als Komponente des Spins bezüglich der Bewegungsrichtung definiert, ist eigentlich nichts als ein Schraubensinn, eine vorzeichenbehaftete Zahl, «minus» für linksherum, «plus» für rechtsherum, wie bei einem in die Luft steigenden Propeller. Auch diese Information steckt in dem schwachen Potential V^{PNC}. Sie ist sogar ein «besonderes Kennzeichen», ein Identifikationsmerkmal. Die Helizität ist – wie man sagt – eine pseudoskalare Größe, die ihr Vorzeichen unter Koordinatenspiegelungen wechselt (denn bei Spiegelungen dreht sich die Flugrichtung, der Impuls eines Teilchens um, sein Spin aber nicht). Darin liegt im Moment der bedeutsamste Unterschied zum gewöhnlichen Potential V^{Coul}, das nur vom Abstand r abhängt und daher ganz und gar spiegelungsinvariant ist.

Das kleine, schwache, aber pseudoskalare Potential V^{PNC} hat die bemerkenswerte Eigenschaft, bei den gewöhnlichen Molekülen, die mit ihrem Spiegelbild identisch sind, gar keinen Beitrag zu liefern (jedenfalls nicht in erster Ordnung); bei den schiefen, enantiomeren Molekülen, von denen die eine Spezies das Spiegelbild der anderen darstellt, ändert es jedoch die jeweilige Anziehungs- oder Bindungsenergie um einen kleinen Betrag. Und zwar addiert es ein bißchen Energie bei der einen Sorte und subtrahiert ein gleiches bei deren Spiegelbild, so daß ein kleiner Energie-Unterschied ΔE^{PNC} zwischen den enantiomeren Formen entsteht, die sonst in ihrem chemischen Verhalten so völlig gleich sind (abgesehen von der Eigenschaft, die Polarisationsebene des Lichtes in entgegengesetzter Richtung zu drehen). Offenbar sind die einen Moleküle etwas fester gebunden, etwas stabiler und somit zugleich etwas leichter als ihre Spiegelbilder. Rechnet man nämlich nach Einsteins berühmter Äquivalenzbeziehung zwischen Energie und Masse die Gesamtenergie eines Moleküls als die Summe der Kern- und Elektronmassen abzüglich der Bindungsenergie, so ist die Gesamtmasse des Moleküls um so kleiner, je größer die Bindungsenergie ist. Links wiegt leichter als rechts. Oder ist es umgekehrt? Und wieviel wiegen die einen Enantiomere weniger als ihre chiralen Partner? Auf solche Fragen kann die Physik – im Gewande der Theoretischen Chemie – in einigen Fällen quantitativ antworten, und wie die Antwort zustande kommt, können wir skizzieren (vgl. Anhang E). Hier jedoch interessiert vor allem die Antwort selbst.

Der Unterschied zwischen den Energie-Inhalten der Spiegelmoleküle ist klein – sogar sehr klein. Das liegt letztlich an der Kleinheit des spiegelschiefen Potentials V^{PNC}, an der Schwäche der schwachen Wechselwirkung, wenn man so will. Es liegt daran, daß die Botenteilchen der schwachen Wechselwirkung, die W- und Z-Bosonen, so schwer sind oder – was dasselbe ausdrückt – daß die Reichweite der schwachen Wechselwirkung so gering ist. Und daran, daß es zusätzlich noch einige atomspezifische Behinderungen gibt. Eine davon hat ihren Ursprung darin, daß die Spins der Valenzelektronen eine ausgeprägte Tendenz haben, sich antiparallel gegeneinander einzustellen und sich so in ihrer Wirkung aufzuheben (vgl. Anhang E: Spingesättigte Bindungen). Berücksichtigt man dies, so errechnet sich für die enantiomere Energiedifferenz ein Wert $\Delta E^{PNC} \approx 10^{-20} \cdot Z^5$, in atomaren Einheiten gemessen. Nebenbei bemerkt ist eine atomare Energieeinheit (abgekürzt a. u.) eine relativ große Einheit: Definiert als die doppelte Ionisationsenergie des Wasserstoffatoms (27.2 eV) entspricht sie etwa dem Zehnfachen jener atomaren oder molekularen Energiesprünge, die bei der Aussendung des sichtbaren Lichtes eine Rolle spielen.

Zwar hilft die hohe Potenz von Z (bei Kohlenstoff circa vier Größenordnungen), die Energiedifferenz ΔE^{PNC} merklich zu machen. Doch ist dabei noch nicht berücksichtigt, was an Unterdrückung durch die eigentliche räumliche, molekulare Struktur ins Spiel kommt.

b) Wegweiser optische Aktivität

Um auch diesen zusätzlichen Reduktionsfaktor in den Griff zu bekommen, hilft ein Blick auf die mikroskopische Theorie der optischen Aktivität. Sie ist im ungeheuren Aufbruch der Quantentheorie in den zwanziger Jahren unseres Jahrhunderts von Rosenfeld formuliert und später von Condon in Amerika zur Anwendung gebracht worden. Der Belgier Leon Rosenfeld war – wie auch Condon – einer der vielen brillanten jungen Physiker, die Max Born in Göttingen in jenen Jahren, die man später das «heroische Zeitalter der Theoretischen Physik» nennen sollte, um sich versammelte. Born besaß einen einzigen regulären Assistenten, doch konnte er sich durch die Freigebigkeit eines befreundeten Industriellen zusätzlich einen privaten Assistenten leisten. Diese Stelle hatte 1928 Rosenfeld inne, als er auf Borns Anregung die Theorie der optischen Aktivität bearbeitete. Born selbst charakterisierte seinen damaligen Privatassistenten später (1961) mit gewisser Verwunderung als einen Menschen, «dem es gelang, in sich zwei Philosophien zu vereinen, von denen man im allgemeinen meint, daß sie sich gegenseitig ausschließen oder einander sogar widerspre-

Statische Asymmetrie

chen: Er war ein glühender Anhänger von Niels Bohrs Ideen über die fundamentale Struktur wissenschaftlichen Denkens (Komplementarität) und zugleich Marxist. Doch er ist ein so charmanter, kluger Mann, daß diese zwei Aspekte nie zu kollidieren scheinen. Heute ist er Direktor des Forschungsinstituts der Skandinavischen Staaten in Kopenhagen und lebt nahe seinem Idol Bohr.» Das ist nun lange her; Bohr starb 1962, Rosenfeld 1974.

Die Theorie der optischen Aktivität ist angetreten, das Phänomen überhaupt im molekularen Bereich zu deuten, aber auch seine Variabilität zutreffend zu erklären. Denn die Beobachtung erweist, daß nicht alle optisch aktiven Moleküle die Polarisationsebene des Lichtes in gleicher Weise drehen; einige erzeugen große Drehwinkel, andere nur kleine. Der Grund liegt verständlicherweise in der innermolekularen Struktur, in der Art, wie die Elektronen im asymmetrischen, chiralen Molekül auf die elektrischen und magnetischen Felder in der ankommenden Lichtwelle antworten. Doch bietet die schiere Geometrie des betrachteten Moleküls kaum mehr als Anhaltspunkte für die Größe des optischen Drehwinkels. Es geht die Beweglichkeit der Elektronen ein, und die Energieabstände der möglichen Anregungszustände spielen eine Rolle. Was letztlich zählt, ist eine Größe, die man die Rotationskraft oder Rotationsstärke des Moleküls nennt. Damit wird etwas bezeichnet, was die Heftigkeit der Reaktion auf eine vorbeistreichende Lichtwelle mißt. Wenn nämlich die elektromagnetische Lichtwelle die Elektronen in einem *gewöhnlichen* Molekül etwas auseinanderzieht, wird dieses kurzzeitig zu einem kleinen elektrischen Dipol, das heißt, es wird polarisiert. Die Lichtwelle, die über ein *asymmetrisches, chirales* Molekül streicht, kann mehr bewirken. Sie zieht die Elektronen sozusagen auf Spiralbahnen voneinander weg (vgl. Abb. 8). Das bedeutet, daß zu einer linearen Auslenkung eine Kreisbewegung kommt; so entsteht nicht nur ein elektrisches Dipolmoment, sondern zugleich – mit dem Bahndrehimpuls der Kreisbewegung verknüpft – auch ein magnetisches. In Atomen und gewöhnlichen, spiegelsymmetrischen Molekülen ist das nicht möglich. Denn das Produkt aus dem induzierten elektrischen und dem induzierten magnetischen Moment ist wieder eine pseudoskalare Größe, die wie die Helizität eines Teilchens ihr Vorzeichen bei Spiegelungen ändert; sie kann in den *spiegelsymmetrischen* Atomen und Molekülen keinen Bestand haben. Anders in den *spiegelasymmetrischen* chiralen Molekülen! Hier kann ein solches Produkt existieren. Es setzt der linkszirkular polarisierten und der rechtszirkular polarisierten Lichtwelle (die zusammen das linear polarisierte Licht ausmachen) einen unterschiedlichen Widerstand entgegen. Das führt zu einem unterschiedlichen Brechungsindex und damit zur Drehung der Polarisationsebene des Lichts. So entsteht optische Aktivität.

Auch das aus der elektroschwachen Wechselwirkung stammende Potential V^{PNC} hat den Charakter einer Rotationsstärke. Es läßt sich darstellen als das Produkt aus einem Impuls und einem Drehimpuls, was gleichbedeutend ist mit einem Produkt aus einem elektrischen und einem magnetischen Dipolmoment. Der einzige Unterschied, der es verbietet, die Rotationskraft des betrachteten Moleküls, die direkt (durch den Drehwinkel der Polarisationsebene des Lichts) gemessen werden kann, zur endgültigen Berechnung unserer Energiedifferenz ΔE^{PNC} heranzuziehen, liegt in der extrem kurzen Reichweite des spiegelasymmetrischen Potentials V^{PNC}. Dadurch wird nur ein geringer Teil der molekularen Wellenfunktion wirksam, nämlich allein der Teil, bei dem die Elektronenwolken auch die Atomkerne selbst überdecken können. So muß denn leider die ganze komplexe Rechenprozedur aufs neue durchgeführt werden, doch kann sie wenigstens den Wegen folgen, die zur Berechnung der optischen Rotationsstärke benutzt werden.

Auch dann noch ist die Aufgabe nicht einfach. Sie wurde darum auch nicht gleich für Aminosäuren und Ribosen in Angriff genommen, sondern zunächst an besonders geeigneten Beispielen studiert (vgl. Anhang E: Der molekulare Dissymmetriefaktor). Ein einfaches Modellmolekül stellt verdrilltes Ethylen dar, ein Molekül, das an zwei gegeneinander verdrehte Hanteln erinnert (Abb. 31). Hier sind die geometrischen Verhältnisse durchaus vorteilhaft, die molekülspezifische Unterdrückung erweist sich als mild. Dennoch, das Endergebnis bleibt winzig: Im günstigeren Fall – für leicht verdrehtes (10° twist) Ethylen – ergibt sich $\Delta E^{PNC} = 4 \cdot 10^{-20}$ a.u. = 10^{-18} eV. Solche Energiedifferenzen sind viel zu klein, um direkt, etwa mit laserspektroskopischen Methoden, gemessen werden zu können. Sie könnten dennoch von Bedeutung für die präbiotische Entwicklung auf der frühen Erde gewesen sein, wenn, ja wenn sie das »richtige« Vorzeichen haben, wenn in der Tat die L-Aminosäuren sich gegenüber den D-Aminosäuren als energetisch begünstigt erweisen und wenn umgekehrt die D-Zucker stabiler als ihre enantiomeren Partner sind. Denn das könnte der Grund sein, warum alles Lebende – und darum ver-

Statische Asymmetrie

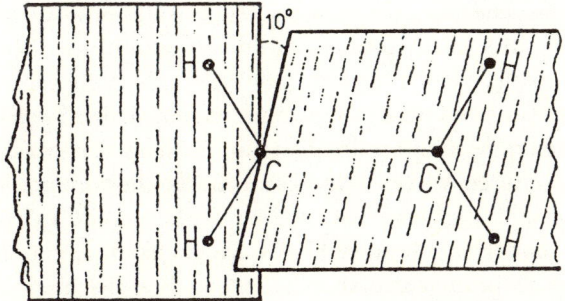

Abb. 31
Verdrilltes Ethylen, ein Modell-Molekül zum Studium der paritätsverletzenden Energieverschiebung beziehungsweise Energiedifferenz. Das dazu enantiomere Molekül wäre um den gleichen Winkel nach der anderen Seite verdreht.

mutlich die Urzelle lebendiger Entwicklung überhaupt – nur Gebrauch von diesen Bausteinen macht.

Aminosäuren – das «richtige» Vorzeichen

Wenngleich das Vorzeichen der enantiomeren Energiedifferenz ΔE^{PNC} bislang ohne Beachtung blieb, so ist es doch nicht unbekannt. Denn die benutzte molekulare Wellenfunktion gilt ja immer für ein bestimmtes Enantiomer, und ob dessen Energie durch das schwache spiegelschiefe Potential V^{PNC} nun angehoben oder abgesenkt wird, ob ΔE^{PNC} bezüglich dieser Wahl positiv oder negativ ist, erweist die Rechnung klipp und klar. Im Fall des Ethylens ist die Energieverschiebung positiv für das rechtsschraubige (oder D-)Isomer, das heißt, die L-Form ist durch die kleine Energiedifferenz $\Delta E^{PNC} = -4 \cdot 10^{-20}$ a.u. gegenüber der rechtshändigen D-Form (Abb. 31) begünstigt. Das ist eine ermutigende Aussage, aber leider auch nur eine Modellaussage. Denn das doch etwas künstlich konstruierte verdrillte Ethylen ist weder eine Aminosäure noch ein Zucker und darum nicht direkt von biologischem Interesse.

Trotzdem kann man hier einiges lernen. Denn das Molekül ist genügend einfach, um eine wirklich vollständige mathematische Behandlung, eine sogenannte ab-initio-Berechnung seiner Elektronenverteilung zu erlauben. Die beiden Kohlenstoff-Atome und die vier Wasserstoff-Atome des Ethylens besitzen zusammen 16 Elektronen, so daß ein durchaus überschaubares Mehrteilchenproblem zu lösen ist. Bei vorgegebenen Bindungsabständen und Bindungswinkeln wird auf dem Computer ein Minimalisierungsprogramm für die Gesamtenergie angeworfen, das alle noch freien Parameter in den Ansätzen für die Basiswellenfunktionen bestimmt, so daß sich ein genaues Bild der Elektronenverteilung ergibt. Es ist umfassend, zuverlässig – und es hat einen weiteren Vorteil: Man kann eine Reihe von Konformationen des Moleküls durchspielen, nicht nur die gerade in der Natur realisierten, sondern auch benachbarte Möglichkeiten, von denen die Natur keinen Gebrauch gemacht hat. Zum Beispiel kann man alle Stufen der Verdrehung im Ethylen-Molekül studieren. Jeder Torsionswinkel φ (siehe Abb. 31) charakterisiert dann eine bestimmte Konformation. Die Möglichkeit, verschiedene Konformationen eines Moleküls zugleich zu untersuchen, ist verständlicherweise besonders interessant, wenn mehrere Konformationen auch realiter möglich sind. Das ist vielfach in der organischen Chemie der Fall und trifft auch auf Aminosäuren zu.

Die einfachsten Aminosäuren sind immer noch überschaubare Moleküle, wenn auch nicht ganz so einfach wie verdrilltes Ethylen. Immerhin kann man für ein 48-Elektronen-Molekül wie Alanin noch ab-initio-Berechnungen der molekularen Wellenfunktion durchführen – und sie sind durchgeführt worden. Am traditionsreichen Londoner Kings-College arbeitete Professor Stephen Mason, fellow der ehrwürdigen Royal Society, mit einem jungen, lustigen Assistenten namens George Tranter (den er inzwischen allerdings zuerst nach Oxford und schließlich in die Industrie hat ziehen lassen müssen) an diesem Problem. Und was sich mit den Jahren dort ergeben hat, ist alle Aufmerksamkeit wert.

Unter den einfachen Aminosäuren die allereinfachste ist das Glycin $NH_3^+\text{-}CH_2\text{-}COO^-$. Dieses Molekül ähnelt sogar entfernt dem Ethylenmolekül, das wir zuvor betrachtet haben. Leichter als bei Ethylen mit seiner bretterstarren C=C-Doppelbindung läßt sich hier jedoch die CO_2^--Gruppe um die C-C-Bindungsachse verdrehen. In der Tat ist das Glycin-Molekül über einen großen Bereich seiner möglichen Konformationen chiral, wenngleich es über alle Konformationen gemittelt symmetrisch erscheint und auch nicht in zueinander spiegelbildliche, enantiomere, Formen zu trennen ist. Glycin ist in dieser Hinsicht eine noch untypische Aminosäure.

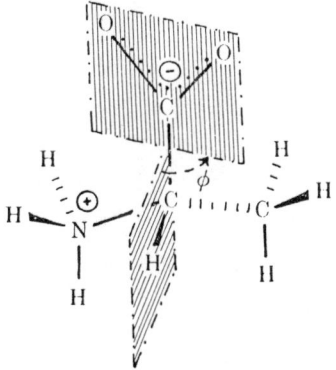

Abb. 32
Räumliche Struktur des L-Alanin-Moleküls. Die Ebene der Carboxylgruppe COO⁻ ist gegenüber der durch die Atome C-C$_\alpha$-H definierten Ebene um einen Torsionswinkel Φ gedreht. Im festen Aggregatzustand liegt eine Konformation des Alanin-Moleküls vor, bei der Φ = 62 ° ist. In wäßriger Lösung jedoch wird die durch Φ = 0 ° bestimmte Konformation bevorzugt.

Interessanter wird die Sache bei Alanin, der nächst einfachen Aminosäure, die man erhält, wenn man bei Glycin dem C$_\alpha$-Atom[1] eines der beiden Wasserstoffatome entreißt und ihm dafür einen Methyl-Rest CH$_3$ gibt. Das C$_\alpha$-Atom ist dann wirklich asymmetrisch substituiert, und so gibt es auch zwei auflösbare Enantiomere, das L- (oder S-) und das D- (oder R-) Alanin (vgl. Abb. 10, S. 41).[2] Ganz wie zuvor existiert wieder ein Bereich von Konformeren, und zwar hier sowohl für L-Alanin wie auch für D-Alanin. Man überstreicht ihn, wenn man die ebene Carboxylgruppe um die C-C-Achse gegen den Rest des Moleküls verdreht (vgl. Abb. 32).

Für beide Aminosäuren, Glycin und L-Alanin, und für verschiedene Konformationen dieser beiden Moleküle, haben Mason und Tranter nun die kleinen paritätsverletzenden Energieverschiebungen

1 Das C$_\alpha$-Atom ist das der Carboxylgruppe COO⁻ am nächsten benachbarte; es ist bei allen natürlich vorkommenden Aminosäuren, ausgenommen Glycin, asymmetrisch substituiert. Die Bezeichnung α-Aminosäure signalisiert dann, daß die Aminogruppe am C$_\alpha$-Atom hängt.
2 Darzustellen, was es mit der Nomenklatur R/S beziehungsweise D/L zur Charakterisierung enantiomerer Moleküle auf sich hat, erfordert mehr Worte, als in einer Fußnote unterzubringen sind. Wir haben deshalb, was hier stehen sollte, in einem Exkurs über «optischen Drehsinn und chirale Konfiguration» eines Moleküls zusammengefaßt und dem Anhang beigegeben (Anhang D).

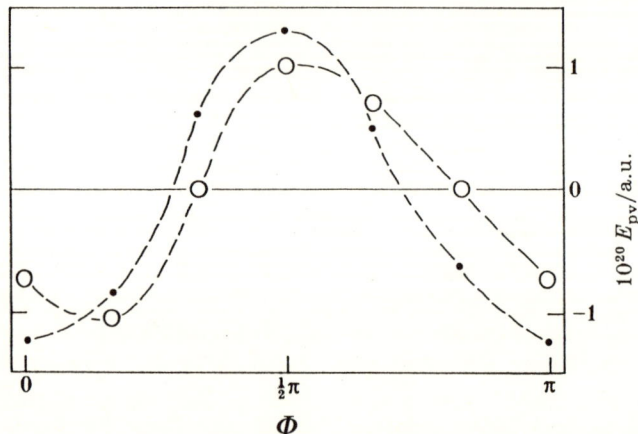

Abb. 33
Die paritätsverletzende Energieverschiebung E^{PNC} als Funktion des Konformationswinkels Φ (das heißt des Drehwinkels der COO^--Ebene um die C-C_α-Bindung) für Alanin (ausgefüllte Kreise) und für Glycin (offene Kreise).

nach Betrag und Vorzeichen berechnet. Dabei wurde sorgsam alle Kenntnis berücksichtigt, die sonst von diesen Molekülen existiert. Vor allem gehen die Bindungslängen und die Bindungswinkel zwischen den einzelnen Atomen, sozusagen das geometrische Skelett des Moleküls, in das Rechenprogramm ein. Dies ist aus Neutronenbeugungsversuchen bekannt. Das Ergebnis, die rechenbare Antwort auf die brennende Frage dieses Kapitels, ist in den Kurven der Abb. 33 kondensiert: Aufgetragen findet man die paritätsverletzende Energieverschiebung E^{PNC} für L-Alanin und für Glycin als Funktion des Konformationswinkels φ zwischen φ = 0° und φ = 180°. Die entsprechende Kurve für D-Alanin braucht man nicht zu zeichnen; man erhält sie einfach durch Spiegelung der L-Alanin-Kurve an der Abszisse. Ist E^{PNC} negativ, so bedeutet das eine Absenkung der Bindungsenergie durch das paritätsverletzende Potential V^{PNC}; ist E^{PNC} positiv, so wird die Energie angehoben. Und nun bemerkt man etwas Interessantes: Für Konformationswinkel φ, die kleiner als circa 50° oder größer als circa 130° sind, ist E^{PNC} negativ. Die paritätsverletzende Energiedifferenz $\Delta E^{PNC} = E^{PNC}(L) - E^{PNC}(R)$ ist tatsächlich kleiner als Null und bevorzugt infolgedessen L-Alanin gegenüber seinem Spiegelbild. Dort also ist L-Alanin stabiler als D-Alanin. Für den Zwischenbereich 50° < φ < 130° gilt das Umgekehrte. Doch hat er etwas weniger Gewicht: Über alle Konformationen gemittelt ergibt sich nur eben noch eine Präferenz für das L-Isomer.

Doch man weiß noch mehr. Neutronenstreuexperimente am kristallinen L-Alanin schränkten zwar den Konformationswinkel dort auf einen engen Bereich um 62 ° ein. Für Alanin in wässeriger Lösung hingegen wird der Winkel $\varphi = 0$ wegen der erhöhten Löslichkeit der geladenen Gruppen des Alanin-Moleküls in dieser Konformation bevorzugt. Wenn sich also Aminosäuren auf der frühen Erde im Wasser der Ur-Ozeane gebildet haben, dann waren die L-Aminosäuren stabiler als die D-Aminosäuren (falls man von Alanin auf alle anderen Aminosäuren schließen darf; die Parallelität der Ergebnisse für Glycin, siehe Abb. 33, scheint diese Annahme jedoch zu stützen).

Das ist das eine grundsätzliche Ergebnis! Das andere zeigt sich an der Skala für die paritätsverletzende Energieverschiebung. Die Einheit 10^{-20} a. u. signalisiert, daß die Größe dieser Verschiebung – obwohl für sich genommen winzig – jedenfalls nicht wesentlich geringer als bei chiralem Ethylen ausfällt. Das konnten wir zwar schon vermuten, doch ist es beruhigend, es auch wirklich durch die Fallgruben oder Irrgärten der Computerrechnung hindurch gerettet zu wissen. So stehen wir auf einigermaßen festem Grund, wenn wir zusammenfassend sagen, daß «biologisches» links-chirales L-Alanin in der vom nassen Element bevorzugten Gestalt (mit $\varphi = 0$) um $\Delta E^{PNC} = 2.5 \cdot 10^{-20}$ a. u. oder $0.7 \cdot 10^{-18}$ eV energieärmer oder «leichter» und damit stabiler als sein «unbiologischer» rechts-chiraler Bruder aus der D-Kategorie ist. Die Chemiker, die ihre Energien lieber molweise zählen, können dafür auch $6.5 \cdot 10^{-14}$ Joule/Mol setzen; es bleibt gleich wenig, aber es ist doch deutlich ungleich Null.

Ob die Mechanismen, die der präbiotischen Entwicklung zur Verfügung standen, tatsächlich eine solch geringe Stabilitätsdifferenz in einen durchschlagenden Vorteil umzumünzen vermochten, müssen wir noch erörtern – und dafür wird das nächste Kapitel reserviert sein. Aber schon jetzt erscheint die Möglichkeit dazu in rosenfarbenem Licht: L-Aminosäuren sind – um einen kleinen, doch berechenbaren Betrag – stabiler als D-Aminosäuren. Und das muß sich am Ende auch auf ihre chemischen Umsetzungen auswirken; L-Aminosäuren sind widerstandsfähiger – vielleicht haben sie ihre enantiomeren Partner überlebt?!

α-Schraube und β-Faltblatt – das Bild der Proteine

Die Aminosäuren sind biologisch eigentlich nur Bausteine. Sie repräsentieren das Rohmaterial, aus dem die Zelle alles fertigt, was an Eiweißkörpern zur Lebenserhaltung und Lebensvermehrung nötig ist. Die unendlich komplizierten Steuerklappen, Regler und Ventile, die eine Zelle unter Dampf halten, sind Eiweißkörper oder Proteine – Zusammenballungen von Aminosäuren. Den Ausdruck Protein, das heißt «was den ersten Platz einnimmt», hat übrigens schon ein Zeitgenosse Goethes geprägt. Der Freiherr Jöns Jakob von Berzelius aus Väversunda in Schweden (1779–1848) brachte nicht nur die chemische Nomenklatur auf den Punkt, sondern verhalf vor allem der Daltonschen Atomtheorie mit Tausenden von Analysen zur Anerkennung. Proteine sind wirklich Statthalter des Lebens; sie bilden die kontraktilen Elemente und die Gerüste der Zelle, und sie fließen als Hämoglobin und Serum im Blut. Ihre Funktionen interessieren uns hier jedoch nicht. Was wir wissen wollen, ist, ob die energetische Bevorzugung der L-Aminosäuren auch im größeren Verband der Proteine erhalten bleibt. Darum ist nachzusehen, wie Aminosäuren in die Proteine eingehen, ob es wenige sind oder viele, und wie ihre räumliche Anordnung sich darstellt.

Nur 20 verschiedene Aminosäuren erscheinen regulär in Proteinen, allerdings in abwechslungsreicher Folge (vgl. Tabelle, Anhang J). Alanin gehört zu den häufigsten. Das Verbindungsglied zwischen ihnen ist immer eine NH-Gruppe. Stickstoff mit seinen drei freien Plätzen bei den Außenelektronen sucht gern Anschluß nach drei Seiten. Hängt schon ein Wasserstoffatom huckepack daran, so hat das Stickstoffatom doch noch zwei Hände frei, um auf jeder Seite ein Aminosäuremolekül festzuhalten.[3] So reihen sich Aminosäuren zur Peptidkette aneinander.

Peptidketten können sehr lang sein, 100 Aminosäuren lang oder länger. Vielleicht sollte man sie deshalb besser mit einem Wollfaden

---

3 Genaugenommen sind es keine vollständigen Aminosäuremoleküle, die über die Peptidbindung zusammenhalten, denn das Stickstoffatom mit dem einzelnen Wasserstoff auf dem Rücken ist nur der Überrest der Aminogruppe des einen Moleküls, der der Carboxylgruppe des anderen Moleküls zu nahe gekommen war. Eine solche Begegnung kostet die Moleküle unter Wasserabspaltung ihre Freiheit. Sie bleiben bis auf weiteres aneinander hängen. Ist in der Umgebung viel Wasser vorhanden, dann geht die Sache umgekehrt: Die Peptidkette wird hydrolysiert, und überall schwimmen freie Aminosäuremoleküle umher.

Statische Asymmetrie   **117**

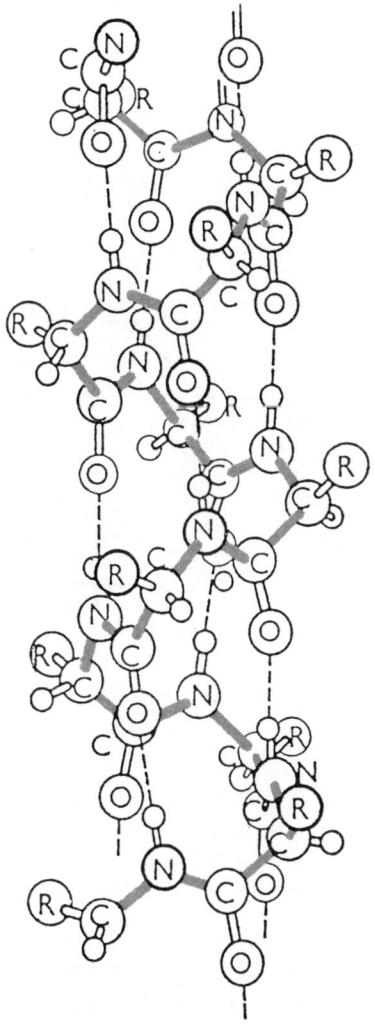

Abb. 34
Linus Paulings α-Helix: eine spiralig gewundene Polypeptid-Kette, Grundgerüst für viele Proteine. Gezeigt ist die häufiger vorkommende rechtsgängige Form (sowohl rechts- wie auch linksgängige Formen enthalten nur L-Aminosäuren). Die gestrichelten Linien bedeuten Wasserstoffbrücken.

vergleichen. Wie dieser kann die Polypeptidkette verzwirnt sein. Das heißt, sie bildet eine Spirale. Eine solche räumliche Struktur hat Vorteile. Denn die Peptidkette ist nicht völlig eindimensional; nach den Seiten ragen von den jeweiligen Kohlenstoffatomen die verschiedenen Gruppen der Aminosäuren heraus. Indem ein solcher Strang sich schraubenförmig windet, kommen die Seitengebilde wie Balkone an einer Hauswand unter- und übereinander zu stehen. Sind sie genügend nahe beieinander, dann bilden sich durch den Tanz der Elektro-

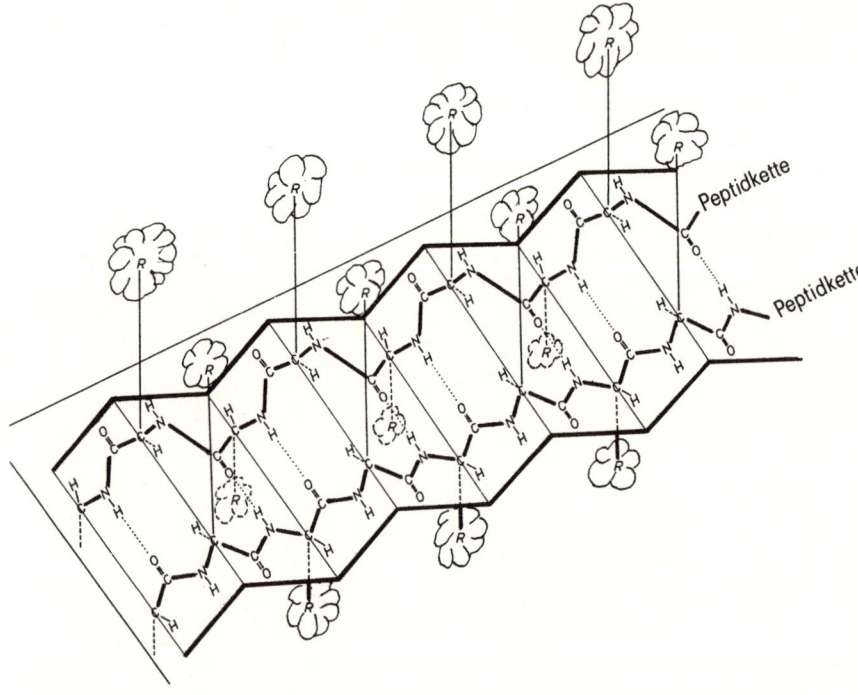

Abb. 35
Eine weitere räumliche Grundstruktur für Proteine: das β-Faltblatt. Zwei nebeneinander herlaufende Polypeptidstränge sind durch Wasserstoffbrücken (dünn gestrichelt) miteinander verbunden. Die voluminösen Restgruppen R der Aminosäuren ragen nach oben und nach unten aus der gefalteten Fläche der Peptidkettenanordnung heraus.

nen Brücken zwischen den verschiedenen Stockwerken aus (die berühmte Wasserstoffbrückenbindung zwischen einander gegenüberstehenden C=0 und NH-Gruppen). Das stabilisiert die Spirale. Stimmt alles geometrisch gut zusammen, so ist das Ergebnis energetisch bevorzugt und bildet sich spontan. Es findet sich häufig unter Proteinen und bekommt einen besonderen Namen: α-Helix (Abb. 34). Diese Schrauben-Möglichkeit war 1951 von Linus Pauling in Pasadena erdacht und errechnet und unmittelbar danach von Max Perutz in Cambridge durch Röntgenstrahlbeugung am kristallisierten Hämoglobin experimentell erwiesen worden. Sie fand sich später noch an vielen anderen Stellen, zum Beispiel im menschlichen Haar und in der Wolle der Schafe – und sie inspirierte James Watson und Francis Crick dazu, die räumliche Struktur der Nukleinsäure DNS in Spiralen zu suchen und zu finden. «Ich kam dahinter», schrieb James D. Watson später in seinem Buch «Die Doppel-Helix», «daß Paulings Leistung ein Produkt des gesunden Menschenverstandes und nicht das Ergebnis komplizierter mathematischer Überlegungen war. Hier und da hatte sich eine Gleichung in seine Beweisführung verirrt, aber in den meisten Fällen hätten es Worte auch getan. Der Schlüssel zu Paulings Erfolg war sein Vertrauen in die einfachen Gesetze der Strukturchemie. Die α-Spirale war nicht etwa durch ewiges Anstarren von Röntgenaufnahmen gefunden worden. Der entscheidende Trick bestand vielmehr darin, sich zu fragen, welche Atome gern nebeneinander sitzen...» Dieser wahrhaft geniale Trick trug Linus Pauling 1954 seinen ersten Nobelpreis – für Chemie – ein. Den zweiten – für seinen Friedensfeldzug – erhielt er 1962, zur gleichen Zeit, als auch Watson, Crick und Max Perutz die begehrte Auszeichnung (für Medizin) in Empfang nehmen durften.

Der Name α-Helix spielt nicht, wie man meinen könnte, auf die Kennzeichnung ihrer Bausteine, als α-Aminosäuren, an; sie wurde von der üblichen Klassifikation der Röntgendiagramme organischer Fasern übernommen, die schon früher nach α- oder β-Mustern unterschieden waren. Trockene Haare und Wolle haben Röntgenbilder mit α-Mustern, Seidenfäden hingegen (genauer ihre kristallinen Kerne) zeigen β-Muster. Diese korrespondieren nicht zu einer einzelnen autonomen Spirale. Vielmehr lagern sich mehrere Peptidketten parallel oder antiparallel seitlich aneinander, so daß daraus ein flächiges Gebilde, ein Teppich oder Blatt entsteht. Um allerdings den Seitenästen der Aminosäurestränge ausreichenden Abstand voneinander zu gewährleisten, muß das Blatt gefaltet sein, etwa in der Art eines Ziehharmonika-Balges, außerdem ein wenig in sich verdreht. Das ist dann die Konformation des β-Faltblattes (Abb. 35). Nasse Haare sind so strukturiert und viele andere Proteine ebenso.

Am einzelnen Peptidkettenabschnitt – der sich in gewisser Weise periodisch wiederholt – lassen sich α-Helix und β-Faltblatt schon allein durch zwei Winkel unterscheiden, mit denen die Ebenen der NH- und der CO-Gruppe gegenüber dem asymmetrischen Kohlenstoffatom gedreht sind (Abb. 36) (wenn sonst alles gleich ist, auch der Schraubensinn der α-Spirale). Das C_α-Atom wirkt jeweils als Scharnier (sowohl in der α-Helix wie auch in der β-Faltblattstruktur); der

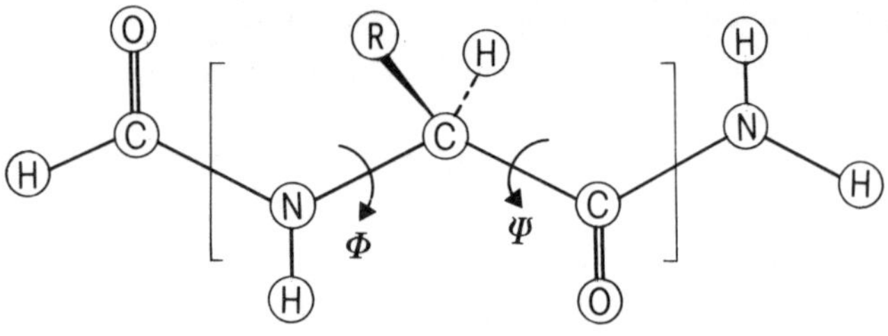

Abb. 36
Fragment einer Polypeptidkette. Für die in eckige Klammern gesetzte Peptidketteneinheit, die sich immer wiederholt, wurde die paritätsverletzende Energiedifferenz numerisch berechnet (in Abhängigkeit von den Torsionswinkeln Φ und ψ, deren Werte in α-Helix und β-Faltblatt bekannt sind). Für R wurde bei den Rechnungen die einfachste Wahl (R = H) getroffen.

Rest ist steif und eben. Die Konformationswinkel ψ und φ sind mittlerweile in sehr vielen Proteinen bestimmt worden. Sie streuen ein wenig, aber ihre Mittelwerte sind klar definiert. Das genügt, um bei bekannten Bindungslängen die paritätsverletzende Energieverschiebung in diesem Teil des Proteinmoleküls ab initio zu berechnen.

Auch diese Rechnung haben Mason und Tranter am Londoner Kings-College durchgeführt. Das Ergebnis bestätigt, was wir insgeheim erwartet haben: Die paritätsverletzende Energieverschiebung ist negativ für solche Proteinfragmente, die L-Aminosäuren enthalten, und sie ist positiv für die entsprechenden Fragmente mit D-Aminosäuren. Somit erweist sich ein Polypeptid der L-Serie tatsächlich als um einen kleinen Betrag stabiler als das zugehörige D-Enantiomer, und das gilt für die α-Helix in gleichem Maße wie für das β-Faltblatt. Die Rechnung mußte zwar die wirkliche Situation etwas vereinfachen, aber das sollte am Grundsätzlichen nichts ändern: L-Aminosäuren sind nicht nur für sich genommen – in wässerigem Milieu vor allem – stabiler als ihre Spiegelbilder, sie verleihen ihrer Polypeptidkette auch größere Stabilität (um etwa $2 \cdot 10^{-20}$ eV pro Kettenglied) als einer entsprechenden Kette aus D-Aminosäuren.

Wie aber steht es bei den Zuckermolekülen, den D-Ribosen in der Erbsubstanz, den Nukleinsäuren? Werden auch sie vom kleinen, spiegelschiefen Anteil der fundamentalen Naturkräfte begünstigt?

Auch D-Zucker sind stabiler als L-Zucker

Zucker ist rechtsdrehend. Jeder, der ein bißchen Latein in der Schule gelernt hat, ahnt das, wenn er den sportlichen Nachbarn seine Traubenzuckertäfelchen aus der Hosentasche ziehen sieht. Immer steht irgendwo «Dextro» auf der Packung, Dextro-Energeen zum Beispiel oder Dextropur, oder wie die fabelhaften Handelsnamen der D-Glukose immer lauten mögen. Leider gibt es auch Laevulose. Glücklicherweise wiederum ist sie ein D-Zucker – trotz des Namens. Sie dreht nur die Polarisationsebene des Lichtes in der «falschen» Richtung, nämlich linksherum. Das hat jedoch für die Schraubenstruktur des Moleküls nichts zu sagen. Diese ist rechtshändig wie beim D-Glycerin-Aldehyd, worauf die ganze D-Reihe ursprünglich bezogen worden war. Die lebendige Zellsubstanz enthält ebenfalls Zucker, viel Zucker. Nur ist es nicht Rohr- und nicht Traubenzucker, sondern Ribose und Desoxyribose. Beide gehören zu den Hauptbestandteilen der Nukleinsäuren (Abb. 37). Beide sind rechtsschraubig und Mitglieder der D-Reihe.

Es hat einiger Anstrengungen bedurft, um das Rechenprogramm, das die einfachsten Aminosäuren und die einfachsten Peptidkettenfragmente beschreibt, auf den Zucker der Ribonukleinsäure (RNS) anzuwenden. Biologisch hängt alles zusammen: Die genetische Information der DNS kodiert die Boten-RNS. Die RNS katalysiert die Proteinsynthese. Sie kann Aminosäuren zu Peptidketten verschweißen, die sich ringeln oder falten und so zu den Eiweißkörpern werden, die wiederum andere Stoffwechselvorgänge in Gang setzen oder in Gang halten. Mathematisch gibt es einen trivialen, aber wirksamen Unterschied: Alanin hat 48 Elektronen, D-Ribose aber 80. Dabei ist D-Ribose noch verhältnismäßig einfach gebaut, ein Pentagon aus Kohlenstoff (mit einem Sauerstoff anstelle eines C-Atoms), einige Hydroxylgruppen und Wasserstoffatome, an einer Stelle hängt noch eine etwas ausgedehntere Gruppe – das ist schon alles (vgl. Abb. 38). Es gibt ein paar unterschiedliche Konformere – wie bei den Aminosäuren. Sie unterscheiden sich durch die Art, wie das ursprünglich eben zu denkende Molekül eingeknickt ist. Im Ganzen ist das Ribose-Molekül überschaubar. Völlig berechenbar ist es jedoch erst seit wenigen Jahren. Wieder haben es die Kings-College-Leute aus London geschafft, ihren Computer-Code zu erweitern und auch für diesen Zucker die paritätsverletzende Energieverschiebung auszu-

Abb. 37
Die Nukleinsäuren.

a) Fragment eines Ribonukleinsäurestrangs.

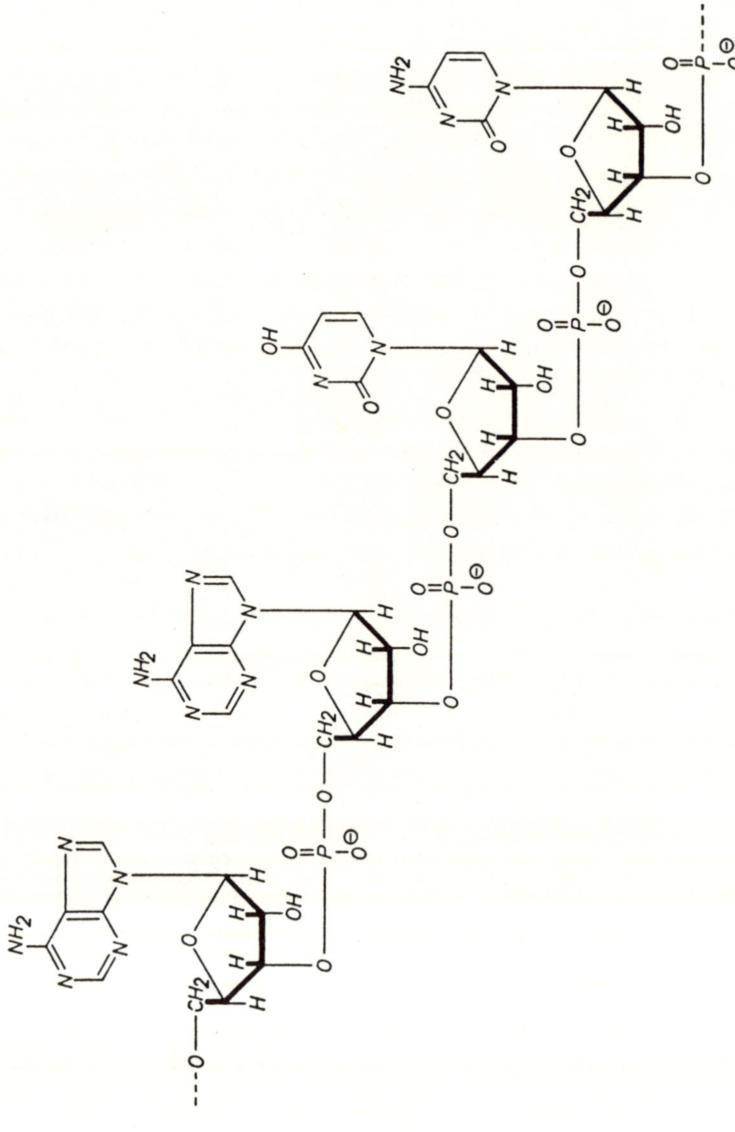

Statische Asymmetrie

b) Fragment eines
Desoxyribonukleinsäurestrangs.

rechnen. Die Rechnung wurde für die beiden Konformationen durchgeführt, die hauptsächlich in der Natur, das heißt in der Ribonukleinsäure vorkommen. Und in beiden Fällen – einmal ausgeprägter und einmal nur andeutungsweise – erhält man eine Energieabsenkung für das D-Enantiomer und eine entgegengesetzte Energieanhebung für das entsprechende Spiegelbild, die L-Ribose (die in der Zelle nicht verwendet wird). D-Ribose ist also stabiler als L-Ribose. Und der Grad der energetischen Bevorzugung ist der gleiche wie bei Aminosäuren: etwa 10^{-20} a.u.

Wohl sind Ribose und Desoxyribose fundamentale Kohlenhydrate im Haushalt der lebenden Zelle, und darum ist ihnen mit Recht die erste Aufmerksamkeit zuteil geworden. Die quantitative Untersuchung zeigte ja auch, daß tatsächlich D-Ribose gegenüber ihrem spiegelbildlichen Partner L-Ribose energetisch bevorzugt ist. Das könnte ihr Überwiegen erklären gemäß dem universalen und auch für die menschliche Gesellschaft gültigen Gesetz, daß immer das am häufigsten produziert wird, was unter gegebenen Umständen der geringsten Anstrengung bedarf. Die Natur handelt stets kostengünstig, nur ist ihre Währung nicht Mark und Dollar, sondern Energie. Wie steht es aber mit anderen Zuckermolekülen, von denen ebenfalls die «Rechtshänder» das Feld beherrschen? Ist am Ende D-Ribose nur eine Ausnahme, und sind andere Zucker vielleicht eher als Linkshänder begünstigt?

Um diese Frage zu beantworten, liegt es nahe, den einfachsten chiralen Zucker, Glycerinaldehyd CHO-CHOH-CH₂OH zu betrachten. Ist auch hier die D-Form gegenüber der L-Form im Vorteil, so gewinnt das Argument an Überzeugungskraft, daß alle D-Zucker stabiler sind als ihre Spiegelbilder. Denn erstens sollte sich das einfachste Zuckermolekül früher als seine höheren komplexeren Verwandten gebildet und so eine Vorreiterrolle in der präbiotischen Ent-

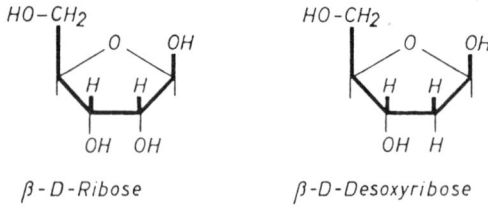

Abb. 38
Die Zucker der Nukleinsäuren, Ribose und Desoxyribose.

Statische Asymmetrie

wicklung gespielt haben. Zweitens sind alle höheren D-Zucker dem D-Glycerinaldehyd verwandt, indem sie sich – nach Emil Fischers ordnendem Gebot – durch eine Reihe symmetrieerhaltender chemischer Reaktionen in D-Glycerinaldehyd umwandeln lassen müssen.

Der vermutete Vorzug von D-Glycerinaldehyd hat numerische Bestätigung gefunden. Demnach ist auch der einfachste chirale Zucker ein Mitglied im Club der Rechtshänder und um den üblichen Minimalbetrag an Energie von 10^{-20} a. u., den wir schon bei der D-Ribose und bei den L-Aminosäuren registriert hatten, gegenüber seinem linkshändigen Spiegelbruder im Vorzug. In gewisser Weise ist das Bild, das sich hier entfaltet, sehr befriedigend: Sowohl die linkshändigen Aminosäuren wie die rechtshändigen organischen Zucker, welche die Natur ausgewählt hat, um damit Leben zu gestalten, sind gegenüber ihren spiegelbildlichen Konkurrenten mit einem innerlichen Vorteil ausgestattet: Sie sind ein klein wenig stabiler.[4] Doch der Grad ihrer Bevorzugung ist sehr, sehr klein. – Als Mangel zeigt sich im Moment, daß die Ergebnisse nur Endprodukte betreffen, nicht Zwischenstufen zu ihrer Synthese und nicht Reaktionspfade, in deren Verlauf Energiedifferenzen erst tätig werden. Denn eine stabile Verbindung erweist ihren Wert zuerst unter den Attacken chemischer Reaktionen; sie wird dann häufiger intakt bleiben als ihr weniger stabiles Gegenstück, und ihre Reaktionsrate wird anders als die des Konkurrenten sein. Erst in der chemischen Bewegung wird Unterscheidung wirksam, nur hier kann sich Selektion anbahnen.

In dieser Richtung des Gedankens liegt eine Untersuchung mit einem überraschenden Ergebnis. Es betrifft wieder die Zucker der Nukleinsäuren, Ribose und Desoxyribose, ja eigentlich nicht diese, sondern eine mögliche gemeinsame Vorstufe, die wenig mehr ist als ihr ringförmiges Skelett. Die Chemiker haben einen Namen dafür, Tetrahydrofuran, und auch eine Abkürzung, THF, aber das erwähnen wir nur der Vollständigkeit halber. Interessanter ist uns die Tatsache, daß das furanose Ring-Skelett gelenkig ist; vorzugsweise verdreht es sich so, wie man eine Scheibe zu einem Propeller verbiegt.

---

4   Es könnte sein, daß die energetische Bevorzugung von L-Aminosäuren diejenige von D-Zuckern bereits impliziert. Jedenfalls wurde gezeigt, daß ein D-Zucker (D-Glucosamin) ohne Inversion der Bindungen am asymmetrischen C-Atom in L-Alanin überführt werden kann. Dann wäre das Ergebnis dieses Abschnitts nicht als zusätzliches Indiz zu interpretieren, sondern als Erfüllung einer Konsistenzbedingung.

Für eine solche Konformation, wenn sie in ihrer räumlichen Struktur der D-Desoxyribose entspricht, zeigen die Rechnungen erhöhte Stabilität, und zwar von der gleichen Größenordnung, die wir auch sonst vorfanden. Zwischenstufen auf dem Wege zu den chiralen Bausteinen des Lebens können demnach ebenfalls eine bedeutsame Rolle spielen. Es ist überhaupt höchst interessant, den Weg einer Synthese zu verfolgen, die aus achiralem Ausgangsmaterial ein chirales Biomolekül macht. Und da die Betrachtung eine weitere Stütze für unsere Hypothese liefert, daß die homochirale Biochemie der lebendigen Zelle aus der universellen Asymmetrie, der schwachen beziehungsweise elektroschwachen Wechselwirkung erwuchs, wollen wir im folgenden Kapitel – unter dem Stichwort «Asymmetrische Synthese» – auch darauf zu sprechen kommen.

Kapitel 7
Werkstatt der Chiralität

Biomoleküle aus Wasser und «Luft»

Eines der Schlüsselexperimente zur Erforschung der Anfänge des Lebens auf der Erde ist vor rund 35 Jahren an der Universität von Chicago durchgeführt worden. Stanley Lloyd Miller zeigte in einem einfachen Versuch, daß aus Wasser und einigen gewöhnlichen Gasen – Ammoniak, Methan und Wasserstoff – organische Moleküle von einiger Komplexität sozusagen von alleine entstehen konnten, wenn man nur in geeigneter Weise Energie zuführte. Miller studierte Chemie bei Harold C. Urey, einem Altmeister der Isotopenchemie, der 20 Jahre zuvor als erster das schwere Wasserstoffisotop Deuterium isoliert hatte. Er gab Miller ein Dissertationsthema, das ihn selbst zu dieser Zeit brennend interessierte. Im Frühjahr 1951 hatte er nämlich die Ehre gehabt, die sogenannten Silliman-Lectures an der Yale-Universität in New Haven zu halten, die nach dem Stifterwillen alljährlich einen Gegenstand behandeln sollten, der geeignet wäre, «die Allgegenwart Gottes, seine Vorsehung, Weisheit und Güte, wie sie sich in der natürlichen und moralischen Welt manifestiert», zu illustrieren. Die Moral wurde dabei nicht allzu dogmatisch gesehen, und so kamen vorzugsweise Untersuchungen aus den Gebieten der Astronomie, Chemie, Geologie und Anatomie zur Sprache. Urey hielt seine Silliman-Vorlesungen über die Entstehung des Planetensystems, wozu ihn die Beschäftigung mit der Geochemie geführt hatte. Er brachte die Niederschrift seiner Ausarbeitungen pflichtgemäß im folgenden Jahr als Buch heraus. Sein Titel lautet: «The Planets» – «Die (Entstehung der) Planeten.» Gestützt auf Immanuel Kant (!), Carl Friedrich von Weizsäcker, den holländisch-amerikanischen Astronomen Kuiper und andere vertrat er darin den Standpunkt, daß die Planeten unseres Sonnensystems sich bei relativ kühlen Temperaturen (T < 300 °C) aus der gemeinsamen kosmischen Staubwolke gebildet haben und daß sie in der frühen Phase ihrer Entstehung wasserstoffreiche, reduzierende Atmosphären besaßen.[1] Der letztere Punkt war vor allem von Oparin in Rußland und von Haldane in England schon in den zwanziger und dreißiger Jahren in die Debatte geworfen worden. Jupiter hat noch heute eine solche reduzierende Atmosphäre, denn Wasserstoff, Methan und Ammoniak sind dort spektroskopisch nachgewiesen worden. Daß sie bei der Erde und den sonnennahen leichteren Planeten nicht mehr vorhanden ist, findet seine Erklärung darin, daß deren Schwerkraft nicht ausreicht, den Wasserstoff auf Dauer festzuhalten. Dieser muß, vermutlich innerhalb von weniger als 100 000 Jahren, in den interplanetaren Raum entwichen sein. Es bildete sich dann eine neue Atmosphäre, die aus dem jungen Erdkörper selbst, etwa durch die Gase seiner Vulkane, gespeist wurde, aber noch frei von molekularem Sauerstoff war, bis schließlich – vor circa zwei Milliarden Jahren, als Leben bereits existierte und die Fähigkeit zur Photosynthese besaß – der Übergang zu jener atembaren Atmosphäre sich vollzog, von der wir jetzt umgeben sind. Die Verhältnisse auf der jungen Erde vor der Entstehung des Lebens waren somit sicherlich drastisch von unseren heutigen Verhältnissen verschieden; wollte man überhaupt die Entstehung organischer Materie aus den einfachsten Verbindungen des Erdmantels und seiner gasumhüllten Oberfläche verstehen, so mußte man zuallererst diesen Punkt in Rechnung setzen.

Urey ging jedenfalls davon aus, daß die Atmosphäre zu der Zeit des Übergangs von der unbelebten zur belebten Natur reduzierenden Charakter hatte, also Kohlenstoff hauptsächlich in der Form von Methan enthielt und Stickstoff in Gestalt von Ammoniak. Seine Auffassung schien sogar im nachhinein durch geologische Befunde Unterstützung zu erhalten, wenn auch die daraus gezogenen Schlußfolgerungen für sich allein nicht zwingend sind. (Immerhin gibt es auch Hinweise auf archaische Quellen von wasserstoff- und ammoniakhaltigen Gasen, und unsere Aussichten von der Zusammensetzung der frühen Erdatmosphäre sind nicht so eindeutig begründbar, wie es

---

1   Diese Ansicht ist heute zu modifizieren, doch spielt das für das Folgende keine besondere Rolle. Selbst wenn die Natur in der Frühzeit unseres Planeten nicht dieses Gasgemisch verwendet hat, sondern ein anderes, von dem nur zu verlangen wäre, daß es keinen freien Sauerstoff enthielt, würde das an den prinzipiellen Schlußfolgerungen nichts ändern. Eine etwas ausführlichere Darlegung der modernen Auffassungen über die Entstehung der Erde und ihre präbiotische Atmosphäre findet sich in Anhang H.

manchmal scheint.) Zu den ältesten präkambrischen Gesteinen, in denen Mikrofossilien nachweisbar sind, gehört die Gunflint-Formation am Nordufer des Oberen Sees in Ontario, deren Alter auf etwa 1,9 Mrd. Jahren festgelegt werden konnte (manche Angaben nennen auch ein Alter von 1,7 Mrd. Jahren; die Datierungen sind nicht immer sehr genau für so entfernte zeitliche Distanzen). Dieses Gestein enthält noch Mikrofossilien, organische Einschlüsse von charakteristisch geformten einzelligen Mikroorganismen, bei denen es sich vermutlich um Bakterien handelte (Abb. 39a). Um die Zeit, als die Gunflint-Fossilien zum ersten Mal publiziert wurden, war die amerikanische Raumfahrtbehörde NASA dabei, verschiedene Sorten seltsamer Mikroorganismen, die auf der Erde vorkommen, durchzumustern. Einer der damit befaßten Angestellten erinnerte sich, solche Bakterien schon in vivo gesehen zu haben (Abb. 39b), und zwar in einer Probe, die am Fuße der Mauern von Harlech Castle (Abb. 40), einem Felsennest in der steinigen Landschaft von Wales, aufgesammelt worden war. Diese Bakterien hatten die Besonderheit, daß sie sich nur dann vermehren, wenn sie in ihrer Umgebung mindestens 30 Prozent Ammoniak vorfinden. Harlech Castle ist eine sehr alte Burg. Verständlich, daß in den Jahrhunderten, in denen die Bewohner ihre Notdurft über die Burgmauern hinab verrichteten, sich schließlich der rechte Grund für ammoniakabhängige Mikroben bilden konnte. Wenn man aus der morphologischen Ähnlichkeit auch auf die funktionelle Verwandtschaft schließen darf, brauchten daher auch die Gunflint-Bakterien (Kakabekia umbellata Barghoorn, Abb. 39a) vor nahezu zwei Mrd. Jahren eine ammoniakreiche Umgebung, möglicherweise eine ammoniumhaltige Atmosphäre, die nur bestehen kann, wenn Wasserstoff im Überschuß vorhanden ist, wenn also die Atmosphäre reduzierende Eigenschaften hat.

So erhielt Stanley Miller die Aufgabe, eine reduzierende «Uratmosphäre» über einem bißchen «Urozean» in die Kolben seiner Laborgeräte zu praktizieren, das Ganze in Ermangelung realistischer Ultraviolettstrahlung aus dem Sonnenspektrum – die bekanntlich Glasgefäße nicht durchdringt – künstlichen Gewitterblitzen auszusetzen und nach ein paar Tagen nachzusehen, ob sich biologisch interessante Moleküle gebildet haben. Und Stanley Miller war erfolgreich. Er fand, nachdem er ein entsprechendes Gemisch geraume Zeit seinen Laborgewittern ausgesetzt hatte, im Wasser eine Vielzahl kleinerer organischer Verbindungen, darunter auch die beiden einfachen

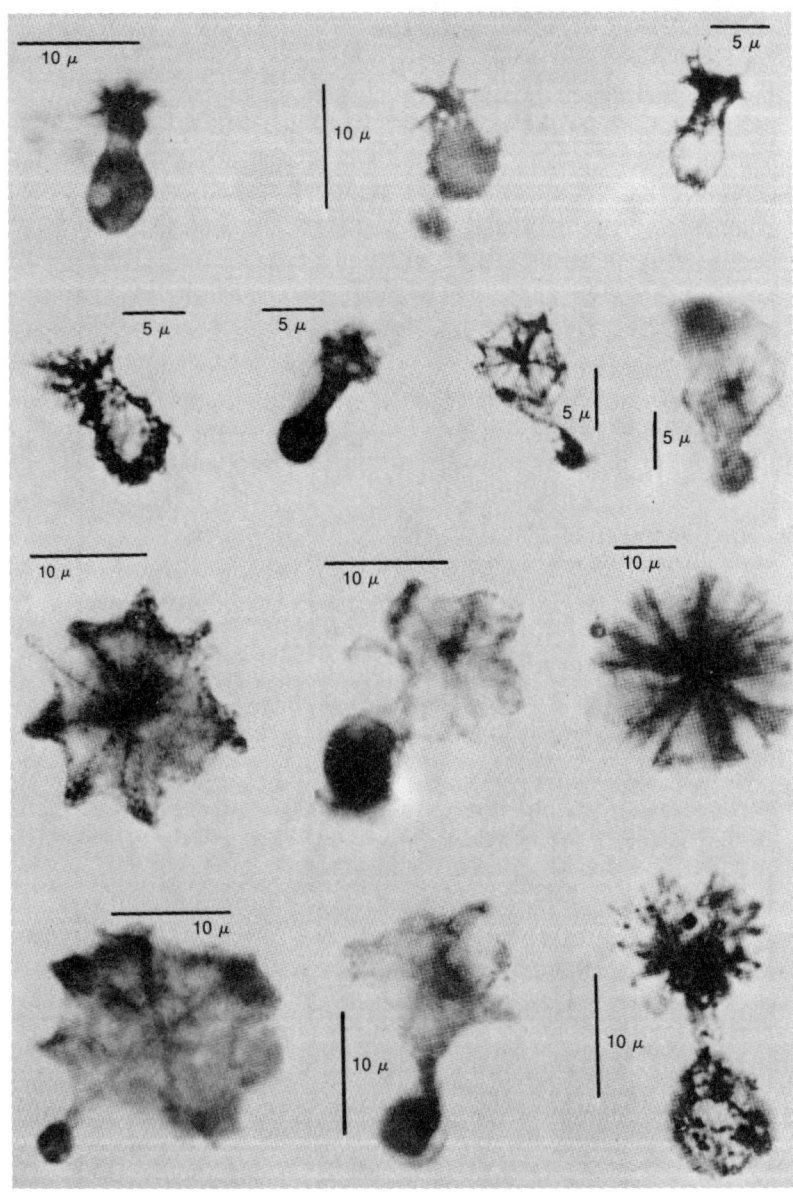

Abb. 39
a) Verschiedene Formen des fossilen Bakteriums Kakabekia umbellata.

b) Typische kakabekiaartige Form, wie sie bei Harlech Castle gefunden wurde, auf einer Nährlösung unter einem Ammoniak-Luft-Gemisch kultiviert (circa 1000fache Vergrößerung).

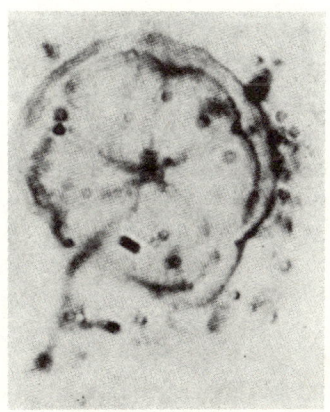

Abb. 40
Harlech Castle in Nord-Wales, erbaut um 1280 unter Edward I. Nach einem Aquarell von Paul Sandby aus dem späten 18. Jahrhundert.

Aminosäuren Glycin und Alanin, sogar in beachtlicher Menge. Als in den siebziger Jahren Wasserstoff und Ammoniak in der Uratmosphäre als obsolet erachtet wurden und statt dessen Kohlendioxid und molekularer Stickstoff als Hauptbestandteile zu gelten begannen, konnte Miller zeigen, daß auch unter diesen Umständen Aminosäuren entstehen können, wenn auch in geringerer Varietät und etwas seltener. Der Nachweis gelang zunächst papierchromatographisch, später, bei größeren Substanzmengen, auch mit klassischen analytischen Methoden. Die isolierte Aminosäure α-Alanin konnte sogar im Polarimeter auf optische Drehung untersucht werden. Sie erwies sich als optisch inaktiv. Das räumte übrigens auch den letzten Zweifel über ihre abiotische Entstehung in diesem Experiment beiseite. Wären nämlich unbemerkt Mikroorganismen an den Reaktionen in Millers Glaskolben beteiligt gewesen, dann hätten diese ja nur L-Aminosäuren erzeugen können, und im Polarimeter wäre dann eine optische Drehung nachweisbar gewesen. Das war nicht der Fall. Die Substanzen waren durch die elektrischen Entladungen abiotisch, ganz ohne Zutun lebender Materie – und sei es auch nur in Form von Viren –, gebildet worden. Da sie in dieser Weise auf das Leben keinen Bezug nahmen, konnten sie auch vor ihm entstanden sein, es dadurch sozusagen erst vorbereitet haben, und das war es, was Urey und Miller zeigen wollten.

Nur scheinbar setzten sie sich damit in Gegensatz zu Louis Pasteur, der ein Jahrhundert zuvor bewiesen zu haben glaubte, daß die Entstehung des Lebens ein singuläres, unwiederholbares Ereignis gewesen sei und daß selbst die Vorstufen des Lebens aus totem Stoff nicht spontan entstehen könnten, wie die Vitalisten zu seiner Zeit noch behaupteten. Pasteur hatte ingeniöse Vorrichtungen erfunden, um sterile Lösungen frei von Inkubation mit Mikroorganismen zu halten. Er beobachtete sie über Jahre hinweg, ohne daß sich irgend etwas Lebensähnliches entwickelte. So schloß er, daß es heute keine «Urzeugung» im Reagenzglas gibt.[2] Seine Einsicht entsprach seinem

2   Beim Problem der Urzeugung dachte man eigentlich, daß sich ganze Organismen spontan aus Schlamm und Faulgas bilden. Aristoteles glaubte noch, daß selbst Frösche so entstehen könnten. Im Laufe der Neuzeit wurden die Tiere allerdings kleiner, und zu Beginn des 19. Jahrhunderts war man bei den einzelligen Mikroben angelangt, denen man eine spontane Erzeugung noch zubilligen mochte. Pasteur widerlegte auch diesen Glauben. Hätte er wenigstens Moleküle von optischer Aktivität entstehen sehen, wäre er vermutlich in seinen Schlußfolgerungen noch wankend geworden. Aber auch das konnte er nicht beobachten.

Werkstatt der Chiralität 133

religiösen Empfinden: Nur in den Händen Gottes wollte er die Schaffung neuen Lebens sehen. Aber sein Experiment gebrauchte die Atmosphäre der Gegenwart. Urey und Miller hingegen ahmten die Atmosphäre der archaischen Erde nach. Wo Pasteur glaubte, das Problem der Vitalisten gelöst zu haben, zeigte Miller, daß Pasteurs Lösung irrelevant war. Denn unter den Bedingungen einer reduzierenden Atmosphäre können Aminosäuren unter Energiezufuhr spontan entstehen. Und Miller zeigte auch, wie sie entstehen.

Asymmetrische Synthese

Die abiotische Aminosäuresynthese (Abb. 41) nimmt im Millerschen Experiment ihren Ausgang von einem Aldehyd, zum Beispiel von Acetaldehyd CH_3CHO, der sich aus Methan und Wasser unter elektrischen Entladungen bildet und von Miller in seiner «Ursuppe» auch gefunden wurde. In einer ammoniakhaltigen «Uratmosphäre» kann ein solches Aldehyd-Molekül Stickstoff aufnehmen. Die Aufnahme ist sogar besonders herzlich, das heißt, sie führt zu einer C=N-Doppelbindung. Wenn Blausäure HCN hinzutritt – und dieses giftige Gas

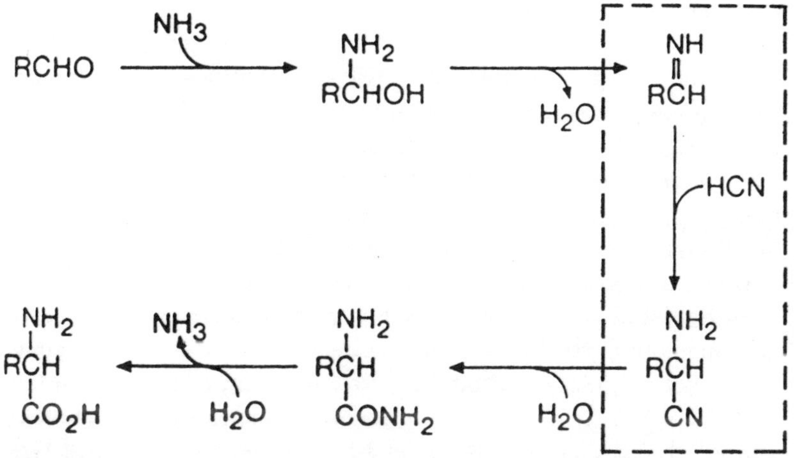

$$RCHO \xrightarrow{NH_3} \underset{RCHOH}{\overset{NH_2}{|}} \xrightarrow{-H_2O} \underset{RCH}{\overset{NH}{\parallel}}$$

$$\downarrow HCN$$

$$\underset{\underset{CO_2H}{|}}{\overset{NH_2}{|}}{RCH} \xleftarrow{NH_3, H_2O} \underset{\underset{CONH_2}{|}}{\overset{NH_2}{|}}{RCH} \xleftarrow{-H_2O} \underset{\underset{CN}{|}}{\overset{NH_2}{|}}{RCH}$$

Abb. 41
Möglicher präbiotischer Reaktionsweg zur Bildung einer Aminosäure aus einem Aldehyd (eine Variante der sogenannten Strecker-Synthese). Der Reaktionsschritt, in dem aus einem achiralen ein chirales Molekül entsteht, ist eingerahmt und wird gesondert betrachtet.

kann ebenfalls durch Energiezufuhr aus Stickstoff oder Ammoniak und Methan entstehen[3] –, kühlt sich das Verhältnis jedoch ab: Der Stickstoff aus dem herandriftenden HCN-Molekül zieht nämlich einen Teil der Aufmerksamkeit auf sich, die dem anderen, noch doppelt fest gebundenen Stickstoffatom entzogen werden muß (Abb. 42). Die-

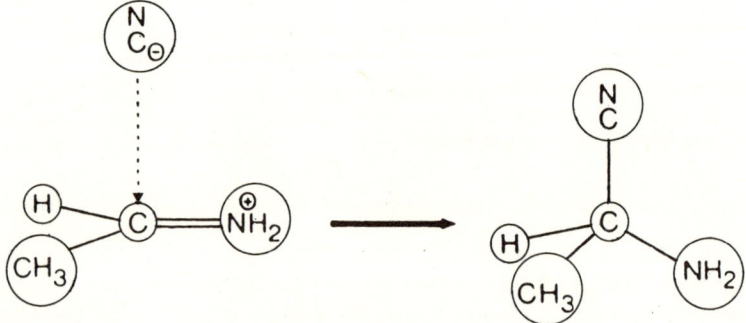

Abb. 42
Der Reaktionsschritt vom achiralen zum chiralen Molekül. Als Beispiel ist der Übergang von Ethylimin zu α-Propionitril dargestellt (der Molekülrest R ist in diesem Fall die Methylgruppe CH_3). Die Anlagerung des CN-Ions oberhalb der molekularen Ebene führt zur L-Form des Nitrilmoleküls; Anlagerung von unten ergibt die D-Form.

ses geht auf etwas größere Distanz, wie es gelockerten Verhältnissen allgemein entspricht, den Übergang von einer C=N-Doppelbindung zur C-N-Einfachbindung nicht ausgenommen. Von zwei H-Atomen umgeben präsentiert sich das erstgebundene Stickstoffatom jedoch schon als Aminogruppe, die dem Molekül verbleibt, wenn dieses sich unter Wasseraufnahme und Abspaltung von Ammoniak schließlich in die Aminosäure α-Alanin verwandelt (siehe wieder Abb. 41).

Soweit ist nichts Besonderes dabei: eine typische Folge einfacher Reaktionen, an deren Ende Alanin steht. Jedoch – das Ausgangsmaterial ist achiral, das Endprodukt chiral. Auf dem Reaktionsweg hat das Molekül eine neue Eigenschaft erworben, die es am Anfang nicht besaß: die Eigenschaft der asymmetrischen räumlichen Gestalt! Wie das zustande kommt, ist an sich schon interessant. Doppelt interes-

3 Unter den Bedingungen eines heißen Sommertages ist HCN schon gasförmig. An kühleren Tagen würde man es eher flüssig erwarten. Der Aggregatzustand spielt jedoch hier keine Rolle.

Werkstatt der Chiralität

sant wird es für uns, weil im Prozeß der Bildung des chiralen Moleküls auch die schwache, paritätsverletzende Wechselwirkung ein Wörtchen mitzureden hat, wenn auch nur ein winzig kleines. Dies ist von eigener Qualität. Es setzt Präferenzen, unterstützt entweder den Schritt zum linkshändigen L-Molekül oder zu dem rechtshändigen Spiegelbild, dem D-Molekül. Und welche Alternative hier Begünstigung erfährt, ist rechnerisch herauszufinden.

Die Rechnung ist durchgeführt worden. Wir gehen in Anhang F darauf ein. So interessant die Verfolgung der Argumentschritte im einzelnen auch ist, hier würden sie uns leicht zu weit vom Weg abführen. Das Ergebnis jedoch ist von Belang. Es erweist nämlich, daß das L-Molekül während seiner Bildung einen Stabilitätsgewinn gegenüber seinem Spiegelbild verbuchen kann. Auch hier also, nun im Zuge der zur Aminosäure führenden Reaktion, die gleiche Präferenz für die L-chirale Form wie für die Aminosäure selbst! So kommt ein Steinchen zum anderen, und alle passen zusammen. Es muß ein Bild daraus werden, das überzeugen kann.

Kapitel 8
Kleine Störung – große Wirkung

Wie wir zuletzt gesehen haben, sind L-Aminosäuren und D-Zucker im Vorteil gegenüber ihren Spiegelbildern. Rechnerisch bewiesen wurde es nur an einzelnen Beispielen: Glycin, Alanin, Ribose. Aber der Schluß, es möge das gleiche für alle Stereoisomere einer Reihe gelten, ist naheliegend und bis zum Auffinden eines Gegenbeispiels gestattet. Jedoch, die relative Größenordnung dieser energetischen Begünstigung ist nach allen Maßstäben winzig. Sie beträgt $\Delta E^{PNC} \sim 10^{-20}$ a.u. $\approx 10^{-18}$ eV. Das ist noch runde 13 Größenordnungen kleiner als die Feinstrukturabstände der Spektrallinien, in denen sich – ein relativistischer Effekt – die Spins der Elektronen bemerkbar machen. Die schwache, paritätsverletzende Wechselwirkung gibt oder nimmt dem enantiomeren Molekül einen Betrag, der um circa 13 Größenordnungen unterhalb aller gewöhnlich vorkommenden Energiedifferenzen liegt. Das ist ungefähr so viel, als wenn man den Staatshaushalt um einen Pfennig erhöht. Es ist kaum zu erwarten, daß der Finanzminister eine derart minimale Etataufstockung zur Grundlage von Steuererleichterungen macht. Ebensowenig ist anzunehmen, daß die Natur von derlei minimalen Bestechungen Notiz nimmt. Dennoch, die Natur verfügt über Verstärkungsmechanismen, Rückkopplungen, die gemäß der biblischen Regel wirken: «Wer da hat, dem wird gegeben», drastischer noch «Je mehr einer hat, desto mehr wird ihm dazu gegeben». Darauf müssen wir im folgenden unsere Betrachtungen richten. Jedenfalls hat es immer wieder Katastrophen gegeben, die – sich selbst verstärkend – zu enormer Wirkung auflaufen, Lawinen, Feuersbrünste; heute zivilisatorische Umweltprobleme, beängstigender als je zuvor. Gewöhnlich genügen kleine Keime; Schneebälle, die eine Lawine auslösen, ein schwelendes Feuerchen, das mit einem Male eine Stadt in Brand setzt.

Im übrigen hatte die präbiotische Entwicklung wahrscheinlich eine Menge Zeit bis zur Selektion einsinnig schraubenförmiger Moleküle, aus denen selbstreproduzierende geordnete Strukturen entstehen konnten. Die Erde ist nach unserem besten Wissen vor etwa 4,6

Abb. 43
Musterbeispiel eines Stromatolithen aus der frühesten Epoche der Erdgeschichte. Man sieht im Querschnitt des haufenförmigen Gebildes die blätterteigartig gebänderten Schichten, versteinerte Matten von einzelligen Blaualgen und Bakterien. Sie sind die ältesten greifbaren Spuren des Lebens auf der Erde.

Milliarden Jahren entstanden. Den ältesten Gesteinen jedoch, in denen Einschlüsse von Kohlenwasserstoffen organischen Ursprungs erkennbar zu sein scheinen, wird ein Alter von 3,3 bis 3,5 Milliarden Jahren zugeschrieben. So alt sollen nämlich die australischen Warrawoona-Sedimente sein, in denen 1980 sogenannte Stromatolithen be-

Kleine Störung – große Wirkung 139

obachtet wurden, halbkugelige oder kegelartige, sehr fein gebänderte Muster im Gestein, die sozusagen konservierte Abdrücke von einzelligen Algen oder Bakterien darstellen (Abb. 43). Es ist nicht einfach, Gesteine dieses Alters zu finden, die ohne größere Umwandlungen – Aufschmelzen und Rekristallisierung – aus jenen fernen Zeiten auf uns gekommen sind. Das macht es auch unwahrscheinlich, daß wir eines Tages noch ältere Lebensspuren in Gesteinen finden werden[1]; die optimalen geologischen Bedingungen sind zu selten erfüllt. Ein Zeitraum von einer Milliarde Jahre für den Übergang von der unbelebten Welt zur belebten Schöpfung entspricht daher eher einer oberen Grenze als einer realistischen Schätzung. Trotzdem kann die frühe Erde durchaus einige hundert Millionen Jahre lang unbelebt gewesen sein. Von der Ferne heutiger Betrachtung erscheint eine solche Zeitspanne als kurz, verglichen mit den folgenden zwei bis drei Milliarden Jahren, während derer das Leben auf der Stufe des Einzellers verharrte. Doch wenn wir bedenken, daß alle geologischen Epochen vom Kambrium bis zur Jetztzeit – und darin alle Entwicklung vom Einzeller bis zum Menschen und dem Organismus seiner weltumspannenden Zivilisation – nicht viel mehr als 600 Millionen Jahre umfassen, so war die präbiotische Ära doch von gewichtiger Dauer.

Bedingungen empfindlicher Übergänge

a) Reaktions-Wege und Reaktions-Rückwege

Als sich in der Uratmosphäre der Erde aus Gas und Licht die ersten Biomoleküle bildeten, die allmählich zu Boden sanken und mit Regenstürmen ins Meer gespült wurden, muß sich in den Wassern der frühen Ozeane mit der Zeit eine Ursuppe aus niedermolekularen organischen Verbindungen zusammengebraut haben. Nach und nach wird darin eine merkliche Konzentration reaktionsfähiger Substan-

---

1 Es ist interessant, daß neben den morphologischen Befunden der Warrawoona-Schiefer auch rein chemische Untersuchungen dafür sprechen, daß Leben schon in diesen frühen Zeiten vorhanden war. Die Chromatogramme der Kohlenwasserstoffverbindungen aus Gesteinen der nur wenig jüngeren südafrikanischen Fig-Tree-Formation zeigen Regularitäten, die auf eine wählerische Bevorzugung einiger Stereoisomere aus der Vielzahl gleichwertiger Formen hinweisen. Eine solche, einschneidende Beschränkung kann vermutlich nur das Leben selbst, nicht aber die abiotische Synthese, zuwege gebracht haben.

zen entstanden sein, die sich miteinander umzulagern begannen, um neue Verbindungen hervorzubringen. Denken wir dabei ruhig an die im vorigen Kapitel detaillierter vorgestellte Reaktionskette, bei der sich Acetaldehyd in Alanin verwandelte, nicht direkt, aber doch in einigen Schritten, wenn Ammoniak, HCN, CO_2 und Wasser reichlich zur Verfügung standen. Es spielt keine Rolle, ob diese Reaktion in der Atmosphäre ablief oder im Wasser der Ozeane; sie soll uns nur Vorgänge sehr allgemeiner Natur illustrieren.

Wenn nämlich in einer chemischen Reaktion ein Molekül der Sorte A sich mit einem Molekül der Sorte B verbindet, um daraus je ein Molekül der Sorten D und E zu erzeugen, dann können wir den Vorgang durch eine Reaktionsgleichung

$$A + B \xrightarrow{K_+} D + E$$

symbolisieren. Diese Kurzform sagt nichts anderes, als daß die Reaktanden A und B (zum Beispiel Ethylimin und HCN) mit der Zeit verschwinden und daß an ihrer Stelle die Reaktionsprodukte D und E (α-Propionitril und Wasser) entstehen; die Geschwindigkeit, mit der dies geschieht, wird durch die Ratengröße K_+ beschrieben. Jedoch lehrt die Beobachtung, daß selbst nach langer Zeit in einem isolierten Reaktionsgefäß die Ausgangsmaterialien nie völlig aufgebraucht werden, sondern daß sich schließlich ein festes Verhältnis zwischen den Konzentrationen der beteiligten Substanzen ausbildet. Der Grund dafür liegt in der Möglichkeit der Endprodukte, sich wieder in die Ausgangsmaterialien aufzuspalten. Zu einer chemischen Reaktion gehört immer auch eine Rückreaktion, die den umgekehrten Weg nimmt und durch den umgekehrten Reaktionspfeil symbolisiert wird. Dann gilt auch

$$A + B \xleftarrow[K_-]{} D + E$$

Die Reaktionsgeschwindigkeiten K_+ und K_- in den beiden Richtungen können freilich sehr verschieden sein, so daß das Konzentrationsverhältnis im Reaktionsgefäß durchaus sehr groß (oder sehr klein) wird. Wenn es aber – nach langem Warten – seinen asymptotischen Wert erreicht hat, wird sich von selbst nichts mehr ändern, es herrscht Gleichgewicht. In jeder Sekunde werden dann ebenso viele Moleküle der Endprodukte zerfallen, wie aus den Anfangsprodukten nachgebildet werden können, so daß die Zahl der Moleküle jeder

Kleine Störung – große Wirkung 141

Sorte im Mittel ganz konstant bleibt.[2] Diese Regel der festen Konzentrationen, des «detaillierten» chemischen Gleichgewichts, hat seine allgemeine Formulierung im Massenwirkungsgesetz von Guldberg und Waage gefunden. Die beiden Norweger, Osloer Professoren und Schwäger, publizierten ihre chemische Gleichgewichtsregel zuerst 1864 und in abschließender Form 1879. Seitdem ist sie zu einem der Grundpfeiler der physikalischen Chemie geworden.

Die Reaktionsgeschwindigkeiten (zum Beispiel K_+, K_-) sind zwar für die Art der chemischen Reaktion charakteristisch, sie hängen jedoch von der Temperatur ab, und zwar in empfindlichem Maße. Der Zusammenhang ist nach Arrhenius exponentiell:

$$K = K_o \, e^{-E_a/kT}$$

Dabei erweist sich die Aktivierungsenergie E_a im Exponenten im wesentlichen als die bei der Umwandlung frei werdende Wärmemenge. Mit k wird die Boltzmannsche Konstante bezeichnet, sozusagen die Gaskonstante en miniature; sie ist eine universelle Größe und spielt in der Physik eine fundamentale Rolle, ähnlich wie das Plancksche Wirkungsquantum h. Denn so wie die Plancksche Konstante h die Frequenz einer Strahlung zu ihrer Energie in Beziehung setzt ($E = h\nu$), so vermittelt die Boltzmannsche Konstante k einen Zusammenhang zwischen der Temperatur eines Gases und seinem mechanischen Energie-Inhalt (im einfachsten Falle $mv^2/2 = 3/2 \, kT$).

Der Boltzmann-Faktor im Arrhenius-Gesetz ist nicht zufällig. Svante Arrhenius (1859–1927), der in seiner kühnen Dissertation die elektrolytische Dissoziation der Moleküle in geladene Ionen postuliert hatte, ohne noch das Elektron zu kennen, reiste als junger Doktor nach Deutschland. In Würzburg freundete er sich mit Walter Nernst (1864–1941) an, und beide beschlossen, für eine Weile nach Graz zu gehen, um bei dem zu dieser Zeit schon hoch berühmten Ludwig Boltzmann (1844–1906), der «größten Zierde der oesterreichischen exakten Wissenschaften», wie Arrhenius später schrieb, «so viel wie möglich von moderner physikalischer Denkweise zu lernen».

Zweifellos übte Boltzmann großen Einfluß auf Arrhenius aus. Der Boltzmannsche Exponentialfaktor kondensiert die gaskinetische

---

2 Daraus folgt, daß die Gleichgewichtskonstante, die das Verhältnis der Endkonzentrationen angibt, zugleich auch das Verhältnis der Reaktionsgeschwindigkeiten zwischen Hin- und Rückreaktion darstellt.

Erfahrung des ausgehenden 19. Jahrhunderts, und sein Auftreten im Arrhenius-Gesetz gibt Anlaß zu unmittelbarer anschaulicher Interpretation. Denn im Grunde ist es die thermische Geschwindigkeitsverteilung in einem Gas, welche auch die Reaktionsgeschwindigkeit bestimmt. Diese Verteilung, die schon von James Clerk Maxwell gefunden und von Boltzmann in großer Allgemeinheit aus den Stoßgesetzen der Mechanik abgeleitet worden ist, besagt, daß bei steigender Temperatur mehr Moleküle eine bestimmte Geschwindigkeit oder kinetische Energie erreichen, die nötig ist, um beim Stoß zu einer Reaktion zu kommen. Denn bei einer chemischen Reaktion müssen chemische Bindungen aufgebrochen werden. Molekulare Energiebarrieren sind zu überwinden. So ist es einleuchtend, daß die Reaktionsgeschwindigkeit um so größer wird, je mehr Moleküle mit ausreichender Bewegungsenergie vorhanden sind, um über diese Barriere hinüberzugelangen. Deren Zahl ist durch den Maxwell-Boltzmann-Ausdruck $\exp(-mv^2/2\,kT)$ angegeben, der so, in leicht verändertem Gewand, das Temperaturverhalten der chemischen Reaktionsgeschwindigkeiten bestimmt – und zwar sehr allgemein.

Die Arrhenius-Beziehung ist von besonderer Wichtigkeit, erklärt sie doch, wie unterschiedliche Reaktionsraten auf Grund enantiomerer Energiedifferenzen ΔE^{PNC} zustande kommen. Denn sollten ohne diese Differenzen die Reaktionsraten für L- und D-Moleküle völlig gleich sein, so erfahren sie doch durch den relativen Energieunterschied eine Diskriminierung um den Betrag $\exp(\pm \Delta E^{PNC}/kT)$ oder in erster, guter Näherung um $(1 \pm \Delta E^{PNC}/kT)$. Moleküle mit der größeren Bindungsenergie – in unserem Falle die L-Aminosäuren und die D-Zucker – werden leichter gebildet und schwerer aufgebrochen; sie werden seltener umgewandelt, weil bei gegebener Temperatur weniger Moleküle im Reaktionsvolumen die benötigte Umwandlungsenergie aufbringen können. In dieser Weise übersetzen sich Energiedifferenzen in Reaktionsgeschwindigkeiten, das heißt: in praktische Chemie. Das ist der Kernpunkt!

Doch vom kleinen reaktionskinetischen Vorteil zur Selektion der vorteilhaften chiralen Komponente führt noch ein dornenreicher Weg. Und obwohl die Grundzüge vielfältig experimentell belegt sind, kann man das Ganze für die präbiotische Evolution nur wahrscheinlich machen. Die Argumentation läuft darauf hinaus, daß ein System von reagierenden Substanzen unter gewissen Bedingungen sozusagen überempfindlich für kleine systematische Störungen ist. Unter solchen Bedingungen, die gleich zu nennen sein werden, erlangt eine kleine Unausgeglichenheit in den Reaktionsgeschwindigkeiten einen Einfluß, den man ihr normalerweise nicht zubilligen dürfte. In einem solchen Fall erweisen sich noch Asymmetrien für die Entwicklung des Systems bestimmend, die gewöhnlich von den immer vorhandenen Fluktuationen des thermischen Rauschens überdeckt und erstickt werden. Das soll in den folgenden Abschnitten erörtert werden. Wir nehmen den Faden wieder auf, wo wir ihn zuletzt haben niedergleiten lassen: beim Gleichgewicht, das sich in einem isolierten Reaktionsvolumen langsam ausbildet.

b) Fern vom Gleichgewicht

Das Reaktionsgefäß für eine präbiotische Reaktion kann ein See gewesen sein oder eine Lagune am Rande des Ozeans. Man sollte nicht annehmen, daß dies ein isoliertes oder abgeschlossenes System darstellte. Anfangsprodukte konnten, beispielsweise aus der Atmosphäre, nachgeliefert, Endprodukte durch Gezeitenströmungen kontinuierlich entfernt worden sein. Jedenfalls ist es denkbar, daß durch äußere Bedingungen, durch Masse- und Energieströme, wie sie etwa Klima- und Gezeitenkräfte hervorbringen, die Konzentrationen der Reaktanden weit von ihren Gleichgewichtswerten gehalten worden sind. Die Ursuppe in ihrer irdischen Schüssel muß ein offenes System gewesen sein, ein Nichtgleichgewichtssystem, in dem die einzelnen Komponenten nie die Muße fanden, sich nach anfänglicher Störung ins detaillierte Gleichgewicht zu setzen; die Konzentrationsverhältnisse, von äußeren Strömen regiert, erlaubten es nicht. Wie wunderlich es klingen mag – letztlich ist es der Energiestrom der Sonne zur Erde, der diese Gleichgewichtsferne bewirkt.

Wir mögen durchaus gelegentlich, eine Weile in der wärmenden Frühlingssonne sitzend, im vollkommenen Gleichgewicht mit uns und der Umgebung sein – eine Lagune im Urozean, für Jahrmillionen von der Sonne beschienen, war es sicherlich nicht. Jahrtausend um Jahrtausend stieg vermutlich die Konzentration reaktionsfähiger, kohlenstoffhaltiger Moleküle, die miteinander ihre chemischen Verbindungen eingingen, vorwärts, rückwärts, mit vorstellbarem Ausgang. Das archaische Wechselspiel uns anschaulich zu machen, blicken wir auf eine Bühne, wie sie, wortmächtig und bilderreich, schon der Schreiber der Genesis entworfen hat: Wüst und leer war die Erde, aber das

Licht war von der Finsternis geschieden und leuchtete als Sonne und Gestirn am Firmament; es gab Wasser und festes Land, und die Naturgesetze wirkten als der Geist Gottes, «der über den Wassern schwebte». Der erste Schöpfungstag mag ein Moment gewesen sein, aber der zweite dauerte sehr lange.

Die Protagonisten auf unserer Bühne sind die reagierenden Substanzen, genau genommen ihre Konzentrationen. Zuerst sind solche zu nennen (A, B), die, selbst nicht asymmetrisch, sich bei Begegnung in chirale Produkte (X_L, X_D) verwandeln (Abb. 44): Für abiotische Reaktionen sind die Wahrscheinlichkeiten, X_L und X_D zu erzeugen, gleich. Das ist zwar nicht völlig korrekt, aber doch in einem überwältigenden Maße. Nur der Einfluß der schwachen, paritätsverletzenden Wechselwirkung gibt den Reaktionsgeschwindigkeiten für die Bildung von X_L und X_D, wie wir gesehen haben, einen kleinen Unterschied $K^L \neq K^D$. Diese Einschränkung gilt für biologische Reaktionen im allgemeinen nicht, so zum Beispiel wenn Enzyme mit eigener Schraubenstruktur den Aufbau von Verbindungen katalysieren: In eine linksläufige Wendeltreppe kann man nur ein ebenso gewendeltes Treppenstück einpassen, Schraube und Schraubenmutter müssen stets den gleichen Drehsinn haben; alles andere führt zu vielfältigen Behinderungen.

$$A + B \rightleftarrows X_L \quad , \quad A + B \rightleftarrows X_D$$
$$K^L_{\pm 1} \qquad\qquad K^D_{\pm 1}$$

Abb. 44
Zwei achirale Substanzen A, B reagieren miteinander und bilden chirale Produkte X_L (linkshändig) oder X_D (rechtshändig). Die Reaktionsgeschwindigkeiten werden mit K^L beziehungsweise K^D bezeichnet (mit dem Index + oder − für Hin- oder Rückreaktion).

Übrigens können wir bei den gerade angeschriebenen Prozessen wieder an die Millersche Modellreaktion aus dem vorigen Kapitel (genauer dargestellt in Anhang F) denken: Ethylimin und HCN verbinden sich zu Propionitril und Wasser; L- oder D-Form entsteht, wenn sich das HCN von oben oder unten nähert, im isotropen Raum zu praktisch gleichen Teilen also. Aber das ist nur ein Beispiel, und die Wirklichkeit des zweiten Schöpfungstages war sicher komplizierter.

c) Selbstvermehrung – Selbstverstärkung

Die Skala präbiotischer Reaktionen enthielt – so dürfen wir mit vielen guten Gründen vermuten, die Möglichkeit, daß sich aus A und B mehr chirale Moleküle bildeten, wenn schon welche von der gleichen Sorte vorhanden waren (Abb. 45).

$$X_L + A + B \rightleftharpoons 2X_L \quad , \quad X_D + A + B \rightleftharpoons 2X_D$$
$$K^L_{\pm 2} \qquad\qquad\qquad K^D_{\pm 2}$$

Abb. 45
Autokatalytischer Reaktionsschritt: In Anwesenheit von X_L (beziehungsweise X_D) entsteht aus A und B nur X_L (oder X_D). Die Bezeichnungen sind analog zu denen in Abb. 44.

Diese Beziehungen kennzeichnen autokatalytische Reaktionen, nämlich solche, bei denen die chirale Substanz die jeweils eigene Art vermehrt, ohne selbst dabei verbraucht zu werden. Auch die Erzeugung vieler Kinder ist offenbar ein autokatalytischer Prozeß. Welches Vermehrungspotential in autokatalytischen Reaktionen steckt, kann man darum ermessen, wenn man sich die gegenwärtige Bevölkerungszunahme auf der Erde vor Augen hält.

Autokatalytisches Verhalten ist keineswegs exotisch, weder in der Gesellschaft, noch auf der molekularen Ebene. Hier erzeugt Autokatalyse stets ein nichtlineares Element. Denn nach dem Massenwirkungsgesetz gehen in die Bilanzgleichungen für die miteinander reagierenden Substanzen die Konzentrationen quadratisch, also nichtlinear ein. Es gibt nun einen markanten Unterschied zwischen linearen und nichtlinearen Gesetzen. Bei einem linearen Bewegungsgesetz addieren sich die Wirkungen verschiedener Ursachen immer so, als ob sie nichts voneinander wüßten: Lineares Verhalten ist äußerst unkooperativ. Legt man zum Beispiel jeweils ein Reiskorn auf ein Feld eines Schachbretts, so ist die Summe der Reiskörner auf dem Brett gleich der Summe der belegten Felder, nicht mehr und nicht weniger. Reich kann man jedenfalls dabei nicht werden. Bei einem nichtlinearen Gesetz ist das ganz anders. Legt man jetzt beispielsweise auf jedes folgende Feld immer doppelt so viele Reiskörner wie auf das vorige, so kommt man schon bei einem Reiskorn auf dem ersten Feld schnell in die großen Zahlen und wird bei voll besetztem Schachbrett vermögend wie Gulbenkian. Nichtlineares Verhalten besitzt die Fähigkeit zur Kooperation. Verbrennungsprozesse sind typisch nichtlineare Vorgänge: Indem die Moleküle miteinander reagieren, setzen sie Wärme frei. Da nach dem Arrhenius-Gesetz die Reaktionen bei höherer Temperatur ganz allgemein schneller ablaufen als bei niedriger, beschleunigt sich mit steigender Temperatur der Reaktionsverlauf; in immer kürzerer Zeit wird noch mehr Wärme erzeugt – man weiß, wie schnell das auflodert.

d) Die Rolle des Widersachers

Die Szenerie der präbiotischen Reaktionen ist sicher nicht komplett ohne den «Geist, der stets verneint», nämlich einen Reaktionsmechanismus, der aus L und D wieder ein achirales Produkt P macht:

$$X_L + X_D \xrightarrow{K_3} P$$

Auch den Prozeß der Razemisierung kann man unter dieser Rubrik fassen: Selbst wenn das Razemat keine eigentlich achirale Verbindung darstellt, sondern ein symmetrisches Gemisch aus L- und D-Komponenten, so sind die chiralen Partner darin doch effektiv neutralisiert, und es ist so gut, als seien sie nicht mehr vorhanden. Die an sich mögliche Rückreaktion $P \to X_L + X_D$ kann übrigens ohne weiteres durch Abdiffundieren oder Auskristallisieren von P unterdrückt sein, auch das ein Ausdruck für eine Störung des detaillierten Gleichgewichts!

Bedeutsamer jedoch erweist sich dieses gegenseitige «Auffressen» von L und D im Zusammenwirken mit den autokatalytischen Reaktionsschritten. Es liegt darin die Möglichkeit verborgen, daß sich aus einer Gleichverteilung der chiralen Komponenten spontan eine Ungleichheit der Konzentrationen X_L und X_D, eine chirale Asymmetrie, entwickelt – und dazu brauchen die Reaktionsraten K^L und K^D noch nicht einmal verschieden zu sein. Eine solche Asymmetrie bedeutet eine Ordnung; sie ist – wie man sagt – eine dissipative Struktur, die nur weitab vom thermodynamischen und chemischen Gleichgewicht existieren kann, und die von der fortwährenden Einfuhr und Ausfuhr von Materialien abhängt und dazu Energie benötigt. Mit gewisser Berechtigung läßt sich von einem Metabolismus, einem Stoffwechsel im Labor der urzeitlichen Lagune sprechen, doch wollen wir vermeiden, jetzt schon auf das Leben anzuspielen, das auf dieser Stufe der Evolution noch weit in der Zukunft zu denken ist.

Es liegt nichts Geheimnisvolles im Auftreten einer Asymmetrie aus einer anfänglichen Symmetrie zwischen den Konzentrationen der chiralen Moleküle X_L und X_D. Wenn die Konzentrationen der Ausgangsprodukte A und B – die sich in unserer präbiotischen Lagune zum Beispiel durch Einschwemmung stetig steigern kann – einen gewissen Wert erreicht haben, wird die symmetrische Verteilung einfach instabil. Statt dessen tauchen gleichberechtigt zwei stabile Möglichkeiten auf: Entweder gibt es einen Überschuß von L- oder einen Überschuß von D-Molekülen. Wie groß er ist, hängt vom Produkt der Konzentrationen AB und von den einzelnen Reaktionsgeschwindigkeiten ab. Die Situation läßt sich recht treffend an einem Spiel veranschaulichen, das die Kinder gelegentlich mit Glasmurmeln auf der Straße spielen. Das «Gleichnisreden» ist «artig und unterhaltend», denken wir uns mit Charlotte in Goethes Wahlverwandtschaften, «und wer spielt nicht gern mit Ähnlichkeiten?» Spielen wir darum zur Kurzweil einmal:

Ein Glasperlenspiel

Mit Vorbedacht spielt dieses Spiel auf ferne Übungen Kastaliens an; es handelt von subtilen Wirkungen; es illustriert Empfindlichkeit und reflektiert ein Thema reiner Theorie. Die Ergebnisse sind auch nicht undisputiert geblieben. Das macht das Spiel exemplarisch für uns – und zum einzigen, das wir spielen wollen.

Wir stellen uns eine unbelebte Straße vor, ein wenig bergab verlaufend, mit Straßenrinnen an den Rändern, und Murmeln werfende Kinder. Ein Stück weit soll die Straße in der Mitte eine kleine Vertiefung, eine Fahrrille haben. Solange die Murmel in dieser rollt, wird sie geführt und kann die Mitte der Straße nicht verlassen. Aber dort, wo die Fahrrille endet und die Kugel – nun auf der Scheitellinie der Straßenmitte – weiterrollt, wird die geringste Unebenheit auf dem Weg sie auf die linke oder rechte Flanke des Straßenprofils bugsieren.

Dann bewegt sich die Murmel zum Straßenrand hin, entweder zum linken oder zum rechten – das ist am Anfang unentschieden. Entschieden ist nur, daß am Ende der Fahrrille die symmetrische Mittellage zur labilen Lage wird, die stabilen Möglichkeiten jedoch im Rinnstein links und rechts zu finden sind. Die kleinen, wahllos im Straßenbelag verteilten Schotterkörnchen repräsentieren das Zufallselement – Fluktuationen, mit denen die Straßenoberfläche auf die rollende Kugel einwirkt. Mal wird die Glasperle auf ihrem Weg nach links gestoßen, mal wieder nach rechts, bis nach einem besonders kräftigen Stoß die Kugel genügend weit von der Straßenmitte entfernt ist, um von anderen Schottersteinen am Wege nicht mehr über den Mittelkamm hinweg zur anderen Seite gelenkt zu werden. Von diesem Punkt an ist der Weg entschieden, und es ist festgelegt, an welchem Straßenrand die Murmel schließlich ihre Bahn weiterziehen muß.

Diese so anschauliche Situation trifft ziemlich genau auch auf das Reaktionsgemisch zu, das gerade aufgrund der Autokatalyse drei stabile stationäre Lösungen für die Konzentration der enantiomeren Komponenten bereithält. Zunächst, für noch kleine Konzentrationen AB, ist die symmetrische Lösung die einzig vorhandene und die einzig stabile. Dann, an einem kritischen Punkt AB_{crit} – er entspricht dem Punkt, an dem die Mittelrille unserer Straße ausläuft – gabeln sich die Lösungen, wie Wege sich verzweigen (Abb. 46). Die Gabelungsstelle heißt in der Literatur der Bifurkationspunkt, was dasselbe meint, nur auf lateinisch ausgedrückt. Die ursprüngliche, symmetrische Lösung wird instabil; dafür erscheinen zwei neue stabile Lösungen, jede in Bezug zur ursprünglichen asymmetrisch, indem die eine nun nach links geht, die andere aber nach rechts. Stabil heißen die Lösungen, weil eine kleine Störung ihren Lauf nicht mehr ändern kann. (Denn wenn auch die Murmel an der Straßenseite noch einmal etwas zur Straßenmitte hin gestoßen wird, so sorgt die Wölbung der Straßendecke dafür, daß sie gleich wieder zurück zur Straßenrinne findet.)

Unser präbiotisch entstehendes razemisches Gemisch kann sich durch autokatalytische Verstärkung also durchaus spontan zu einer einsinnig optisch aktiven Lösung entwickeln. Entweder gewinnt die L-Komponente oder die D-Komponente, und welche von beiden das Rennen macht, hängt von den Fluktuationen im Konzentrationsgemisch am Anfang ab und ist nicht voraussagbar – solange sonst alle dynamischen Bedingungen in den Reaktionsgleichungen für die L- und für die D-Substrate die gleichen sind! Was aber, wenn die Bedingungen nun nicht gleich sind? Wenn eine der Reaktionen, die zum Beispiel zu L- oder zu D-Aminosäuren führt, sich von der anderen unterscheidet, wenn eine Rate gegenüber der anderen begünstigt wird? Und das ist realiter ja der Fall, wenn auch nur in sehr geringem Maße. Dann haben wir in unserem Glasperlenspiel die Situation, daß

Kleine Störung – große Wirkung

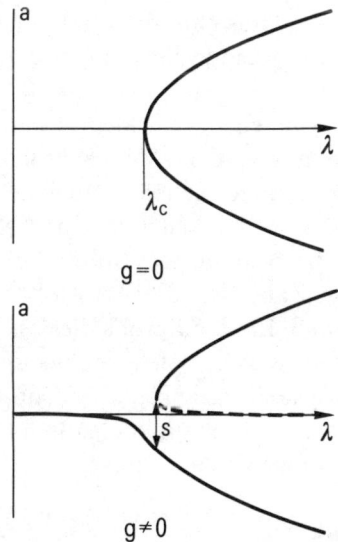

Abb. 46
Bifurkationsdiagramm: Aufgetragen ist die chirale Asymmetrie $a = X_L - X_D$ als Funktion der Konzentration $\lambda = AB$ der Ausgangsmaterialien. Solange diese klein ist ($\lambda < \lambda_c$), gibt es nur eine stabile stationäre Lösung, nämlich die symmetrische $X_L = X_D$ (oder $a = 0$). Oberhalb des kritischen Punktes λ_c wird die symmetrische Lösung instabil; statt dessen gibt es zwei stabile Lösungsäste, die vollkommen gleichberechtigt sind, solange keine unsymmetrische (paritätsverletzende) Kraft wirkt (g = 0, oberes Diagramm). Eine asymmetrische Kraft hingegen treibt das Reaktionssystem zu einem bestimmten Lösungsast (g $\neq$ 0, unteres Diagramm).

quer zur Straße ein stetiger Wind bläst. Wenn die Glasmurmel auf der Straßenmitte entlangrollt, wird sie der Wind auf eine Straßenseite hin zu treiben versuchen. Und es wird ihm gelingen, wenn er stark genug ist, um den Einfluß zufälliger Stöße in die Gegenrichtung zu übertreffen. Hier ist der Punkt, an dem sich Zufall und Notwendigkeit begegnen.

Zufall, das ist das thermische Rauschen, unvorhersagbare Fluktuationen, welche die Reaktion einmal in diese und einmal in jene Richtung treiben[3], wie die Schottersteinchen am Weg der Glasmur-

[3] Im Falle von Millers Alaninsynthese aus dem vorigen Kapitel (beziehungsweise aus Anhang F) würde das bedeuten, daß in einem Moment mehr HCN-Moleküle von oben kommen, um sich dem Ethylimin anzulagern; im nächsten Moment ist es vielleicht gerade umgekehrt: Es kommen mehr von unten. Entsprechend fluktuiert das Produkt dieses Syntheseschrittes zwischen L-Aminopropionitril und seinem D-Enantiomer.

mel. Notwendigkeit, das ist der Wind aus einer Richtung, das ist die determinierte, immer und überall wirkende Bevorzugung einer der beiden enantiomeren Komponenten.

Die Fluktuationen sind, relativ gesehen, stets klein. Denn makroskopische Bewegungen betreffen immer eine Menge Moleküle zugleich, und die statistischen Schwankungen gehen im allgemeinen mit der Quadratwurzel aus der Zahl der beteiligten Teilchen: $\Delta N = \sqrt{N}$. So ist der Quotient $\Delta N/N$ – weil das Maß für die Anzahl der beteiligten Moleküle die Loschmidtsche Zahl ($L = 6 \cdot 10^{23}$ Mol^{-1}) setzt – selbst nur von der Größenordnung 10^{-12}. Obwohl dies ein kleines Verhältnis ist – vergleichbar einem Regentropfen in einem gefüllten Schwimmbecken –, so ist es doch nicht sehr klein, und ob sich die systematische Asymmetrie in den L/D-Produktionsraten dagegen durchsetzen kann, ist noch nicht ausgemacht.

Evolution und Thermodynamik

Licht in dieses Dunkel gebracht zu haben, ist das Verdienst der Brüsseler Schule um Ilya Prigogine, der sich der Erforschung des Komplexen in der Physik verschrieben hat. Nicht Systeme in Isolation betrachten Prigogine und seine Kollegen und Schüler, sondern Systeme im Austausch miteinander – offene Systeme, fern vom Gleichgewicht. Keine linearen Beziehungen untersuchen sie, welche die klassische Physik in dreihundert Jahren zu nahezu unbegreiflichen Leistungen geführt haben – und auch die Quantentheorie lebt auf weiten Strecken vom Superpositionsprinzip, das Lösungen von linearen Gleichungen eigen ist –, sondern sie wenden sich den nichtlinearen Problemen zu. Diese standen schon immer der quantitativen Behandlung im Wege. Man hat sie, so gut man eben konnte, vereinfacht oder beiseite geschoben. Das ging bei dem unerschöpflichen Problemreichtum der Natur sehr lange sehr gut. Zum Verständnis der Organisationsstufen des Lebens reicht es nicht mehr. Spontanes Entstehen von Ordnungen – Symmetriebrüche – sind in der klassischen linearen Gleichgewichts-Thermodynamik nicht zu verstehen.

Der Zeitpfeil, der uns erst von Entwicklung zu reden gestattet und der Geborenwerden und Sterben leitet und begleitet, gewinnt seine Richtung nicht aus den dynamischen Grundgesetzen der Physik. Die fundamentalen dynamischen Gesetze sind (fast) symmetrisch bezüglich der Zeit – zeitumkehrinvariant, wie man sagt. Die Evolu-

Kleine Störung – große Wirkung

tion der Welt ist es offensichtlich nicht: Aus Autos haben sich nicht Kutschen entwickelt, aus Vögeln nicht Echsen und aus Menschen nicht Affen oder Schweine.

Die Asymmetrie des physikalischen Zeitpfeils läßt sich aus dem Zweiten Hauptsatz der Thermodynamik begründen. Wenn wir ihn aber an die Entwicklung des Lebens, seiner chemischen Vorstufen und seiner heutigen zivilisatorischen Ausprägungen, anlegen, so weist er in die falsche Richtung. Niemand hat nach unserem Dafürhalten den Zweiten Hauptsatz plastischer beschrieben als Ludwig Boltzmann. In seinen populären Schriften findet sich die Niederschrift eines 1886 gehaltenen Vortrags, in dem wir lesen:

«Der Zweite Hauptsatz wird etwa folgendermaßen ausgedrückt: Arbeit und sichtbare lebendige Kraft (= Energie) können bedenkenlos ineinander übergehen und sich bedingungslos in Wärme verwandeln, umgekehrt ist die Rückverwandlung der Wärme in Arbeit oder sichtbare lebendige Kraft entweder gar nicht oder doch nur teilweise möglich. Gleicht das Prinzip schon in dieser Fassung einem unbequemen Anhang des ersten (gemeint ist: des ersten Hauptsatzes, der die Erhaltung der Gesamtenergie bei allen Umwandlungen ausdrückt), so wird es noch viel fataler durch seine Konsequenzen. Die Energieform, welche wir für unsere Zwecke benötigen, ist immer die der Arbeit oder sichtbaren Bewegung. Die bloßen Wärmeschwingungen entschlüpfen unseren Händen, entziehen sich unseren Sinnen, sie sind für uns gleichbedeutend mit Ruhe; daher wurde die Wärmeform der Energie öfters als dissipierte oder degradierte Energie bezeichnet, so daß der Zweite Hauptsatz ein stetes Fortschreiten der Degradation der Energie verkündet, bis endlich alle Spannkräfte, die noch Arbeit leisten könnten, und alle sichtbaren Bewegungen im Weltall aufhören müßten...Was wir als degradierte Energieformen bezeichnet haben, werden nichts anderes als die wahrscheinlichsten Energieformen sein, oder besser gesagt, es wird Energie sein, welche in der wahrscheinlichsten Weise unter den Molekülen verteilt ist...

Jeder Energieverteilung kommt eine quantitativ bestimmbare Wahrscheinlichkeit zu. Da diese in den für die Praxis wichtigen Fällen identisch ist mit der von Clausius als Entropie bezeichneten Größe, so wollen wir ihr hier ebenfalls diesen Namen geben...

Der allgemeine Daseinskampf der Lebewesen ist daher nicht ein Kampf um die Grundstoffe – die Grundstoffe aller Organismen sind in Luft, Wasser und Erdboden im Überflusse vorhanden – auch nicht um Energie, welche in Form von Wärme leider unverwandelbar in jedem Körper reichlich enthalten ist, sondern ein Kampf um die Entropie, welche durch den Übergang der Energie von der heißen Sonne zur kalten Erde disponibel wird. Diesen Übergang möglichst auszunutzen, breiten die Pflanzen die unermeßliche Fläche ihrer Blätter aus und zwingen die Sonnenenergie in noch unerforschter Weise, ehe sie auf das Temperaturniveau der Erdoberfläche herabsinkt, chemische Synthesen auszuführen, von denen man in unseren Laboratorien noch keine Ahnung hat. Die Produkte dieser chemischen Küche bilden das Kampfobjekt für die Tierwelt.»

Heute natürlich hat man in den Laboratorien viel mehr Ahnung davon, auf welche Weise die chemische Küche der Pflanzenzellen die Sonnenenergie nutzt, aber das ist nicht unser Thema. Was wir hier nur festhalten wollen, ist, daß auch Boltzmann um den Widerspruch wußte, den die Konfrontation des Zweiten Hauptsatzes mit dem Leben gewöhnlich aufreißt. Wenn nämlich alles in der Welt auf den Zustand größtmöglicher Unordnung hinstrebt, weil dieser den wahrscheinlichsten Zustand eines sich selbst überlassenen Systems darstellt, dann wird die Entwicklung des Lebens, das spontane Entstehen von Komplexität aus Einfachheit, von Ordnung aus Chaos, zum Rätsel. Das Leben ist sozusagen eine permanente Absage an den Zweiten Hauptsatz, ein alles widerlegendes Gegenbeispiel. Trotzdem ist der Zweite Hauptsatz richtig, und alle thermodynamische Forschung der letzten 100 Jahre ist auf nichts so sehr gerichtet wie auf die Versöhnung dieses Widerspruchs. Und Prigogines Forschungen, seine Erkenntnisse über nichtlineare chemische Reaktionen fern des thermodynamischen Gleichgewichts, die zu spontanen Ordnungen führen, haben in besonderem Maße zur Versöhnung dieses Widerspruchs beigetragen.[4] Den Nobelpreis, der ihm 1977 verliehen worden war, erhielt er darum, nach verbreitetem Urteil, vor allem für den

---

4   Der Kernpunkt ist, daß die Entropieänderung eines beliebigen Systems stets in zwei Anteile zerlegt werden kann. Zwar ist der Anteil, der seine Ursache in den irreversiblen Prozessen im Innern des Systems hat, positiv; der Anteil hingegen, der auf dem Wärme- und Stoffaustausch des Systems mit der Umgebung beruht, kann positiv oder negativ sein, so daß bei einem nicht abgeschlossenen System tatsächlich die Entropieabnahme möglich und mit dem Zweiten Hauptsatz – in seiner modernen, differenzierenden Formulierung – verträglich ist. Lebendige Systeme aber sind offene Systeme. So stellt die Ausbildung von Strukturen und die Entwicklung von Leben in Wirklichkeit keinen Widerspruch zum Zweiten Hauptsatz der Thermodynamik dar.

Hoffnungsstrahl, den er den Evolutionsforschern in ihrem Kampf gegen den Zweiten Hauptsatz ins Gedächtnis senkte.

Ein magischer Exponent

Eines der interessantesten Ergebnisse der Brüsseler Schule beleuchtet den Grad der Empfindlichkeit chemischer Reaktionen auf kleine, aber systematische Asymmetrien. Ist der Zufall dabei das dominierende Element oder die in der Struktur der Kräfte liegende Notwendigkeit? Quantitative Aufklärung gab vor wenigen Jahren Dilip Kondepudi, ein Schüler Prigogines:

Wenn die Reaktionsgeschwindigkeiten zur Bildung der chiralen Substanzen L und D gleich sind, besteht zwischen links und rechts vollkommene Symmetrie. Jedoch – der Endzustand der Reaktion muß diese Symmetrie nicht teilen. Denn fern vom Gleichgewicht, bei einem gewissen kritischen Wert der Ausgangskonzentrationen AB_{crit}, tritt spontan Symmetriebrechung auf, so daß entweder ein Überschuß von L- oder von D-Molekülen entsteht. Das ist wie bei einem langen, aufrecht stehenden Stab, den man zentral von oben belastet. Wird die Last zu groß, so biegt sich der Stab spontan zur Seite aus, oder er splittert entzwei. Dann ist die Symmetrie um seine vertikale Achse gebrochen, obwohl die Last doch weiter nur nach unten drückt. Dieses Prinzip spontaner Symmetriebrechung ist uns übrigens schon einmal begegnet, beim Higgs-Mechanismus, der die Vereinheitlichung zweier fundamentaler Naturkräfte zur «elektroschwachen» Wechselwirkung zu ermöglichen half. Solche Begegnungen tauchen immer wieder auf. Sie durchziehen die Naturbeschreibung wie die Kettfäden in einem Gewebe und geben Platon recht, der hinter aller Dinglichkeit der Welt die reine Klarheit einfacher Beziehungen als ihr eigentliches Sein zu fassen suchte.

Wenn die Reaktionsgeschwindigkeiten zur Bildung der chiralen Substanzen L und D nicht gleich sind, sondern sich ein wenig unterscheiden, so ist die Symmetrie schon auf der Ebene der Kräfte nicht mehr ganz vollkommen. Und so erwarten wir schon im Gleichgewicht, daß X_L ein bißchen verschieden von X_D ist. Die Unterschiede können zunächst nur unbedeutend sein. Denn wie Arrhenius fand, gilt für die Reaktionsgeschwindigkeit zum Beispiel

$$K^L = K^D e^{\Delta E/kT} \sim K^D (1 + \frac{\Delta E}{kT}),$$

und diese durch $g \equiv \Delta E/kT$ ausgedrückte Verschiedenheit überträgt sich in erster Näherung auch auf die Konzentrationen der chiralen Komponenten. Gerät die Reaktion jedoch aus dem thermischen Gleichgewicht und in die Nähe des kritischen Punktes, so wächst der Einfluß der kleinen treibenden Kraft, die sich in der Existenz von g äußert. Ganz menschlich gesehen, antwortet das System im Ungleichgewicht viel heftiger als im Gleichgewicht. Dann ergibt sich, daß der minimale Abstand zwischen der Zahl der L-Moleküle und der Zahl der D-Moleküle nicht mehr proportional zu g ist, sondern zu $g^{1/3}$, das heißt zur dritten Wurzel aus g, einer viel größeren Zahl! Nehmen wir zur Veranschaulichung an, g sei ein Tausendstel (in Wirklichkeit ist g noch viel kleiner); dann ist die dritte Wurzel aus g schon ein Zehntel. Fünf Brote unter tausend Leute verteilt bringt für jeden nur einen Happen; die dritte Wurzel aus den tausend Leuten jedoch wäre mit den gleichen fünf Broten ohne weiteres satt zu bekommen. Dieser magische Exponent 1/3 ist in der Tat des Pudels Kern. Denn nun muß man nicht die winzige Größe $g = \Delta E^{PNC}/kT$ mit den statistischen Fluktuationen in der präbiotischen Reaktionssuppe vergleichen, sondern ihre wesentlich stattlichere dritte Wurzel $g^{1/3}$. Das treibt die Erwartung, die systematische Asymmetrie möge sich gegenüber den razemisierenden statistischen Schwankungen durchsetzen, mächtig in die Höhe. Der tiefere Grund für den Exponenten 1/3 liegt wohl darin, daß das System einen kritischen Punkt besitzt, in dem drei Lösungen zusammenkommen: die, welche in unserem Glasperlenspiel der geführten Bewegung in der Straßenmitte entspricht, und diejenigen, bei denen die Glaskugel in einem der beiden Rinnsteine rollt. Es ist der subtile Zusammenhang von nichtlinearer Selbstvermehrung und wechselseitiger Elimination, der diese Hypersensitivität gegenüber kleinen systematischen Einflüssen möglich macht. Eine erst in den letzten ein oder zwei Jahrzehnten erkannte Kooperation in einem offenen Reaktionssystem fern vom thermodynamischen Gleichgewicht gibt der kleinen Störung unerwartetes Gewicht.

Schwankungen

Doch noch einmal müssen wir einhalten, um auf die natürlichen Fluktuationen zurückzukommen, die unvermeidbar unser Reaktionssystem durchziehen. Denn es ist nicht nur der Einfluß der kleinen chiralen Asymmetrie g, der eine besondere Betonung erfährt, wenn das System sich dem kritischen Punkt nähert; auch die statistischen Schwankungen erweisen sich hier als größer als im Gleichgewicht. Sind wir gewohnt, für sie die Beziehung $\Delta N/N \sim N^{-1/2}$ anzusetzen, so finden wir im offenen System und fern vom Gleichgewicht Proportionalität zu $N^{-1/4}$. Was die eine Hand gibt, nimmt die andere wieder. Sie nimmt es jedoch nur zum Teil. Im Endeffekt bleibt das System sensibel für kleine systematische chirale Kräfte.

Nach dem Bifurkationsdiagramm gibt es, wenn eine asymmetrische Kraft am Werke ist, einen Mindestabstand zwischen den Lösungsästen (Abb. 47). Und wegen der gesteigerten Empfindlichkeit ist dieser Abstand sogar beachtlich, nämlich von der Größenordnung $g^{1/3}$ und nicht nur von der Ordnung g selbst. Die thermischen Schwankungen haben nur dann eine Chance, den Lösungscharakter zu ändern, wenn sie diesen Abstand überbrücken können. Setzen wir zur groben Orientierung die Zahl der reagierenden Moleküle einmal einfach gleich der Loschmidtschen Zahl ($\sim 10^{24}$), was darauf hinausläuft, daß wir uns auf das Volumen eines gewöhnlichen Kochtopfes beziehen. Dann gilt numerisch für die Schwankung: $N^{-1/4} = 10^{-6}$. Soll $g^{1/3}$ diese überragen, so ergibt sich eine durchaus liberale Grenze: g muß nur größer als 10^{-18} sein!

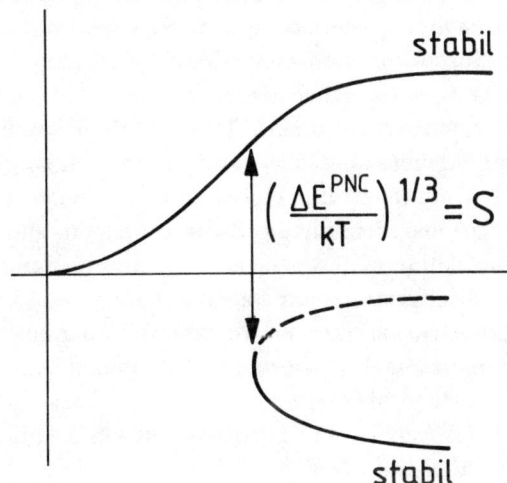

Abb. 47
Das Bifurkationsdiagramm veranschaulicht die Empfindlichkeit von Nichtgleichgewichtssystemen bei kleinen asymmetrischen Störungen (g $\neq$ 0). Der Mindestabstand S der Lösungsäste ist durch $g^{1/3} = (\Delta E^{PNC}/kT)^{1/3})$ gegeben.

Nun kennen wir aber die Bedeutung der kleinen Größe g; sie bezeichnet das Verhältnis $\Delta E^{PNC}/kT$. Die paritätsverletzende Energiedifferenz ΔE^{PNC} (positiv für L-Aminosäuren und D-Zucker) ergab sich in allen explizit berechneten Fällen zu etwa 10^{-18} eV; der Nenner kT steht – mäßig sommerliche Temperaturen (T $\sim$ 300 °K) vorausgesetzt – für 10^{-1} eV, so daß ein Wert für g von 10^{-17} sowohl für Aminosäuren wie für Zucker als realistisch gelten darf. Das ist so gerade am Rande dessen, was wir nach obigem als notwendige Bedingung für die Selektion einer enantiomeren Komponente erwarten.

Bei genauerem Hinsehen ist die Sache zwar etwas komplizierter, aber die gerade gezogene Schlußfolgerung bleibt doch im wesentlichen bestehen. Es ist nicht allein die asymmetrische, dynamisch motivierte Störung $g^{1/3}$, welche den Unterschied in der Zahl der L- und der D-Moleküle am kritischen Punkt bestimmt, sondern es tritt noch ein Faktor hinzu, der von der Reaktionskinetik abhängt, also von den Geschwindigkeiten, mit denen sich die Moleküle bei ihren Reaktionen umwandeln. Bei den Fluktuationen kommt es außerdem auf die Gesamtzahl der an den Reaktionen beteiligten Moleküle an; es geht das Reaktionsvolumen ein, das wir uns groß vorstellen dürfen – wie groß, wird noch zu erörtern sein.

Eine angemessene Beschreibung entsteht, wenn man von Anfang an alles zusammendenkt: die nichtlinearen Konzentrationsverhältnisse, die das Massenwirkungsgesetz regiert; die kleine systematische Asymmetrie, die durch die Schwache Wechselwirkung ins Spiel kommt; schließlich das statistische Element in Form der Schwankungen in einem vorgegebenen Volumen. Mathematisch kommt dabei ein Entwicklungsgesetz heraus, das zwei disparate Elemente enthält: zum einen streng bestimmte Kräfte, eindeutig und zu jeder Zeit gegeben wie das Gravitationsgesetz für die Planetenbahnen, zum andern die Irregularität molekularer Stöße, die man im einzelnen nicht kennt und nicht in jedem Zeitpunkt exakt angeben kann – nur im Mittel über viele gleichartige Situationen erhält ihre Wirkung einen gewissen Grad von Bestimmtheit. Entsprechend gibt es auch keine eindeutige Lösung mehr, welche die zeitliche Entwicklung der Konzentrationsunterschiede zwischen L- und D-Molekülen repräsentiert. Statt dessen existiert eine Vielzahl möglicher Lösungen, und nur die Wahrscheinlichkeit ihrer Realisierung ist berechenbar.

Selektion

Wenn auf der gedachten präbiotischen Bühne, im seichten Wasser eines Sees oder einer Lagune, die gewöhnlichen, achiralen Moleküle (zum Beispiel Ethylimin und HCN) beginnen, sich umzulagern und chirale Moleküle zu bilden (beispielsweise die Vorstufen der L-Aminosäuren und der D-Aminosäuren), dann wird, im stationären Fall, es sehr wahrscheinlich sein, die L- und D-Moleküle zu gleichen Teilen zu finden, und es wird sehr unwahrscheinlich sein, eine merkliche Differenz auszumachen. (Genaugenommen ist das Verhältnis um einen kleinen Beitrag g nach der Seite hin verschoben, die energetisch begünstigt ist, aber das spielt zu Anfang keine Rolle.) Allmählich nimmt die Konzentration der Ausgangsprodukte zu, sie nähert sich dem kritischen Wert, an dem die symmetrische (oder fast symmetrische) Gleichgewichtslage instabil wird und die beiden neuen, asymmetrischen Lösungszweige zur Wahl stehen: einer mit einem Überschuß an L-Molekülen und der dazu entgegengesetzte mit einem Überschuß an D-Molekülen (vgl. Abb. 46 [S. 149] oder 47).

Nun kommt es darauf an, wie lange sich das ganze System in diesem Zustand aufhält. Wachsen die Konzentrationen langsam an, so daß das Reaktionssystem lange in der unmittelbaren Umgebung des kritischen Punktes bleibt, so wird der Wahrscheinlichkeitsberg in die Richtung driften, die durch die kleine Störung g vorgezeichnet ist – zum Beispiel in den oberen Lösungszweig $X_L > X_D$, wenn $g > 0$ (vgl. Abb. 47). Zugleich aber werden seine ursprünglich steilen Flanken flacher und breiter; sein Profil zerfließt, wie die Wärme einer Herdplatte sich über den Herd ausbreitet. Dieses Zerfließen – einem Diffusionsprozeß vergleichbar – hat seine Ursache natürlich in den Konzentrationsschwankungen. Verständlicherweise geht das langsam vor sich; die «Diffusionskonstante» ist klein. Wichtiger noch ist das generelle Zeitverhalten: Der Wahrscheinlichkeitsbuckel verbreitert sich nämlich mit der Quadratwurzel aus der Zeit. Die Drift jedoch – mag auch ihre Rate noch kleiner sein – nimmt linear mit der Zeit zu. Sie muß daher am Ende immer die Oberhand gewinnen, wenn es lange genug dauern darf. Das ist der Kernpunkt der Selektion (Abb. 48).

Die thermischen Fluktuationen werden, relativ gesehen, mit wachsendem Volumen immer kleiner. Allerdings müssen die reagierenden Substanzen darin über lange Zeit homogen verteilt gehalten werden, und das setzt der Ausdehnung Grenzen. Auf kleine Distan-

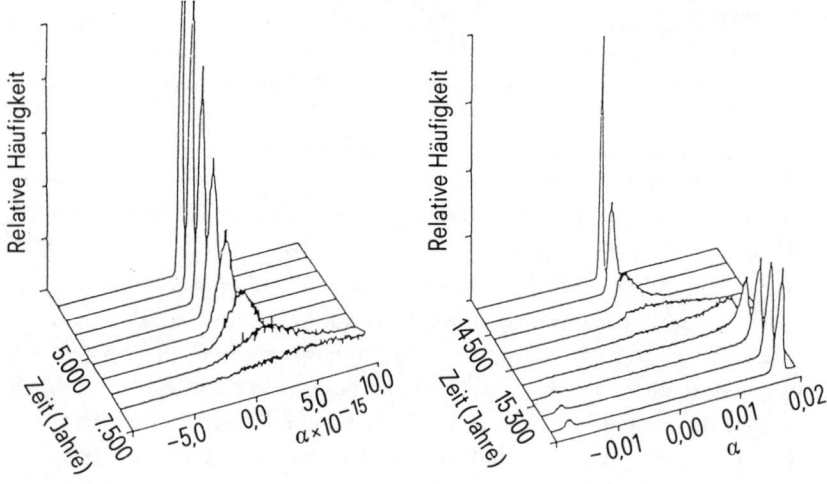

Abb. 48
Ergebnisse einer Computersimulation für eine mögliche präbiotische Situation (Meereslagune mit autokatalytisch reagierenden Substanzen). Bei langsamem Anwachsen der Konzentrationen der gelösten Substanzen am Bifurkationspunkt verschiebt sich unter dem Einfluß der kleinen asymmetrisch treibenden Kraft g die Wahrscheinlichkeit von einer symmetrischen Lösung (a = 0) zu einer unsymmetrischen (a > 0). Man sieht, daß das System zum oberen Lösungsast der Abb. 47 strebt (ausgeprägtes Maximum der Wahrscheinlichkeit bei a = + 0.02), während der untere Lösungsast unwahrscheinlich wird (kleiner Wahrscheinlichkeitsbuckel bei a = − 0.02).

zen sorgt die Diffusion für Gleichverteilung. Durchmischung größerer Volumina ist nicht ohne Umrühren zu erreichen. Solches Durchrühren könnte in unserer präbiotischen Lagune der Wind besorgt haben, vorausgesetzt das Wasser war nicht allzu tief. Einige Quadratkilometer Ausdehnung sind vielleicht nicht untypisch für eine Meereslagune. Bei einer Tiefe von drei bis vier Metern käme man immerhin auf ein Reaktionsvolumen von 10^9 bis 10^{10} Litern. Sind die typischen Reaktionsraten von der Größenordnung 10^{-5} pro Mol und Sekunde, bei typischen Konzentrationen von 10^{-3} Mol pro Liter und Sekunde, so würde es – bei einer jährlichen Erzeugung von einigen Milligramm chiraler Substanz pro Liter – wohl 10 000 bis 15 000 Jahre dauern, während das System bei langsam anwachsenden Konzentrationen in der Nähe des kritischen Punktes verweilen müßte, bis die Drift des Wahrscheinlichkeitsgipfels die kriechende Verbreiterung seiner Basis

Kleine Störung – große Wirkung

überholt hat. Damit erweist sich der Zeitmaßstab für die Selektion als lang – möglicherweise als zu lang. Denn 10 000–15 000 Jahre in der jüngsten geologischen Vergangenheit der Erde entsprechen schon etwa der Dauer einer Eiszeit. Können wir annehmen, daß über solche Zeiträume hinweg eine urzeitliche Lagune nahezu konstante Konzentrationsverhältnisse bei unveränderter Ausdehnung besaß und dabei stetigen Strömungsverhältnissen und gleichmäßig wehendem Wind ausgesetzt war? Selbst wenn man die Reaktionsgeschwindigkeiten etwas unterschätzt hat, wenn das Reaktionsgefäß vielleicht noch etwas größer war, auf ein paar hundert Jahre kommt man immer noch, wenn die asymmetrische Kraft, die paritätsverletzende Energiedifferenz so klein ist, wie wir sie errechnet haben, und daran ist wenig zu deuteln (auch wenn für einzelne Molekülabschnitte von biologischer Relevanz schon einmal größere Unterschiede errechnet worden sind, wie der Autor kürzlich erfahren hat).

Es ist denn auch nicht unbezweifelt geblieben, daß der geschilderte Verstärkungsmechanismus tatsächlich die Selektion der gewünschten chiralen Komponente bewirkt haben könnte. Vor allem Vitali Goldanskii mit seinen Moskauer Schülern verbreitete Bedenken. Nicht, daß er an Kondepudis Rechnungen etwas auszusetzen hätte, er hält nur die notwendigen Annahmen für unrealistisch. Sein Hauptargument ist, daß Kondepudi Näherungsannahmen einführen muß und daß die Näherungen nur gültig sind in einem engen Bereich der Konzentrationen, mit denen die Ausgangssubstanzen in der präbiotischen «Ursuppe» vertreten sind. Die Aufenthaltsdauer des reagierenden Systems in diesem Bereich könnte deshalb nur einige Sekunden lang gewesen sein, während sie andererseits – um Selektion zu ermöglichen – doch 10 000 Jahre hätte betragen sollen. Ob allerdings damit schon das letzte Wort über die frühe nichtlineare Verstärkung gesprochen ist, läßt sich noch nicht sagen.

Kapitel 9
Nachverstärkung und delikate Balancen

Einebnung der Chiralität durch Razemisierung
oder: Die Möglichkeit einer prähistorischen Temperaturkarte

Ein Zeitraum von 10000 Jahren ist nicht mehr als ein Augenblick auf der Zeitskala der präbiotischen Evolution. Gemessen an den Reaktionszeiten heutiger Umweltprozesse hingegen erscheint er als unsinnig lang. Um zu beurteilen, ob eine solche Selektionsspanne realistisch ist oder nicht, muß man sie auf irgendeine vernünftige Weise in Beziehung zur natürlichen Lebensdauer der jeweils betrachteten chiralen Verbindung setzen. Linkshändige Verbindungen können sich immer durch chemische Reaktionen in rechtshändige verwandeln und umgekehrt rechtshändige in linkshändige. Dadurch gleichen sich ihre Händigkeiten aus, die Verbindungen razemisieren. Schließlich entsteht der «Beidhänder», das Razemat.

Ein Beispiel ist in Abb. 49 gezeigt: In wäßriger Lösung kommt es gelegentlich vor, daß einem (händigen) Alanin-Molekül durch die Kräfte der Umgebung ein H-Atom entrissen wird; es lagert sich dann

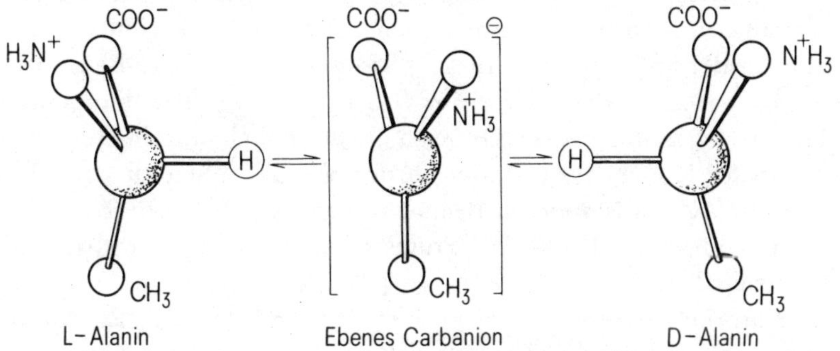

Abb. 49
Mechanismus für die Razemisierung einer Aminosäure. Das asymmetrische Kohlenstoffatom verliert in wässeriger Umgebung ein Wasserstoffatom (beziehungsweise -ion) und fängt ein solches an entgegengesetzter Stelle wieder ein. So können L- und D-Form ineinander übergehen.

an das Rumpf-Ion wieder ein Proton ein, zuweilen aber an der räumlich konjugierten Seite, so daß an Stelle des ursprünglichen Moleküls sein Spiegelbild entsteht. Razemisierung ist die nagende Erosion an den Gipfeln der Chiralität. Sie bereitet allen chiralen Verbindungen mit der Zeit ein Ende in Gleichförmigkeit. Die Frage ist nur, wie lange das dauert.

Man hat die Razemisierung von einzelnen Aminosäuren unter verschiedenen Bedingungen experimentell untersucht. In der Kälte – bei 0 °Celsius – ist sie langsam, größenordnungsmäßig hunderttausend Jahre (für Alanin trifft das ziemlich genau zu; Asparaginsäure razemisiert etwas schneller, Isoleucin etwas langsamer). Bei Zimmertemperatur sind es nur noch einige tausend Jahre. In extremer Trockenheit, wenn die Aminosäuren als Festkörper vorliegen (und so fast nicht mehr reagieren können), betragen die Halbwertszeiten der chiralen Umlagerungen sogar Jahrmillionen. Wenn Aminosäuren in Eiweißstoffen (Proteinen) eingebaut sind, razemisieren sie schneller: Ihre Razemisierungszeiten gewinnen einen Faktor 3.

All das ist inzwischen ziemlich genau bekannt und hat sogar zu einer neuen Methode der Altersbestimmung von Fossilien geführt. Gerade weil unter niedrigen und konstanten Temperaturbedingungen in den Meeressedimenten die Razemisierung der Aminosäuren lange braucht, kann beispielsweise das Knochen-Eiweiß Kollagen in fossilen Skeletten noch datiert werden, wenn diese schon zu alt für die Radio-Kohlenstoff-Methode sind (denn die Zerfallszeit des radioaktiven C^{14}-Isotops beträgt nur rund 6000 Jahre). Das hat man ausprobiert an den Knochen eines urzeitlichen Indianers; sie ruhten 50000 Jahre in der kalifornischen Erde. – Umgekehrt, weil die Razemisierungszeit ja nach dem Arrhenius-Gesetz stark von der Temperatur abhängt, ist es in gewissen Grenzen auch möglich, auf die Temperatur fossiler Knochenlagerstätten in der Vergangenheit zu schließen, wenn ihr Alter aus anderen Beobachtungen schon bekannt ist – ein verblüffendes Geschenk der Proteinchemie an die Geologie des Pleistozäns!

Natürlich unterliegen nicht nur Aminosäuren der Razemisierung, auch organische Zuckermoleküle, Glukose, Ribose etc. sind chiral und razemisieren. Sie verlieren ihre chirale Reinheit sogar viel früher als die Aminosäuren. Da sie gewöhnlich mehrere asymmetrische Kohlenstoff-Atome besitzen (das gilt nebenbei bemerkt auch für eine Reihe von Aminosäuren) sind die Möglichkeiten der Umlagerung vielfältiger. Es gibt dann mehrere spiegelbildliche Konfigurationen, und man spricht allgemeiner von Epimerisierung anstelle von Razemisierung, welche im engeren Sinne nur den Ausgleich zwischen zwei einander genau entsprechenden Spiegelbildern bezeichnet. Die Epimerisierung der Ribosen verläuft verhältnismäßig schnell, in größenordnungsmäßig hundert Jahren.

Nun sind die im vorigen Kapitel vorgestellten Reaktions-Schemata mit ihren autokatalytischen Verstärkungen so formuliert, daß auch die ausgleichende Razemisierung ihren Platz darin findet. Tatsächlich wurde sie von Kondepudi einbezogen, und seine Diskussion erwies, daß Razemisierungszeiten bis hinab zu 300 Jahren die langsam driftende Wahrscheinlichkeitsentwicklung zur Selektion nicht stören. Dreihundert Jahre Umwandlungszeit bedeuten für Aminosäuren, die langsam razemisieren, nicht viel. Bei Zucker könnte diese Einschränkung jedoch kritischer werden. Kontroversen haben sich zudem an der Frage entzündet, ob Kondepudis Produktionsraten der chiralen Moleküle vielleicht etwas zu hoch angesetzt sind. In diesem Fall müßte man Ausschau nach Mechanismen einer Nachverstärkung der kleinen enantiomeren Ungleichheit halten: Größere Unterschiede zwischen reagierenden L- und D-Komponenten bedeuten mehr Nachdruck für die energetische Begünstigung, und die Auswahl geschieht schneller. Solche zusätzlichen Verstärkungsmechanismen gibt es, und wir werden gleich darauf zu sprechen kommen: Statt L- und D-Molekülen sind Aggregate von L- und D-Molekülen, Polymere etwa oder Kristalle, ins Auge zu fassen. Zuvor jedoch sind wir Antwort schuldig auf die Frage: Wie kommt es, daß Razemisierung in geologischen Zeiträumen immer zum Razemat führt, das Leben jedoch über all diese Epochen hinweg seine Asymmetrie bewahrt hat? Die Antwort lautet: Die Razemisierung verliert ihre Bedeutung in der biologischen Evolution, weil die Selbstreproduktion der lebenden Systeme und die Mechanismen des Stoffwechsels die Asymmetrie gegen Razemisierung stabilisieren. Wir haben diese Tatsache eigentlich immer als plausibel vorausgesetzt. Jetzt wollen wir sie etwas detaillierter betrachten.

Aspekte des Alterns

Die lebendigen Organismen – und wir dürfen schon einzellige Wesen dazu rechnen – können die von ihnen benötigten chiralen Substanzen oder, was gleichbedeutend ist, die optisch aktiven Substanzen, im allgemeinen selbst aus achiralen, optisch inaktiven Materialien herstellen. Das geht durchaus von alleine, wenn die geeigneten Vorprodukte vorhanden sind. Doch entsteht dabei stets das optisch inaktive, razemische Gemisch, das heißt, linkshändige und rechtshändige Moleküle werden in gleichen Mengen erzeugt. Vor der Entstehung des Lebens waren diese Reaktionswege die einzig möglichen, und gerade dieser Punkt macht es ja so schwierig, die Entwicklung zur beobachteten optischen Reinheit in den Proteinen und in den Nukleinsäuren der Zellen zu verstehen. Nachdem Leben jedoch entstanden war, wurde das chemische Instrumentarium natürlich reicher. Der lebende Organismus besitzt Enzyme, hochgradig spezifische, asymmetrische Eiweißstoffe, welche die Synthesewege steuern: Indem sie die Erzeugung einer chiralen Komponente unterstützen, die ihres Spiegelbildes jedoch nicht, treiben sie die mit ihrer Hilfe ablaufenden Reaktionen rasch in die Asymmetrie hinein.

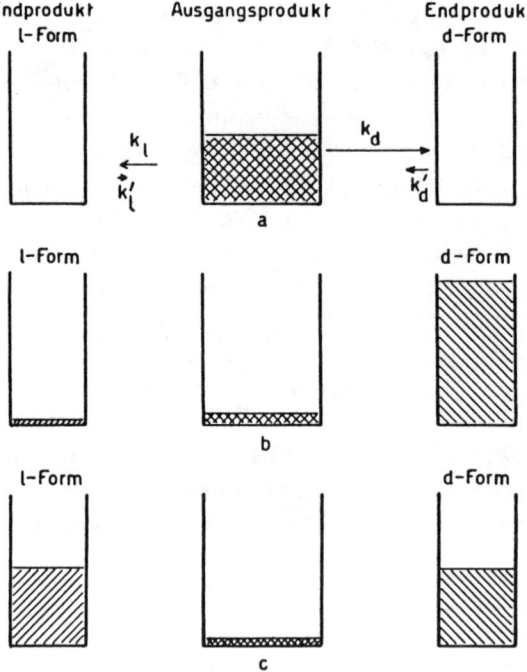

Abb. 50
Zur Verdeutlichung der Wirkung eines stereospezifischen Katalysators auf die Produktion linkshändiger oder rechtshändiger optisch aktiver Substanzen.

Um eine Vorstellung davon zu gewinnen, greifen wir wieder auf die uns schon bekannte Alanin-Synthese zurück. Aus zwei einfachen (achiralen) Molekülen, Ethylimin und Blausäure, entsteht ein (chirales) Nitril-Molekül, das sich über mehrere Zwischenstufen in eine Aminosäure verwandelt (vgl. Abb. 41). Ein geeignetes Enzym wird asymmetrisch wirken, indem es etwa D-Nitril beschleunigt produzieren läßt. Da aber beide spiegelbildlichen Ausprägungen, D und L, den gleichen Energie-Inhalt haben (bis auf den winzigen, hier zu vernachlässigenden Unterschied, der durch die schwache Wechselwirkung ins Spiel kommt), sind auch ihre Gleichgewichtskonstanten dieselben. Das bedeutet, daß mit der bevorzugten Synthese zugleich die zugehörige Rückreaktion beschleunigt abläuft. Denn wieviel D-Nitril sich aus Ethylimin und Blausäure am Ende bildet und wieviel Ausgangssubstanz übrig bleibt, wenn Gleichgewicht herrscht, wird durch den Katalysator nicht beeinflußt. So entsteht das folgende Bild (vgl. Abb. 50): Es wird sehr rasch sehr viel D-Nitril erzeugt, jedoch nur wenig L-Nitril. Während D-Nitril mit dem unverbrauchten Rest an Ausgangssubstanz schon im Gleichgewicht steht, gilt das gleiche noch nicht für L-Nitril, so daß sich dieses aus den in geringer Menge verbliebenen Ausgangsstoffen weiter bildet (Abb. 50b). Indem die Ausgangsstoffe aber abnehmen, muß wieder etwas D-Nitril zurückverwandelt werden, damit das schon erreichte Gleichgewicht erhalten bleibt (Abb. 50c). So ergibt sich für den zeitlichen Verlauf der optischen Aktivität eine Kurve, wie sie Abb. 51 zeigt: Nach anfänglich nahezu vollständiger Umsetzung des Ausgangsmaterials zum optisch reinen Endprodukt (in unserem Fall dem D-Nitril) setzt ein ebenfalls rascher Zerfall ein. Der optische Reinheitsgrad sinkt, bis er – unaus-

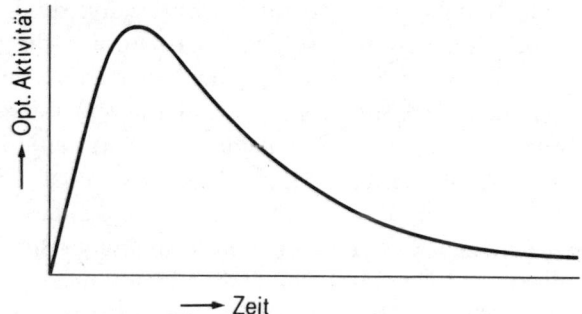

Abb. 51
Der zeitliche Verlauf einer katalytisch beschleunigten Synthese chiraler (= optisch aktiver) Substanzen.

weichlich – beim Erreichen des Razematzustandes verschwindet. Es ist also die Bildung reiner, optisch aktiver Stoffe aus inaktivem Ausgangsmaterial mit Hilfe von Katalysatoren oder Enzymen nur ein vorübergehender Effekt, der um so eher vergeht, je wirksamer der Katalysator ist. Um daher die optische Reinheit einer chiralen Substanz möglichst lange zu bewahren, muß diese nach der Bildung dem Einfluß des beschleunigenden Katalysators wieder entzogen werden.

Die Aufrechterhaltung eines hohen optischen Reinheitsgrades ist durchaus lebenswichtig. Gerade weil die enzymatischen Steuerungsvorgänge empfindlich auf die Händigkeit der zu bildenden Verbindungen ansprechen, können die im Organismus vorgesehenen Reaktionen nur dann geordnet ablaufen, wenn die optisch aktiven Komponenten den «richtigen» Schraubensinn besitzen. Die Ersetzung von L-Aminosäuren durch D-Aminosäuren, von D-Glukose durch L-Glukose oder von D-Ribose durch L-Ribose, würde nämlich zu ganz anderen Löslichkeitsverhältnissen und Reaktionsgeschwindigkeiten führen, die sekundären und tertiären Strukturen der entstehenden Peptidketten durcheinanderbringen und schließlich die vitalen Eiweiß- und Kohlenhydratmetamorphosen ruinieren. Die Verunreinigung mit Molekülen der falschen Händigkeit – besonders in den Schlüsselstellungen des Stoffwechsels, den synthetisierenden Enzymen – bewirkt, wenn sie ein gewisses Maß überschritten hat, den raschen Zusammenbruch der optischen Reinheit, was Störungen im Ablauf der biochemischen Reaktionen sowie Alter und Tod signalisiert.

Der Organismus verfügt jedoch auch über Mittel, die optische Reinheit der benötigten Substanzen aufrechtzuerhalten. Eine erste Möglichkeit dazu besteht in der alsbaldigen Entfernung des Substrats vom Katalysator nach der Synthese. Das ist leicht, weil die Enzyme im allgemeinen nur an bestimmten, räumlich eng begrenzten Stellen sitzen, an denen die Reaktanden vorüberwandern und bald den enzymatischen Einflüssen wieder entzogen sind. Zweitens kann der Körper unerwünschte Stoffe falscher Händigkeit eliminieren. Dazu besitzt er beispielsweise ein Enzym (D-Aminosäure-Oxidase), dessen einzige Aufgabe darin zu bestehen scheint, die unerwünschte D-Form der Aminosäuren zu verbrennen. Schließlich lassen sich Verbindungen mit falscher Händigkeit an peripheren Stellen verbannt halten, im Haar, in den Nägeln oder Zähnen, übrigens auch in den Augenlinsen, wo es wenig Stoffwechsel gibt und wo sie wenig stören.

Der Stoffwechsel des Körpers hat vielerlei Funktionen. Er bewirkt auch, was hier von nicht geringem Interesse ist, daß die vitalen Proteine, die Bestandteile des Blutes (Hämoglobin) und die vielfältigen Enzyme selbst, in gewissen Abständen (beim Menschen circa 100 Tage) durch Aufbrechen und Resynthetisieren in makelloser optischer Reinheit erneuert werden. Wo es nicht so sehr auf optische Reinheit ankommt, bei unbedeutendem Stoffwechsel, besteht wenig Anlaß – und wenig Möglichkeit – für diesen Aufwand. So werden Zahnschmelz und Dentin nicht periodisch umgebaut, und deren Eiweißstoffe razemisieren mit der ihnen eigenen Halbwertszeit (von größenordnungsmäßig 1000 Jahren bei Körpertemperatur). Ein Sechzigjähriger kann darum in seinem Zahnschmelz und im Zahnbein einige Prozent an D-Aminosäuren haben, doch keine D-Aminosäure in seinem Hämoglobin, das alle Vierteljahre erneuert wird. (Und man hat auch keine gefunden, sooft Hämoglobin darauf untersucht worden ist.)

Andererseits existieren D-Aminosäuren in der Welt des Lebens auch durchaus regulär, jedoch nicht in den Proteinen der Zelle, sondern nur in den – inerten – Zellwänden einiger Bakterien, sowie in den meisten Antibiotika, welche vermutlich darin ein (wenn auch nicht das einzige) Störpotential für den Vermehrungsrhythmus der Bazillen haben. Die Erbsubstanz, die DNS, kodiert nicht für D-Aminosäuren, und die unnormalen Peptide der Antibiotika werden durch spezielle biosynthetische Reaktionswege gemacht, die ganz verschieden von denen der normalen Proteinsynthese sind. «Die 20 L-Aminosäuren der Eiweißstruktur – invariant seit mehr als 2 Milliarden Jahren – sollten das Resultat eines Selektionsprozesses sein», schrieb der aus Königsberg stammende Biochemiker und Nobelpreisträger Fritz Lipmann Anfang der siebziger Jahre in New York. Diese Überzeugung ist seitdem nur immer noch gewachsen und hat an guten Gründen viel hinzugewonnen.

Die optische Reinheit – nur L-Aminosäuren in den Proteinen und nur D-Zucker in den Nukleotiden der lebendigen Zelle – wird im Organismus dynamisch, durch die katalytische Funktion der Enzyme, aufrechterhalten. Kommt es in diesem fein abgestimmten System zu Störungen, so sinkt der optische Reinheitsgrad, und die Effizienz der dauernd ablaufenden biochemischen Synthesen leidet. So beruhen Alter und individueller Tod, wie W. Kuhn meint, in einem tieferen Sinn auf dem Nachlassen und der Erschöpfung der stereospezifischen biochemischen Reaktionen, auf dem Verschwinden der chiralen Asymmetrie im Razemat. Doch wurde durch identische Reduplikation bei der Vererbung die einmal herausgebildete Asymmetrie des Lebens selbst – die Invarianz der L-Aminosäuren in den Proteinen, von denen Lipmann sprach – nun fast über ein ganzes Erdalter hinweg bewahrt.

Molekulare Kooperation – Polymerisation, Kristallisation

Strenger als zuvor stellt sich darum die Frage: Wie wurde die Asymmetrie zur Funktion? Wie entstand ein Enzym vor den Enzymen, als es noch keine helfende Vorlage, keine links- oder rechtshändige «Gußform» gab? Das bringt uns zurück zu jener winzigen chiralen Asymmetrie, die durch die fundamentalen Naturkräfte im molekularen Bereich ins Spiel kam. Obwohl auf der Stufe der Einzelbausteine fast hoffnungslos klein, kann sie – so haben wir erfahren – selektierend wirken. Wenn sie ein bißchen größer wäre, dann ließe sich komfortabler argumentieren.

Als im ausgehenden 16. Jahrhundert der große, aus Ägypten stammende Obelisk auf dem Petersplatz in Rom aufgestellt werden sollte, hielt Michelangelo, der auch ein kühner Baumeister war und sich in der Mechanik seiner Zeit auskannte, das Unternehmen mit Menschen- und mit Pferdekraft für undurchführbar. Trotzdem gelang es. Anno Domini 1586 ließen hundertvierzig Pferdeknechte im gleichen Takt die Peitschen über ihren Tieren knallen; an langen Seilen erhob sich das Monument in vorbestimmter Drehung und gelangte sicher in die Vertikale (Abb. 52). Es steht seitdem vor dem Petersdom als ein Resultat kollektiver Anstrengung und als ein Ausweis kohärenter Verstärkung kleiner Effekte.

Kleine Effekte addieren sich auch unter Molekülen, wenn sich Monomere zu Polymeren zusammenlagern. Polymerisation von Aminosäuren unter primitiven Bedingungen ist jedoch gar nicht so einfach zu erreichen. Die Schwierigkeit besteht darin, daß Peptidketten zwar aus Aminosäuren entstehen, aber auch wieder in Aminosäuren zerfallen können, und in der Wassermasse eines frühen Ozeans liegt das Reaktionsgleichgewicht bei weitem auf der Seite der monomeren Bausteine und nicht auf dem der polymeren Kette. Für Nukleinsäuren, die ebenfalls polymer sind, gilt dasselbe, und eigentlich dürften danach weder die einen noch die anderen Makromoleküle existieren.

Nachverstärkung und delikate Balancen 169

Abb. 52
Zur Illustration der kohärenten Verstärkung kleiner Effekte: Aufrichtung des Vatikanischen Obelisken auf dem Petersplatz in Rom, 1586, nach einem Kupferstich aus dem Jahre 1694 (Foto: mit freundlicher Genehmigung des Deutschen Museums München).

Es sieht so aus, als sei die Hypothese einer präbiotischen Ursuppe, in der die Vorstufen chemischer Evolution sich abgespielt haben, unzutreffend. Denn offenbar wird spontane Polymerisation gerade durch Trockenheit begünstigt, in der die einmal gebildeten Peptidketten nicht mehr hydrolytisch zerfallen. Extreme Trockenheit und Hitze könnte heißes Lavagestein geliefert haben. Vulkanismus gehört zu den prägenden Kräften der Erdkruste; ihn gab es zu allen Zeiten, und in der Frühzeit der Erde vermutlich noch häufiger und virulenter als heute. Man braucht nur auf die großen Basaltschilde der Kontinente zu schauen, etwa auf das Columbia-River-Plateau im pazifischen Nordwesten der USA, das sich – bis zu 1000 Metern mächtig – über halb Oregon und Teile von Idaho und Washington erstreckt und

Hunderte von Eruptionen aus dem Erdaltertum dokumentiert, die ihre Lavaströme übereinander ergossen haben.

Daß Vulkanismus für die präbiotische, chemische Evolution eine entscheidende Rolle gespielt haben sollte, ist eine Hypothese, die durch Sidney W. Fox in Florida Popularität erlangte. Mit guten Gründen übrigens, denn Fox hatte, noch in den fünfziger Jahren, Stanley Millers berühmtes Experiment zur spontanen Aminosäure-Bildung wiederholt, dabei aber die elektrischen Entladungen durch hohe Temperaturen von circa 1000 °C ersetzt – und die gleichen Resultate erhalten! Er konnte danach zeigen, daß aus einem weithin beliebigen Gemisch der 18 oder 20 prominenten Aminosäuren durch pures Erhitzen geordnete Polymere entstanden, die sogar proteinartige Eigenschaften besaßen: quantitativ «richtige» Verhältnisse der einzelnen Aminosäureanteile zueinander, katalytische Funktionen, Molekulargewichte von 5000 bis 10 000, wie sie für kleine Proteine, zum Beispiel Insulin, charakteristisch sind.[1] Dabei war wichtig, daß es verschiedene Aminosäuren in der Ausgangssubstanz gab; Erhitzen von nur einer Aminosäure führte zu Teer und anderen organischen Molekülen, nicht aber zu Polypeptidketten und proteinartigen Strukturen. Übrigens buk Fox, um die vorausgesetzte vulkanische Umgebung möglichst echt nachzuahmen, die Aminosäuremischung in einer Mulde von Lavagestein, das er zuvor mit seiner Frau bei einem Ausflug zu den Vulkanen von Hawaii gesammelt hatte. Beim Aufstieg zu dem Aschenkegel des Kilauea-Iki wurden die beiden von einem Angestellten des Nationalparks begleitet, der mit einem Bimetall-Thermometer in gewissen Abständen Temperaturmessungen vornahm. Obwohl die Bodenhitze an der Oberfläche des Weges für beschuhte Füße noch erträglich war, herrschten in nur 10 cm Tiefe stellenweise schon Temperaturen von 160 °C. Solche Backofenhitze reicht aus, wie Fox dann zeigen konnte, um in einigen Stunden aus Aminosäuren proteinartige Polymere entstehen zu lassen, die mit ein paar Spritzern Wasser sogar zu kleinen, bakteriengroßen Kügelchen koagulieren und so bereits den Entwicklungsschritt zur Zelle ahnbar machen. Aber das ist wieder ein anderer Punkt!

---

1 Die vergleichsweise hohen Temperaturen erlauben allerdings eine schnelle Razemisierung der chiralen Bausteine, so daß die Foxschen Proteinoide sicher noch ein gutes Stück von den wirklichen biologischen Proteinen entfernt sind. Das schmälert jedoch nicht ihre Bedeutung.

Trotz dieser überzeugenden Demonstration einer Polymerisation in der Schmiede des Hephaistos ist dennoch auch der marine Ursprung von Polypeptidketten nicht auszuschließen. Erstens läßt sich natürlich immer an den Ausbruch unterseeischer Vulkane oder solcher an dem Küstensaum des Meeres denken. Aber selbst im Meer kann die Kondensation zu Polypeptidketten in Gang kommen, wenn die Aminosäuren sich an fein verteilte Tonpartikel von mikroskopischer Größe anheften und dadurch dem Angriff der Wassermoleküle mehr oder weniger entkommen. Solche Tonmineralien – geschichtete Aluminium-Silikate mit Namen wie Montmorillonit oder Bentonit – behindern nämlich die Hydrolyse und ermöglichen einen schnellen Aufbau von Polypeptidketten. Sie haben sozusagen katalytische Wirkung, indem sie selbst bei gewöhnlichen Umgebungstemperaturen eine hohe Konzentration der reagierenden Monomeren an ihren Oberflächen und damit die Polykondensation erlauben.[2]

Was immer die Mechanismen gewesen sein mögen, die urtümlich produzierten Aminosäuren konnten unter den Bedingungen der urtümlichen Erde wohl spontan polymerisieren. «Die Frage nach den ersten Enzymen», schrieb Fox im Hochgefühl seiner Erfolge, «ist im Prinzip beantwortet. Die ersten Enzyme waren Polymere, die sich unter geeigneten geophysikalischen Bedingungen aus Aminosäuren bildeten.» Solch weitgehende Schlußfolgerung ist allerdings nicht immer auf ungeteilte Zustimmung gestoßen, und Pioniere der chemischen Evolution wie Stanley Miller sind skeptisch geblieben. Enzyme sind mehr als nur Polymere aus Aminosäuren, und ihr chiraler Aufbau – sowohl auf der Stufe ihrer monomeren Bausteine als auch bezüglich der gewendelten Raumstruktur des polymeren Kondensats – blieb bislang noch außer Betracht. Immerhin, spontane Polymerisation kann auch ohne biokatalytische Hilfe entstehen, und ihre Einzelschritte fanden Aufklärung: In einer Folge von gleichartigen chemischen Reaktionen hängt sich Glied für Glied ein neues Aminosäuremolekül an die wachsende polymere Kette. Es ist schiere Addition, und entsprechend addieren sich auch die Faktoren der Begünsti-

---

2   Aminosäuren (auch Nukleoside, die zuckerhaltigen Bausteine der Nukleinsäuren) müssen in gewisser Weise angeregt oder bereit gemacht werden, sich polymer zusammenzulagern. Das geht auf verschiedenen Wegen. Die Natur macht es mit Hilfe von Enzymen, aber im Labor läßt es sich unter den Bedingungen eines simulierten Urozeans ebenfalls bewerkstelligen.

gung oder der Benachteiligung, die jeden einzelnen Reaktionsschritt gegenüber einem möglichen Konkurrenten kennzeichnen.

Dies ist der Punkt, an dem der Schraubensinn der polymeren Moleküle unvermeidbar in den Blick gerät. Wenn das Reservoir der monomeren Bausteine links- und rechtshändige Glieder in gleicher Weise enthält, wird, den Gesetzen der Wahrscheinlichkeit gehorchend, mal ein linkshändiges und mal ein rechtshändiges monomeres Molekül in zufälliger Abfolge in die polymere Kette eingebaut. Ist die Links-Rechts-Verteilung völlig ungeordnet, so besitzt die Kette keine Stabilität und zerfällt praktisch schon bei der Bildung. Die Chancen stabilen Zusammenhalts haben nur Abfolgen von Kettengliedern, die entweder alle linkshändig oder alle rechtshändig sind. Indem sie sich spiralig drehen, ermöglichen sie die räumliche Struktur der α-Helix, die bei Proteinen so verbreitet ist. Überraschenderweise kann auch die reguläre Folge alternierender rechts- und linkshändiger Kettenglieder zu einer schraubenförmigen Struktur nach Art einer α-Helix führen; diese ist jedoch weniger stabil und bildet sich auch langsamer. Sie sollte darum von vornherein keine biologische Rolle spielen. Analoges gilt für die Nukleinsäuren, wo die Verhältnisse nur noch etwas komplizierter sind. Jedenfalls müssen wenigstens zwei der drei asymmetrischen Kohlenstoffatome in den Zuckern relativ zueinander korrekt, das heißt immer gleichsinnig substituiert sein, sonst können sich die charakteristischen Watson-Crick-Stränge nicht bilden.

Enthält eine polymere Kette nur L-Bausteine und besitzt bei jeder einzelnen Anlagerungsreaktion das L-Molekül eine klein wenig höhere Reaktionsgeschwindigkeit als ein D-Molekül, das sich an die polymere D-Kette anlagert, so kommt für den Vergleich einer langen L-Kette gegenüber einer gleich langen D-Kette eine verstärkte Begünstigung heraus. Die Verstärkung ist sicher proportional der Anzahl der Kettenglieder, und diese geht selbst bei einfachen Biopolymeren leicht in die Tausende. So läßt sich die energetische Bevorzugung der L-Aminosäuren gegenüber ihren Spiegelbildern um mehrere Größenordnungen steigern, wenn sie sich nur kohärent zusammentun, um ein Polypeptid zu bilden. Daß Polypeptidketten, wenn sie erst einmal lang genug sind, um reguläre α-Spiralen zu formen, schneller als zuvor weiterwachsen, ist ein überraschender und offenbar autokatalytischer Effekt. Kommt dann noch eine wechselseitige Behinderung der einander spiegelbildlichen Polymere hinzu, so sind alle Ingredienzen beisammen, um einen Selektionsmechanismus in

Gang zu setzen, wie wir ihn im vorigen Kapitel für die Einzelbausteine beschrieben haben. Nur ist der relative Vorteil für die (eingebundenen) L-Aminosäuren und für die D-Zucker jetzt nicht mehr nur 10^{-17}, sondern vielleicht schon 10^{-14}, eine Größenordnung, welche die Selektion zur heute beobachteten Händigkeit der biologischen Makromoleküle viel überzeugender erscheinen läßt. Ja, es ist aus diesem Blickwinkel betrachtet sogar möglich, daß die heute in der lebendigen Natur beobachtete chirale Asymmetrie erst bei den Polypeptidketten oder sogar erst auf der Organisationsstufe der Proteine zur Wirkung kam. Da stets die Bildung optisch aktiver Molekülarten sowie ihr razemisierender Zerfall miteinander konkurrieren und Selektion erst bei vergleichsweise schneller Produktion zum Zuge kommt, war ein beschleunigender Einfluß von Enzymen vielleicht sogar nötig. Wie dem auch sei, die Polymerisation stellt eine notwendige Verbindung zwischen den chiralen, abiotisch erzeugbaren Basismolekülen und den biologisch wirkenden Riesenmolekülen dar, und es erweist sich als ganz befriedigend, daß sie die Selektion einer optisch aktiven Komponente aus einem inaktiven Razemat nicht hindert, sondern verstärkend unterstützt.

Auch die Kristallisation bietet im Prinzip die Möglichkeit kohärenter Verstärkung einer kleinen molekularen Asymmetrie. Kurioserweise gibt es unter den natürlich vorkommenden Quarz-Kristallen an verschiedenen, über die ganze Erde verstreuten Fundorten einen leichten Überschuß der linksdrehenden l-Form, wenn man einem der Standardwerke folgt. Es sei jedoch nicht verschwiegen, daß andere Quellen keine solche Asymmetrie auszumachen vermögen. Eine Asymmetrie könnte bedeutsam für die Evolution der molekularen Asymmetrie im biologischen Bereich sein, wenn man in Betracht zieht, daß l-Quarz-Kristalle bevorzugt L-Aminosäuren absorbieren und umgekehrt d-Quarz die D-Aminosäuren. Würde man annehmen, daß die Geschwindigkeiten für die Anlagerung der – symmetrischen, achiralen (!) – SiO_2-Moleküle an wachsende l-Quarz- und d-Quarz-Kristalle die gleichen Unterschiede besäßen, die aufgrund der schwachen Wechselwirkung für die L- und D-Aminosäuremoleküle berechnet worden waren, dann würde man mit 10^{15} Elementarzellen im Kristall wohl auf den in der Literatur gelegentlich angegebenen einprozentigen Unterschied kommen können (Kristalle mit 10^{15} Elementarzellen sind nicht besonders groß; sie haben Kantenlängen im Millimeterbereich). Allerdings ist die Form eines wachsenden Kristalls schon mit den ersten 1000 oder 10000 Elementarzellen entschieden, so daß die vermutete Erklärung für die unterschiedlichen Häufigkeiten der enantiomorphen Quarz-Kristalle nicht greift. Dennoch – und unabhängig von der enantiomorphen Asymmetrie, die am Ende vielleicht doch nur eine statistische Fluktuation sein mag – besitzt Kristallisation in gleichem Maße wie Polymerisation das Potential einer Verstärkung von kleinen molekularen Unterschieden.

Spaltung chiraler Moleküle

Die Polymerisation von Aminosäuren bevorzugt, wie wir gesehen haben, daß Gleiches zu Gleichem sich gesellt; entweder hängen sich nur L-Aminosäuren aneinander oder nur D-Aminosäuren. Das passiert einfach aufgrund der räumlichen Verhältnisse, durch welche die schiefen Moleküle zueinander in Beziehung treten und wiederum auf andere einwirken (besonders wenn Enzyme steuernd mit im Spiel sind). Wenn andererseits chirale Moleküle im festen Körper, zum Beispiel mikrokristallin zusammengepackt, von außen aufgebrochen und zerspalten werden, können ebenfalls – und aus den gleichen geometrischen Gründen – enantiomere Unterschiede auftreten, Asymmetrien, die uns hier natürlich ebenfalls interessieren.

Die asymmetrische Zersetzung chiraler Moleküle erscheint schon zu Beginn dieses Jahrhunderts als Programm und experimentelle Herausforderung. Jedenfalls gab es 1904 einen einflußreichen Artikel von A. Byk in Berlin mit dem bezeichnenden Titel «Zur Frage der Spaltbarkeit von Racemverbindungen durch zirkularpolarisiertes Licht, ein Beitrag zur Entstehung optisch aktiver Substanz». Fünfundzwanzig Jahre später, in Heidelberg, gelang es Werner Kuhn und Mitarbeitern, Byks Vorstellungen experimentell zu verifizieren. Sie bestrahlten ein razemisches Gemisch mit zirkularpolarisiertem UV-Licht und erhielten, je nach Polarisationsrichtung, mal die eine und mal die andere optisch aktive Komponente im Überschuß, deren jeweiliges Spiegelbild durch die Bestrahlung zerbrochen worden war. Es ergab sich, was Kuhn in rein beschreibendem Sinne eine «photochemische Erzeugung optisch aktiver Stoffe» nannte, obwohl es eigentlich richtiger «photochemische Vernichtung» hätte heißen müssen. Aber für praktische Zwecke war es im Endeffekt das gleiche. Kuhns Experimente wurden vielfach wiederholt und abgewandelt, mit anderen Substanzen und mit anderem «Licht». Die Ersetzung

Nachverstärkung und delikate Balancen

von elektromagnetischer Strahlung durch Teilchenstrahlung – polarisierte Elektronen aus dem β-Zerfall radioaktiver Elemente oder aus dem Beschleuniger – führten zu wechselndem, nicht immer reproduzierbarem Erfolg. Wir sind an anderer Stelle (Kap. 4) schon etwas ausführlicher darauf zu sprechen gekommen.

Was aber an dieser Stelle noch der Erwähnung bedarf, ist der Versuch, auch mit unpolarisiertem Licht nach asymmetrischen Reaktionen chiraler Moleküle zu fahnden. Merkwürdigerweise gibt es – übrigens mehrfach bestätigt – einige Effekte. Zum Beispiel zersetzen sich D-Aminosäuren etwas häufiger als L-Aminosäuren, wenn man sie der gewöhnlichen γ-Strahlung einer Kobaltquelle aussetzt. Das läßt sich an den unterschiedlichen Ausbeuten des Spaltproduktes CO_2 nachweisen. Die Gründe können – da die photochemisch wirkende Strahlung keine innere Asymmetrie besitzt – nur geometrischer Natur sein, das heißt in der unmittelbaren Umgebung der strahlengeschädigten Moleküle liegen.

So finden wir hier ein Pendant zu dem gerade zuvor angesprochenen Prozeß der gerichteten Polymerisation oder Kristallisation, ein kollektives Wirken der jeweiligen Umgebung, die asymmetrisch zu handeln vermag, selbst wenn die elementaren Kräfte dabei symmetrisch sind.

Kapitel 10
Konturen eines neuen Verständnisses

Wir sind nun an einem Punkt angekommen, an dem die Argumente ausgebreitet, die Erörterungen zu Schlüssen gediehen sind. Wovon gingen wir aus? Und zu welchem Ziel sind wir gelangt?

Am Anfang stand die Frage, die erst im letzten Jahrhundert formuliert, das heißt mit Aussicht auf einsichtige, begründbare Antwort gestellt worden ist; in Wirklichkeit viel älter, reicht sie als Ahnung und Mythos in eine Zeit zurück, in der zum ersten Male Menschen anfingen, über sich selbst nachzudenken: Woher sind wir gekommen, und wo gehen wir hin? Oder: Woher kommt das Leben – und wie wird es sich noch entwickeln? Wann begann es? Begann es überhaupt – oder ist es von je her gewesen? Letzteres ist heute keine Frage mehr. Wenn das gesamte Universum in einem einzigartigen Urknall vor 15 oder 20 Milliarden Jahren entstanden ist, kann das Leben nicht älter sein und muß einen Anfang haben. Sein *irdisches* Entstehen aber zu begreifen, heißt, danach fragen, ob die Eigentümlichkeiten, die wir an der lebenden Substanz wahrnehmen, mit den Mitteln der unbelebten Natur herzustellen sind oder nicht.

Mit solch klarer Bestimmtheit zu fragen, war erst dem ausgehenden 19. Jahrhundert möglich. Pasteur selbst hatte den Ursprung des Lebens für einen singulären und offenbar unwiederholbaren Schöpfungsakt Gottes gehalten, von dem keine Brücke zur unorganischen Natur führt. Darwin hingegen, Pasteurs großer Zeitgenosse, erkannte die Evolution im Pflanzen- und Tierreich von den einfacheren zu den komplexeren Organisationsformen als eine chronologische Ordnung und hat ihre bewegenden Kräfte beschrieben. Was vor dem Leben gewesen sein mochte und wie Leben naturgesetzlich entstanden sein könnte, darüber öffentlich zu reden, verbot er sich. Er hatte sich schon seiner Abstammungslehre wegen, die Tier und Mensch aus dem gleichen Strom animalischen Lebens auftauchen sieht, genügend Anfeindungen ausgesetzt. Doch aus privaten Briefen wissen wir, daß sein Denken beim niedrigsten Einzeller nicht halt machte. «Sie haben ganz korrekt meine Ansichten wiedergegeben», schrieb er am Ende

seines Lebens an einen Kollegen, «wenn Sie sagten, daß ich die Frage des Ursprungs des Lebens absichtlich unausgesprochen gelassen habe, da diese vollständig ‹ultra vires› unseres gegenwärtigen Wissens liegt, und daß ich mich lediglich mit der Abstammung befaßt habe. Ich glaube, ich habe irgendwo gesagt (kann aber die Stelle nicht finden), daß das Prinzip der Kontinuität es wahrscheinlich macht, daß hiernach auch das Prinzip des Lebens sich als ein Teil oder eine Folge eines generellen Naturgesetzes erweist...» Die Bemerkung, die er nicht finden konnte, hatte Darwin 1871 in einem Brief an seinen Freund Hooker eingeflochten. Sie sollte später noch häufig zitiert werden: «It is often said, that all the conditions for the first production of a living organism are now present, which could ever have been present. But if (and oh what a big if) we could conceive in some warm little pond with all sorts of ammonia and phosphoric salts, light, heat, electricity & c. present, that a protein compound was chemically formed, ready to undergo still more complex change, at the present day such matter w^d be instantly devoured, or absorbed, which could not have been the case before living creatures were formed».
(«Es wird oft gesagt, daß heute alle die Bedingungen für die erste Erzeugung eines lebenden Organismus vorhanden sind, die jemals vorhanden gewesen sein können. Aber wenn (und oh welch ein großes ›Wenn‹) wir uns vorstellen könnten, daß in einem warmen kleinen Teich, wo alle Arten von Ammonium- und Phosphorsalzen, Licht, Wärme, Elektrizität etc. zur Verfügung stehen, eine Proteinverbindung sich chemisch gebildet hätte, bereit zu noch komplexeren Veränderungen, so würde heutzutage solche Materie augenblicklich aufgefressen oder absorbiert, während das nicht der Fall gewesen wäre, bevor lebendige Wesen sich gebildet hätten.»)
Seit Darwin gewann der Gedanke an Boden, daß es auf der Erde eine chemische Evolution gegeben hat, die, wiederum vom Einfachen zum Komplexen fortschreitend, schließlich in eine biologische Evolution einmündete, als deren – vorläufiges – Endprodukt wir Menschen selbst stehen.

Als Demarkationslinie zwischen belebter und unbelebter Natur hatte schon 1860 Pasteur die von ihm selbst in jungen Jahren so klar erkannte molekulare Asymmetrie gesetzt: «Die künstlichen Körper haben keine molekulare Asymmetrie, und ich wüßte keinen tiefer gehenden Unterschied zwischen den Körpern, die unter dem Einfluß des Lebens entstanden, und den anderen, als gerade diesen.» Zwar sind, wie sich bald herausstellte, asymmetrische Moleküle auch ohne

Zutun von Fermenten und Enzymen herstellbar, doch stets in razemischer, das heißt am Ende in symmetrischer, Mischung. Es ist die Bevorzugung jeweils einer asymmetrischen Komponente, welche das eigentliche Charakteristikum des Lebendigen ausmacht. Spiegelbildliche Asymmetrie, so wissen wir inzwischen ziemlich sicher, ist nicht etwa nur eine Begleiterscheinung des Lebens, sondern eine seiner Voraussetzungen. Nur getrennt von ihren Symmetrie-Antipoden können Moleküle lebender Organismen diejenigen – schraubenförmigen – Strukturen ausbilden, durch welche die Materie zur Aufnahme und Weitergabe der ungeheuren Informationsmenge befähigt wird, die der Lebensvorgang benötigt. Denn die Helixform ist sowohl in den Nukleinsäuren wie in den Proteinen Träger von Konstruktionsanweisungen, von Information. Sie ist die einzige Form, in der die identische Verdoppelung von lebensfähigen Gebilden sich vollzieht. Ihr Ursprung führt zum Problem, warum die Natur nicht auch das Spiegelbild der bestehenden Flora und Fauna geschaffen hat, da doch nach allem Ermessen die ursprünglichen Bedingungen für Bild und Spiegelbild die gleichen gewesen sein mußten.

Lakonisch brachte Francis R. Japp, Professor in Aberdeen und Fellow of the Royal Society, das Rätsel auf den Punkt: «Only asymmetry can beget asymmetry» (oder: von nichts kommt nichts). Sein Vortrag vor der British Association im Jahre 1898 entfachte eine lebhafte Diskussion in den Spalten der «Nature», in der – kurz vor der Jahrhundertwende – der Vitalismus noch einmal aufloderte, jene philosophische Betrachtungsweise, die seit der Antike ein eigenes, immaterielles Prinzip jenseits mechanisch-kausaler Gesetzmäßigkeit für die Lebensvorgänge in Anspruch nimmt. Im Grunde ist jedoch auch bei Japp der Abgesang auf diese Philosophie schon impliziert: «Ich sehe nicht, wie der Schlußfolgerung zu entgehen ist, daß in dem Moment, als das Leben zum ersten Mal aufsprang, eine gerichtete Kraft ins Spiel kam – eine Kraft von genau demselben Charakter wie die, welche den intelligenten Experimentator durch Anwendung seines Willens in die Lage versetzt, eine kristallisierte Spiegelform auszuwählen und ihr asymmetrisches Gegenüber zu verwerfen.»

Eine «Kraft» von präzise dem gleichen Charakter wie der auswählende Wille war Japp – noch – unbekannt. Doch ist auch sie im Kräftevorrat der Natur enthalten. Es hat nur eine Weile gedauert, bis wir sie erkennen konnten. Erst mußte die natürliche Radioaktivität im Detail studiert werden, mußten Teilchenbeschleuniger entwickelt und gebaut werden, um neue, kurzzeitig zerfallende Elementarteilchen zu erzeugen. Dann erst brach im Paradoxon der K-Mesonen-Zerfälle die Frage unabweisbar auf, ob denn tatsächlich links und rechts – wie sonst als selbstverständlich vorausgesetzt – äquivalent seien, und die Antwort hieß: Sie sind es nicht. Die schwache Wechselwirkung – so wissen wir seit 1957 – verletzt die Spiegelsymmetrie, sie unterscheidet in absolutem Sinne zwischen links und rechts. Sie wählt zwischen den enantiomeren Spiegelformen der Moleküle, nicht mit großer Effizienz, aber mit Bestimmtheit. Auf subtile Weise hat Pasteur schließlich recht bekommen: «L'universe est dissymmétrique!» Das Universum birgt eine fundamentale Wechselwirkung, die asymmetrisch ist. Aus Asymmetrie folgt Asymmetrie. Auch Japp könnte sich bestätigt fühlen.

Im ausgehenden 19. Jahrhundert war natürlich von schwacher Wechselwirkung noch nicht die Rede. Für eine grundlegend asymmetrische Einwirkung auf chemische Prozesse jenseits der enzymgesteuerten Reaktionen des Lebendigen kam vielmehr vor allem das Licht in Frage. Die Erde ist seit Anbeginn der Sonnenstrahlung ausgesetzt. Licht ist überall. Und Licht ist chemisch wirksam, wie das grüne Pflanzenkleid der Erde uns unwiderlegbar vor Augen führt. Zudem hatte Cotton, ein Jahrzehnt vor Byks anregendem Artikel, nachgewiesen, daß zirkular polarisiertes Licht einer bestimmten Händigkeit (zum Beispiel bei linkszirkularer Polarisation) von den beiden spiegelbildlichen Ausprägungen eines chiralen Moleküls in unterschiedlicher Weise absorbiert wird. Asymmetrisches Licht kann asymmetrisch wirken. Die Schwierigkeit liegt nur darin, daß Licht, elektromagnetische Strahlung, im Grunde razemisch ist. Links- und rechtszirkular polarisierte Anteile balancieren sich im natürlichen Licht aus. Auch wenn es Ungleichheiten, zu gewissen Tageszeiten bei gewissen topographischen Besonderheiten, geben mag (durch Berge an Seeufern, die entweder die Morgen- oder die Abendsonne mit ihrem leicht unterschiedlich polarisierten Licht vom Wasser abschirmen), so sind sie stets doch nur lokal und mitteln sich, über die gesamte Erde genommen, hinweg. Dennoch, auch diese frühzeitige Vermutung, Licht an den Ursprung der molekularen Asymmetrie zu denken, hat nach vielen Jahrzehnten eine Bestärkung erfahren. Seit nämlich erkannt worden ist, daß elektromagnetische und schwache Wechselwirkung nichts anderes als zwei Seiten ein- und derselben fundamentalen Naturkraft, der elektroschwachen Wechselwirkung sind, hat auch das

Licht in unserer Vorstellung seinen ausschließlich symmetrischen, razemischen Charakter verloren; es ist effektiv ein wenig asymmetrisch, chiral. Diese Eigenschaft des Lichtes, welche die moderne Elementarteilchenphysik zutage gebracht hat, ist völlig allgemein, an keinen Ort und an keine Tageszeit gebunden und selbst bei den kürzesten, unauflösbaren Abständen in Atom und Molekülen wirksam. Sie ist tatsächlich universal.

Was liegt näher, als die Universalität der molekularen Asymmetrie in der Welt des Lebendigen mit der universalen Asymmetrie des Lichtes in Verbindung zu bringen – jener Asymmetrie, in der sich die Chiralität der elektroschwachen Wechselwirkung ausdrückt? Hier in der Tat scheinen die Konturen eines neuen Verständnisses über den Ursprung der chiralen Asymmetrie jener Materie auf, welche sich kraft dieser Asymmetrie höher und höher organisiert hat, bis sie die Fähigkeit erlangte, über sich selbst nachzudenken. Als Bild und Vorstellung entwirft die hoch organisierte, komplexe, in vielen Stufen asymmetrische Materie unseres Gehirns sich selbst aufs neue, dabei staunend über die Möglichkeit und die Faßbarkeit dieses Entwurfs. «Wär nicht das Auge sonnenhaft, die Sonne könnt' es nie erblicken; läg nicht in uns des Gottes eigne Kraft, wie könnt' uns Göttliches entzücken?» sagt Goethe in seinen Zahmen Xenien. Daß wir selbst organisierte Materie sind, erlaubt uns, Organisation und Organisationsplan zu schauen und zu einem endlichen Teil zu erkennen.

Auch das Erkennen hat seine Organisationsstufen, die durch die Geschichte zu verfolgen sind. Strukturiert als Abfolge einander ablösender Paradigmen, wie Thomas Kuhn vermutlich sagen würde, präsentiert sich Wissenschaftsgeschichte selbst als eine Evolution, und wir haben begonnen, ihre für unser Thema bedeutsamen Stufen zu benennen.

Asymmetrie entsteht nur aus Asymmetrie, und es bedürfte darum, wie Hermann Weyl es ausdrückte, «einer der Natur selbst innewohnenden Asymmetrie», um Leben zu begreifen. Das ist die erste Stufe. Die zweite war erreicht, als es der Elementarteilchenphysik Mitte der fünfziger Jahre gelang, den spiegelasymmetrischen Charakter der schwachen Wechselwirkung zu erkennen. Dieser fiel den Chemikern und den chemischen Evolutionisten gerade zu der Zeit in den Schoß, als sie dabei waren, die helikale Struktur der biologischen Riesenmoleküle aufzuklären und sich ihrer Bedeutung für die Organisation der Lebensprozesse bewußt zu werden. Rund zwanzig Jahre später wurde dann – und dies ist die dritte Stufe – mit der Entdeckung der neutralen Ströme (in Aachen und bei CERN) der intime Zusammenhang klar, der zwischen den Grundkräften der Natur besteht und der dem Licht die kleine Beimischung an Chiralität zuweist, die seitdem an manchen Stellen und selbst im Atom in allerfeinsten Effekten beobachtet werden konnte. Im molekularen Bereich, wo die Effekte noch kleiner und feiner sein müssen, gibt es zur Zeit erst theoretische Ergebnisse. Sie darzustellen und zu diskutieren, hatten wir uns hier zum Ziel genommen.

Unbestreitbar induziert chirales Licht eine kleine Energiedifferenz zwischen Spiegelmolekülen. Wie groß sie sein muß oder höchstens sein kann, darüber gibt es Einverständnis. Bei ganz grober Betrachtung findet man so etwas wie das Verhältnis der Volumina von Atomkern zu Atomhülle, mal der Bindungsenergie der äußeren Elektronen, also größenordnungsmäßig 10^{-18} eV für die Kohlenstoff-dominierten organischen Verbindungen. Das ist ein kleiner Wert, gerade noch groß genug, um die Rolle eines Zünglein an der Waage spielen zu können. Wenn die neutralen schwachen Ströme nicht existieren würden, so müßte das Zünglein viel schmaler sein, die chirale Natur des Lichtes wäre noch entfernter, und die kleine enantiomere Energiedifferenz käme noch viel kleiner heraus; sie wäre dann sicher unwirksam, so gut wie gar nicht vorhanden. Vor der Entdeckung der neutralen Ströme konnte man gar nicht daran denken, eine solche Erklärung für die Linkshändigkeit der Lebensbausteine Aminosäuren heranzuziehen.[1] Jetzt jedoch ist es möglich.

Daß das Vorzeichen der Energiedifferenz «richtig» herauskommt, das heißt gerade die natürlich vorkommenden Enantiomere bevorzugt, ist an mehreren realistischen Objekten – Aminosäuren, Peptidkettenabschnitten und einigen Zuckern – theoretisch bezeugt. Wir scheuen uns noch zu sagen, es sei bewiesen. Denn bislang ist es nur einer Gruppe in England gelungen, mit aufwendigen Computer-Rechnungen die benötigten Molekülwellenfunktionen hinreichend genau zu bestimmen und so Größe und Vorzeichen dieser Energiedifferenzen zu ermitteln. Andererseits gibt es bislang auch keinen Grund, die Computer-Resultate zu bezweifeln. Das Vorzeichen der

---

1 Diese Aussage ist natürlich recht pointiert und nur zu rechtfertigen, wenn wir Prozesse, die nicht eine universelle, immer und überall wirksame, intrinsische Asymmetrie zur Grundlage haben, den zufallsbedingten Erklärungen zurechnen.

enantiomeren Energiedifferenzen ist von entscheidender Bedeutung. Hätte es sich andersherum ergeben, so hätten wir den Gedanken, ein Buch wie dieses zu verfassen, verwerfen und begraben müssen. Doch letztlich werden wir immer wieder auf Beobachtungen verwiesen. Natürlich würde eine direkte experimentelle Bestätigung des genannten Effektes unsere Überzeugung in diesem Punkt verstärken. Dies jedoch liegt für die kohlenstoffhaltigen Biomoleküle außerhalb der technischen Möglichkeiten unserer Zeit. Man könnte andere chirale Moleküle mit schwereren Zentralatomen untersuchen. Die enantiomeren Energiedifferenzen müssen mit einer hohen, van der Waalsschen Potenz von der Ordnungszahl des jeweiligen Asymmetriezentrums im Molekül abhängen. Das ergäbe, beispielsweise für Blei anstelle von Kohlenstoff, eine hunderttausendfach größere Energiedifferenz, deren Vorzeichen meßbar und mit einer entsprechenden theoretischen Berechnung zu vergleichen wäre. Aber soweit wir wissen, hat bislang noch niemand den Versuch dazu unternommen.

Trotz des absolut geringen energetischen Unterschieds zwischen Spiegelmolekülen ist die Selektion von nur einer enantiomeren Komponente vorstellbar. Die Stütze dieser Überzeugungen liegt in der Gewöhnlichkeit von autokatalytischen Reaktionsprozessen, welche in den präbiotischen Umsetzungen kleine Anfangsasymmetrien in einer Weise verstärken können, daß schließlich die ursprünglich nur gering begünstigte Komponente gewinnt und die andere verliert. Die Seite, die nach vielen Reaktionen endgültig gewonnen hat, erbt ihren Sieg dann fort, und spätere Entwicklungen gründen sich allein auf diese frühe Auswahl.

Ob die Empfindlichkeit der autokatalytischen Reaktionsmechanismen ausreicht, um die von der elektroschwachen Wechselwirkung vorausgesagten Energiedifferenzen zur Selektion zu treiben? Wir haben die Szenarien beschrieben. Nun kann der Leser selbst urteilen. Zwar mag er sagen, die Effekte seien viel zu klein, ihr Vorzeichen könne irrtümlich «richtig» herausgekommen sein, die Selektionsbedingungen in einer großen irdischen Retorte, welche lange Zeit in homogenem Zustand bei langsam anwachsenden Konzentrationen verharren kann, überanstrengten das Vorstellungsvermögen. Dann wird er die Selektion der L-Aminosäuren und der D-Zucker dem Zufall zuschreiben müssen, bestenfalls den lokalen Einwirkungen zufällig asymmetrischer Konstellationen. Die Chiralität des Lebens wäre dann nichts als ein gefrorener Zufall, und Jacques Monod hätte recht, wenn er am Ende seines grandiosen Essays über die Molekularbiologie («Zufall und Notwendigkeit») den Menschen einsam an den Rand des teilnahmslosen Universums stellt, ausgesetzt der ungeheuren Weite des Alls und der Grundlosigkeit seiner eigenen Existenz.

Oder das Leben verdankt sein Entstehen dem Gesetz. Die Chiralität der Biomoleküle ist durch die chirale elektroschwache Wechselwirkung determiniert. «Der liebe Gott würfelt nicht.» Hier kann Einsteins Überzeugung tragen.

Ausblick
Jenseits der Erde

Von den Zeitgenossen fast unbemerkt, in seiner Bedeutung erst langsam begriffen, erschien vor 450 Jahren ein Werk, das die Revolution des Denkens, die sich seitdem mit ihm verbindet, schon im Titel nennt: «De Revolutionibus Orbium Coelestium». «Doch unter allen Entdeckungen und Überzeugungen möchte nichts eine größere Wirkung auf den menschlichen Geist hervorgebracht haben», lesen wir in Goethes Naturwissenschaftlichen Schriften[1] «als die Lehre des Kopernikus. Kaum war die Welt als rund anerkannt und in sich selbst abgeschlossen, so sollte sie auf das ungeheure Vorrecht Verzicht tun, der Mittelpunkt des Weltalls zu sein.» Heute, nach 450 Jahren naturwissenschaftlicher Forschung, die das Leben auf der Erde bis vor seine Ursprünge zurückverfolgt hat, zieht ein zweiter ungeheurer Verzicht am Horizont des Denkens auf: Das Leben ist vielleicht nicht nur auf der Erde entstanden. Wenn die allgemeinen Naturgesetze die Möglichkeit der Entwicklung zum Leben vorgesehen haben, dann sollte Leben überall entstehen können, wo ihre Wirkungen hinreichen – genügend Zeit vorausgesetzt und ausreichende Energieströme in günstigen Temperaturbereichen. Seit wir auf dem Wege sind, die Entstehung des Lebens auf der Erde, die Selbstorganisation der Materie in ihren wesentlichen Schritten zu begreifen, wächst die Vermutung, daß wir nicht allein in diesem Universum leben. Das Weltall ist vielleicht bewohnter, als wir denken mochten. Das muß nicht heißen, daß es überall von Leben wimmelt; doch hier und da wird es sich entwickelt haben. Nach aller Plausibilität scheint das Universum darauf angelegt zu sein, Leben zu ermöglichen. Es ist darum ein wahrhaft vornehmes Ziel der Wissenschaft, nach anderen Bewohnern, nach Leben außerhalb der Erde Ausschau zu halten.

Soweit wir die Umgebung von der Erde aus beobachten konnten, hat sich kein Anhaltspunkt dafür ergeben, daß Leben auf irgendeinem anderen Planeten unseres Sonnensystems existiert. Die Bedin-

[1] In den Zwischenbetrachtungen der Materialien zur Geschichte der Farbenlehre.

gungen sind auch zu lebensfeindlich. Allerdings können Lebewesen schon mit ziemlich unwirtlichen Bedingungen auskommen – in der Tiefsee, ohne Licht und unter hohem Druck, im ewigen Gletschereis und in kochenden Vulkanquellen. Das mahnt zur Vorsicht bei der Beurteilung der Lebenschancen außerhalb der Erde oder gar außerhalb unseres Sonnensystems – zumal extraterrestrisches Leben noch ganz andere Organisationsprinzipien und völlig unbekannte, ja vielleicht gegenwärtig undenkbare Ausprägungen entwickelt haben könnte. Je mehr wir jedoch zu verstehen lernen, wie Leben auf der Erde entstand, um so mehr werden wir auch erfahren, wie es irgendwo entstehen kann. Der Spielraum ist, wenn man es genauer überlegt, nicht mehr beliebig.

Es ist eine allgemeine Beobachtung, daß die lebendigen Organismen auf unserer Erde von der Mehrzahl der chemischen Elemente praktisch gar keinen Gebrauch machen. Sie begnügen sich mit 16 besonders häufig vertretenen und mit 5 weiteren, die seltener und auf spezielle Gruppen von Organismen beschränkt sind. Daß Wasserstoff, Kohlenstoff, Stickstoff und Sauerstoff dazugehören, ist jedermann geläufig; sie machen allein schon etwa 99 Prozent der lebendigen Materie aus. Den Beitrag von Schwefel (und Phosphor) spürt die Nase, wenn Organisches verfault. Die niedrigsten Alkali- und Erdalkali-Elemente, dazu Chlor, Jod und einige Übergangselemente wie Kupfer und Eisen (im roten Blutfarbstoff) vervollständigen schon die Liste. Eigentümlich ist, daß fast alle diese Elemente (außer Jod und Molybdän) leicht sind und zum ersten Drittel des Periodensystems zählen. Nicht alle sind besonders häufig in der Erdkruste zu finden, so zum Beispiel der Kohlenstoff, der nur zu 0,44 Prozent in den äußeren Erdschichten vorkommt und doch die ganze Biosphäre dominiert. Es muß an ihrer Eignung liegen, nicht an ihrer leichten Verfügbarkeit, daß sie dem Leben als Baumaterial dienen, und wir dürfen daraus schließen, daß Leben – sollte es auch anderswo im Universum existieren – sich ebenso auf diese Elemente stützt. Diese Aussage ist jedoch nicht gänzlich unangefochten. Letztlich wissen wir nicht mit Bestimmtheit, welche Arten von Molekülen das Leben wirklich zur Voraussetzung haben muß, und es könnte immerhin sein – wie N. W. Pirie sagt – daß «die Obsession mit den Proteinen und Phosphorsäure-Estern auf Illusion beruht». Doch ist der eben vorgestellten Argumentation von G. Wald Überzeugungskraft kaum abzusprechen.

Der spezielle Vorteil der leichten und kleinen Atome liegt darin, daß sie die engsten Bindungen eingehen und so die stabilsten Moleküle formen können. Dazu kommt, daß gerade Kohlenstoff, Stickstoff oder Sauerstoff regelmäßig Doppel- und Dreifachbindungen ausbilden, eine Eigenschaft, die dem Silizium, sonst dem engsten Verwandten des Kohlenstoffs, abgeht. Kohlenstoff produziert mit Sauerstoff zum Beispiel Kohlendioxid, ein flüchtiges Gas, das sich auch im Wasser löst und mit Wasser verbindet und in allen seinen Formen von Organismen aufgenommen werden kann. Siliziumdioxid hingegen ist kein Gas, sondern ein – wasserunlöslicher – Kristall und so als Stoffwechselprodukt ziemlich unbrauchbar. Das liegt daran, daß Silizium und Sauerstoff sich nicht per Doppelbindung zusammenlagern, sondern nur durch Einfachbindung, die vier Elektronen im Molekül ungepaart läßt, so daß ein SiO_2-Molekül sich immer noch mit Nachbarmolekülen der gleichen Art zum Riesenmolekül, zum Quarzkristall verbinden kann. Silizium ist geeignet, Steine zu machen, aber Leben muß aus Kohlenstoff bestehen – überall, wo die chemischen und physikalischen Gesetze Gültigkeit besitzen (und wir haben keinen Grund, daran zu zweifeln, daß dies im ganzen Universum der Fall ist.)

Wenn das Leben überall auf Kohlenstoff basiert, dann müßte es auch überall zu jener chiralen Asymmetrie der biochemischen Verbindungen gekommen sein, die wir als optische Aktivität – im Prinzip – registrieren können. Optische Aktivität als Voraussetzung und Begleiterscheinung all der molekularen Schraubenstrukturen, von denen die komplexe Organisation des Lebens ihren Ausgang nimmt, ist so grundlegend und so allgemein, daß die Suche nach extraterrestrischem Leben sich stets auch auf dieses Merkmal konzentriert hat.

Gelegentlich gelangen Meteoriten, Botschafter des interplanetaren Raumes, von selbst und ungerufen zu uns auf die Erde. Viele von ihnen sind kohlenstoffhaltige Chondrite (mit erbsengroßen Einschlüssen von gesintertem Material, sogenannten Chondren). Ihre Bruchstücke enthalten organische Substanzen bis hin zu etlichen Aminosäuren, jedoch in Proportionen, wie sie auch die abiotischen Synthesen im Labor ergeben haben, – und im allgemeinen in razemischem, das heißt in optisch inaktivem Gemisch. Im September 1969 schlug in der Murchison-Gegend in West-Australien ein großer Meteorit ein, von dem unmittelbar nach dem Aufprall Gesteinsbrocken geborgen werden konnten. Meteoriten sind Zeitzeugen der Planetenentstehung; in ihnen ist sozusagen der Urzustand der Erde eingefroren, konserviert von der kalten Leere des Weltraums. Es ist als ein glücklicher Umstand zu betrachten, daß gerade zu dieser Zeit die Apollo-Missionen der NASA Gesteinsproben vom Mond zur Erde brachten, so daß eine Reihe von Laboratorien darauf gerüstet war, extraterrestrisches Material unter besonderen Vorkehrungen zu analysieren. Vor allem konnte man vermeiden – was nämlich bei früheren Meteoriten stets problematisch war –, daß das aufgesammelte Meteoritenmaterial sich vor der Analyse mit irdischen Lebensspuren infizierte (durch bakterielle Besiedelung, durch Fettmoleküle aus Fingerabdrücken, Pollenstaub und andere Substanzen irdisch-biologischer Herkunft). Die Murchison-Proben ließen eine Reihe von Aminosäuren erkennen, auch solche, die gewöhnlich nicht in Proteinen zu finden sind, in Reaktionen vom Millerschen Typ aber erzeugt werden können.[2] Mit extraterrestrischem Leben haben sie demnach wohl nichts zu tun. Die biologische Evolution muß später, auf der Erde selbst, in Gang gekommen sein.

In jüngerer Zeit sind datenfunkende Raketen in den interplanetaren Raum geschossen worden, und einige von ihnen sollen auch nach Anzeichen von Leben oder Lebensvorstufen in den Fernen äußerer Planetenbahnen suchen. Vielleicht, daß sich irgendwo Ähnlichkeiten zu einer jungen Erde auftun?

Im Sommer 1976 sind zwei unbemannte Viking-Raumsonden zum Mars geflogen. Ihre Landegeräte hatten unter anderem die Aufgabe, nach Lebensspuren auf der Marsoberfläche zu suchen. Die Methode bestand darin, dem Marsboden irdische organische Nährstoffe anzubieten (darunter einige Aminosäuren in razemischem Gemisch) und abzuwarten, ob etwa im Boden verborgene Mikroben mit meßbaren Stoffwechselaktivitäten reagierten. Da die Nahrungsmoleküle mit C^{14}-Isotopen markiert waren, hätten entsprechende Veränderungen, etwa die (asymmetrische) Umwandlung von Alanin, radiochemisch verfolgt werden können. Es wurde jedoch nichts gefunden, was auf irgendeine Form von Leben hindeutet.

---

2   Eine leichte D-L-Asymmetrie ist mit jüngsten, verfeinerten Untersuchungen bei den Aminosäuren der Murchison-Proben gefunden worden, doch ergab sich zugleich auch ein unterschiedliches C^{12}/C^{13}-Isotopenverhältnis, und das eine kann mit dem anderen ursächlich zu tun haben. Unsere Schlußfolgerung bleibt davon vermutlich unberührt.

In unserem Planetensystem ist Titan, der größte Mond des großen, fernen, ringumschlossenen Saturn, ein Kandidat für einen Himmelskörper in einer Phase chemischer Evolution (obgleich diese kaum in eine biologische Evolution einmünden wird). Seine Oberfläche ist größtenteils von einem Ozean aus flüssigem Ethan und Methan bedeckt (was mörderische Kälte signalisiert, denn Methan ist schon oberhalb von − 160 °C flüchtig). Darüber dehnt sich eine dünne Atmosphäre von reduzierendem Charakter. Sie enthält Ethan, Methan, Stickstoff und Argon, jedoch keinen Sauerstoff. Die Voyager-2-Rakete, die, 1977 gestartet, nach vier Jahren an Saturn vorbeiflog und im September 1989 den äußersten der großen Planeten, Neptun, passiert hat, konnte eine Reihe von Kohlenwasserstoffen und Nitril-Verbindungen in der Titan-Atmosphäre nachweisen. Man nimmt deshalb an, daß in ihr auch komplexere organische Verbindungen photochemisch entstehen können, wahrscheinlich sogar solche mit asymmetrisch substituierten Kohlenstoffatomen, die chiral und optisch aktiv sind. Dieser kosmische Körper ist trotz der tiefen Temperaturen ein (natürlich langsamer) chemischer Reaktor, und wir ahnen, daß es höchst interessant wäre, einen enantiomeren Überschuß der einen oder anderen Art dort zu beobachten. Das ist zunächst noch Utopie. Doch die Frage ist gestellt. Sie wird eines Tages Antwort erhalten.

Und wenn sich anderswo, in den abgründigen Weiten des Weltalls, unabhängig von uns Leben entwickelt haben sollte, aus Makromolekülen, welche ebenso wie irdische Proteine und Nukleinsäuren eine Art von Aminosäuren und Zuckern enthielten, und wenn wir Kenntnis davon nehmen könnten, dann, ja dann ließe sich womöglich elegant entscheiden, ob unser Leben den chiralen Drehsinn seiner Basismoleküle zufällig ausgewählt hat oder, von einer gerichteten asymmetrischen Kraft gedrängt, in der bestimmten Weise, die wir hier beobachten. Denn im ersten Fall müßten wir beides finden, Leben, das sich auf L-«Aminosäuren» und auf D-«Zucker» stützt, und sein Spiegelbild, das sich aus D-«Aminosäuren» und L-«Zuckern» aufbaut. Im anderen Fall jedoch, von der elektroschwachen Kraft geprägt, müßte Leben überall chirale Basismoleküle der gleichen Art enthalten, es könnte sich nicht anders als aus L-«Aminosäuren» und aus D-«Zuckern» entwickelt haben − wie auf der Erde!

Anhänge

A) Ergänzungen zum Nachweis der Paritätsverletzung

Zum ersten Mal wurde eine Spiegelsymmetrieverletzung in der Natur beobachtet, als Mme Wu mit ihren Mitarbeitern den Zerfall polarisierter Kerne des Kobalt-Isotops Co^{60} untersuchte und eine Asymmetrie in der Winkelverteilung der emittierten Elektronen fand. Das Schema der Versuchsanordnung zeigt Abb. 53 (a). Die Resultate sind in Abb. 53 (b) dargestellt.

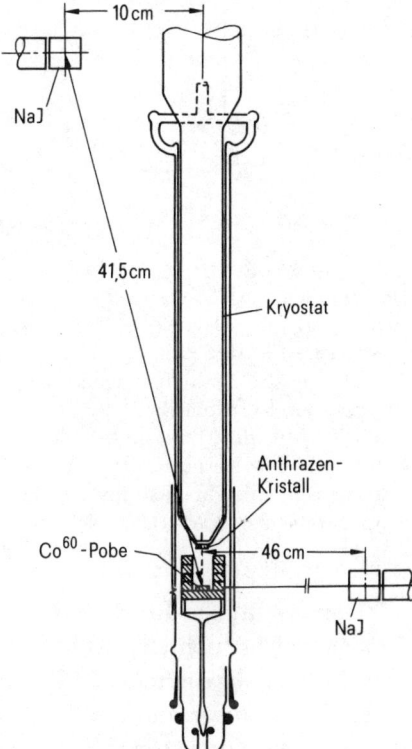

Abb. 53
Nachweis der Paritätsverletzung im β-Zerfall des Co^{60}-Kerns (nach Wu, Ambler, Hayward, Hoppes und Hudson).

a) Die Meßanordnung. Die Co^{60}-Kerne werden durch ein Magnetfeld parallel zur Achse des Kryostaten ausgerichtet. Ein über der Probe liegender Anthrazen-Kristall zählt die austretenden Elektronen; die rechts und oben links angeordneten Natrium-Jodid-Kristalle nehmen zugleich die γ-Strahlung auf.

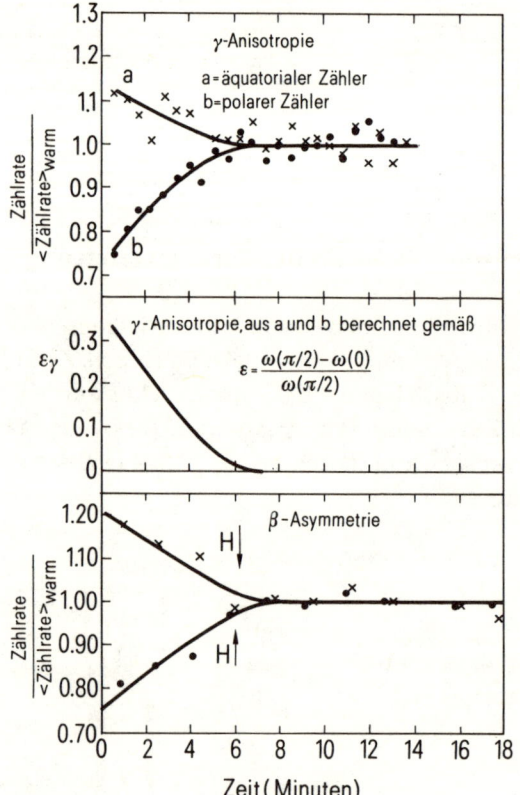

b) Die Meßergebnisse in Abhängigkeit von der Meßzeit (in Minuten). Oben: Die von den NaJ-Zählern aufgezeichnete γ-Anisotropie mißt den Grad der Ausrichtung der Kernspins im Magnetfeld. Unten: Die im Anthrazen registrierten Elektronen bei zwei entgegengesetzten Polungen des Magnetfeldes H. Solange die Probe genügend kalt ist, werden die meisten Elektronen entgegen der Kernspin-Richtung (das heißt entgegen der Magnetfeldrichtung) emittiert. Mit der Erwärmung der Probe tritt Unordnung bezüglich der Richtungen der Kernspins ein, und die zuvor beobachtete Asymmetrie der β-Elektronen entzieht sich im Gleichklang mit der als Monitor dienenden γ-Anisotropie dem Nachweis.

Das eigentliche Ergebnis des Versuchs ist die Asymmetrie der von den gleichgerichteten Kernen emittierten Elektronen. Sie werden im β-Zerfall polarisierter Co^{60}-Kerne *vorzugsweise entgegen* der Polarisationsrichtung ausgesandt, nicht aber (wie im Fall der begleitenden γ-Quanten, die durch elektromagnetische Wechselwirkung entstehen) gleichförmig parallel *und* entgegengesetzt zur Polarisationsrichtung. Das bedeutet: Im β-Zerfall, der durch die schwache Wechselwirkung verursacht wird, ist die Spiegelsymmetrie gebrochen, die Parität ist verletzt.

**B) Sichtbares Zusammenspiel:
Die Veränderung des Coulomb-Potentials durch die
γ-Z^0-Interferenz**

Ein geeigneter Prozeß zur Demonstration der wechselseitigen Zusammengehörigkeit von elektromagnetischer und schwacher Wechselwirkung ist die Vernichtungsreaktion eines Elektron-Positron-Paares im Speicherring bei hohen Energien. Die dort kreisenden hochenergetischen Elektronen treffen auf die entgegengesetzt kreisenden und ebenso energiereichen Positronen. Im Moment des Zusammenpralls löschen ihre Ladungen und ihre anderen Quantenzahlen einander gegenseitig aus. Ihre Energie aber muß erhalten bleiben. Sie geht auf die Botenteilchen über, durch die das Elektron und das Positron mit ihrer Umwelt in Beziehung treten. So sind es das neutrale Photon und das neutrale Vektorboson Z^0, die zusammen die bei der Vernichtung hinterlassene Energie erben.

Nun ist das intermediäre Vektorboson Z^0 ein sehr massives Teilchen, fast so schwer wie ein Silberatom, während das Photon keine Masse hat. Das bewirkt, wie Yukawa erkannte, daß die elektromagnetische Kraft von großer, auch makroskopische Distanzen überbrückender, Reichweite ist, während die schwache Kraft nur über kurze und nach atomaren Maßstäben sogar noch kleine Abstände reicht. Aus gleichem Grund erscheint die schwache Wechselwirkung auch so viel schwächer als die elektromagnetische Kraft, denn gewöhnliche Beobachtungen bei niederen Energien mitteln immer über Bereiche, deren Ausdehnung viel größer als die Reichweite der schweren Botenteilchen $W^\pm$ und Z^0 ist. Mit der hochenergetischen e^+e^--Vernichtungsreaktion schaut man jedoch in sehr kleine Dimensionen hinein, denn je höher die Energie, desto kleiner die dazugehörende de Broglie-Wellenlänge und desto feiner die räumliche Auflösung der damit untersuchten Struktur. Bei sehr kleinen Abständen spielt der Unterschied der Reichweite von elektromagnetischer und schwacher Kraft, oder mit anderen Worten der Unterschied zwischen den Massen der Botenteilchen γ und Z^0, keine so große Rolle mehr.

Dann sind sich Photon und Z^0-Boson ebenbürtig. Sie treten in echte Konkurrenz zueinander und bringen ihre unterschiedlichen Spiegelungseigenschaften zur Geltung.

Wie geschieht das? Die Botenteilchen verwandeln sich, kaum daß sie zu existieren beginnen, schon wieder in gewöhnliche Materie (das heißt primär in Teilchen-Antiteilchen-Paare) zurück. Denn im e^+e^--Vernichtungsstoß entstehen sie nur virtuell, das heißt weit entfernt von ihren natürlichen Existenzbedingungen. Allein die Heisenbergsche Unschärferelation – jener reinste Ausdruck der Quantennatur von atomarer und subatomarer Welt – deckt während winziger Zeiten die zwangsläufige Unordnung zwischen Energie und Impuls eines virtuellen Teilchens mit dem Mantel prinzipieller Unbeobachtbarkeit zu.

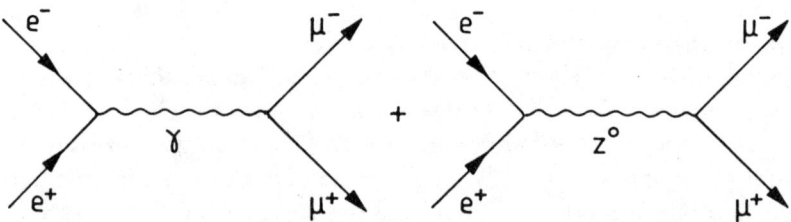

Abb. 54
Zwei Mechanismen, die im Elektron-Positron-Speicherring (zum Beispiel der PETRA-Beschleunigermaschine im Deutschen Elektronen-Synchrotron DESY in Hamburg) zur Erzeugung eines $\mu^+\mu^-$-Paares führen: Der Austausch eines Photons γ und der damit bei hohen Energien konkurrierende Austausch eines Z^0-Bosons.

Unter allen Möglichkeiten der Verwandlung unserer virtuellen Botenteilchen sucht man sich eine einfach zu messende aus: die Verwandlung von γ und Z^0 in ein $\mu^+\mu^-$-Paar (Abb. 54). Die elektromagnetische Wechselwirkung ist spiegelungsinvariant, und das bedeutet hier, daß die Myonen, sowohl die positiv geladenen wie auch die negativ geladenen, gleichmäßig nach vorne und nach hinten fliegen. Für die schwache Wechselwirkung gilt das nicht; sie ist nicht spiegelinvariant. Und das bedeutet, daß im Zusammenwirken beider Kräfte die Verteilung der Myonen asymmetrisch wird: Negative Myonen fliegen in größerer Zahl «nach hinten» (präziser: entgegen der e^--Strahlrichtung) als «nach vorne», und für die positiven Myonen ist es umgekehrt. Diese Vorwärts-Rückwärts-Asymmetrie wird mit wachsender Strahlenergie des Beschleunigers natürlich immer ausgepräg-

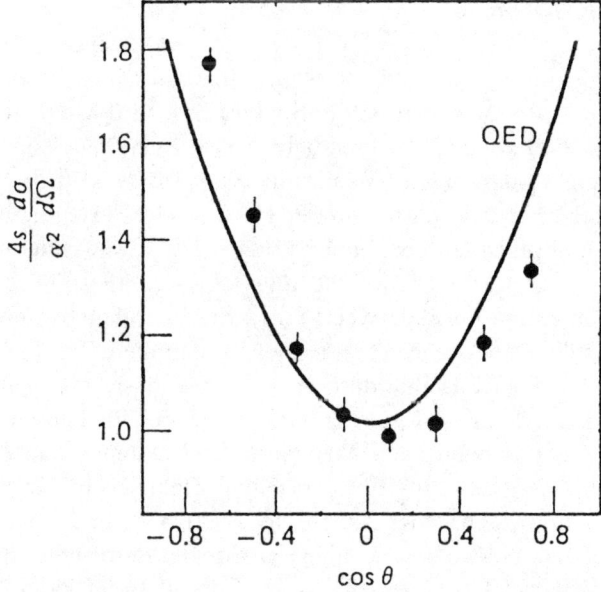

Abb. 55
Die verräterische Vorwärts-Rückwärts-Asymmetrie der Myonen, wie sie bei DESY beobachtet wurde. Sie zeigt, daß beide Feynman-Diagramme aus Abb. 54 zur Myonerzeugung beitragen, das heißt einem Photon γ immer auch ein Z^0-Boson beigemischt ist. Andernfalls müßten die Datenpunkte der mit QED bezeichneten Kurve folgen.

ter, und besonders groß muß sie werden, wenn man mit der Beschleunigerenergie in die Nähe der Ruheenergie des Z^0-Bosons kommt. Aber schon bei geringerer Energie (Abb. 55) hat man die Asymmetrie in großer Deutlichkeit beobachten können. Sie ist ein offenkundiges und sehr direktes Zeichen für die Interferenz zwischen γ und Z^0, zwischen dem elektromagnetischen und dem neutralen schwachen Strom. Und da die Coulomb-Anziehung im Atom und in den Molekülen ja auf dem Austausch eines virtuellen γ-Quants beruht, zeigt das Experiment am Speicherring zugleich, daß auch der Austausch eines virtuellen Z^0-Bosons ganz unvermeidbar einen Anteil zu der Coulomb-Kraft, dem Urgrund der Chemie, zu liefern hat. Nur die relativen Größenordnungen sind andere. Man ist in der Atomhülle ja wieder bei vergleichsweise kleinen Energien, und dort spielt das Hineinregieren der schwachen Wechselwirkung in das Coulomb-Gesetz nur eine winzig kleine, zumeist vernachlässigbare Rolle. Doch ist der kleine Zusatz von eigener Qualität.

C) Das Pauli-Prinzip

Pauli wurde auf das Ausschließungsprinzip, das seinen Namen trägt, geführt, als er die Aufspaltung der Spektrallinien im Magnetfeld, den Zeeman-Effekt, zu erklären versuchte. Die Energieniveaus für ein Elektron im Atom hängen – wie Pauli 1924 bereits wußte – von den Quantenzahlen n, ℓ, j, m ab: von der Haupt- oder Serienquantenzahl n, den Drehimpulsquantenzahlen ℓ, und j = ℓ ±1/2 sowie der «magnetischen» Quantenzahl m, welche alle Werte j, j − 1, j − 2 bis − j durchlaufen kann. Normalerweise fallen die Energieniveaus, die verschiedenen Werten von m entsprechen, zusammen. Im Magnetfeld werden sie jedoch auseinandergezogen, so daß sie als verschieden erkannt werden können. Entscheidend erwies sich für Pauli dann eine Beobachtung des englischen Physikers E. C. Stoner, nach der die Anzahl der Energieniveaus eines einzelnen Elektrons in den Spektren der Alkali-Atome genau der Anzahl der Elektronen in den korrespondierenden abgeschlossenen Schalen der Edelgasatome entspricht; das einzelne Valenzelektron des Li^3-Atoms zum Beispiel kann sich, für n = 1, im Zustand ℓ = 0 oder ℓ = 1 befinden, so daß die Zeeman-Aufspaltung 2 x 1 (für ℓ = 0) und 2 x 3 (für ℓ = 1), zusammen also 8 Niveaus ergibt, die genau den 8 Elektronen in der abgeschlossenen n = 1-Schale eines Edelgas-Atoms (zum Beispiel Ne^{10}) entsprechen. Was Stoner nicht erkannte, war Paulis geniale, im nachhinein jedoch völlig einsichtige Folgerung, daß jedes mögliche Energieniveau mit einem einzigen Elektron bereits «abgeschlossen» ist, daß also jedes Niveau nur höchstens einmal besetzt werden kann. Sind alle zu einer bestimmten Hauptquantenzahl n gehörigen Energieniveaus besetzt, dann ist die durch n definierte Schale abgeschlossen und kann kein weiteres Elektron mehr aufnehmen. Das Element hat die Edelgas-Position im Periodischen System der Elemente erreicht, und das folgende Element muß die nächste Zeile (als Alkali-Metall) beginnen.

Bemerkenswert ist, daß Pauli sein Ausschließungsprinzip fand, ehe noch die Quantenmechanik geboren, ja noch ehe der Spin des Elektrons bekannt war. Ironischerweise gab Paulis Arbeit (Z. Phys. *31*, 765 [1925]) sogar den Anlaß für Kronig sowie für Goudsmit und Uhlenbeck, den halbzahligen Spin des Elektrons zu postulieren. Obwohl Pauli die Halbzahligkeit der Drehimpulsquantenzahl j selbst eingeführt hatte, um zu einer befriedigenden Deutung der Dublett-Struktur der Alkali-Spektren zu kommen, die er sogar explizit einer besonderen «Zweiwertigkeit der quantentheoretischen Eigenschaften des Elektrons» zuschrieb, sträubte er sich zunächst erbittert gegen die Spin-Hypothese und wurde erst durch die Fortschritte bei der Formulierung der Quantenmechanik umgestimmt.

Später zeigte sich, daß auch Nukleonen und generell alle Teilchen mit halbzahligem Spin dem Paulischen Ausschließungsprinzip genügen, also einen Zustand nur einfach besetzen können. Teilchen mit ganzzahligem Eigendrehimpuls wie Photonen oder Mesonen können mögliche Zustände hingegen vielfach besetzen, weswegen Pauli die ersteren gelegentlich als antisozial und die letzteren als soziale Teilchen apostrophierte. Er hatte Neigung, die Physik auf menschliche Begriffe zu bringen. «Wer hätte gedacht, daß der liebe Gott Linkshänder ist», soll er geäußert haben, als im β-Zerfall der Co^{60}-Kerne der Glaubenssatz von der Spiegelsymmetrie der Welt zunichte wurde.

Das Paulische Ausschließungsprinzip war zur Zeit seiner Entdeckung auf keinerlei bedingende Gründe zurückführbar. Heute wissen wir, daß ein Zusammenhang zwischen dem Spin eines Teilchens und dem Ausschließungsgebot besteht: Trägt ein Teilchen halbzahligen Spin, so muß es dem Pauli-Prinzip gehorchen, trägt es ganzzahligen Spin, so ist es von dieser Einschränkung frei. Den Weg zu dieser Einsicht ebnete die Entwicklung der relativistischen Quantentheorie, die klar werden ließ, daß es zwei Quantisierungsmöglichkeiten gibt: eine – mit den Namen Bose und Einstein verknüpft –, die bei der Anwendung auf Zustände mit mehreren gleichartigen Teilchen zu einer völlig symmetrischen Gesamtwellenfunktion führt, so daß die Teilchen in beliebiger Anzahl ein einziges Energieniveau bevölkern dürfen; und eine – nach Fermi und Dirac benannt –, die eine völlig antisymmetrische Gesamtwellenfunktion hervorbringt, welche notwendigerweise verschwindet, wenn zwei beliebige Teilchen zugleich dasselbe Niveau besetzen wollen. Wie Pauli selbst Ende der dreißiger Jahre herausfand (und 1940 in Physical Review publizierte), müssen Bose-Einstein-Teilchen ganzzahligen Spin haben und Fermi-Dirac-Teilchen halbzahligen Spin, wenn ihre Bewegung den Regeln der speziellen Relativitätstheorie folgen und den Forderungen der Kausalität genügen soll. Kausales Verhalten bedeutet dabei, daß zwei Teilchen – seien es Bosonen oder Fermionen – sich auf keine Weise stören dürfen, wenn sie sich zum gleichen Zeitpunkt an räumlich getrennten Orten aufhalten, denn nicht einmal ein Lichtsignal, vom einen Teilchen losgeschickt, könnte das andere Teilchen in exakt demselben Augenblick erreichen.

D) Exkurs über optischen Drehsinn und chirale Konfiguration

Die Bestimmung der Drehrichtung der Polarisationsebene des sichtbaren Lichtes gibt noch keine Auskunft über die tatsächliche räumliche Struktur, das heißt über die *absolute* Konfiguration eines chiralen Moleküls. Die Frage, welcher der beiden spiegelbildlichen Formen die Rechtsdrehung (+) und welcher die Linksdrehung (–) des Lichts zuzuordnen ist, war ohne die machtvolle Hilfe der Röntgenstrukturanalyse auch gar nicht zu klären, so daß man sich bis zu Beginn der fünfziger Jahre mit *relativen* Zuordnungen begnügen mußte. Sie gehen auf Emil Fischer zurück, der 1894 willkürlich, aber mit sicherem Instinkt, den einfachsten Zucker, nämlich das *rechtsdrehende* (+) Glycerinaldehyd-Molekül (Abb. 56) *rechtshändig* nannte und so zum Repräsentanten der D-Reihe machte. Definitionsgemäß gehören dann alle Moleküle, die sich durch symmetrieerhaltende chemische Reaktionen in D-Glycerinaldehyd umwandeln lassen, der D-Reihe an, selbst wenn sie – was vorkommen kann – die Polarisationsebene des Lichtes nach links drehen. (L-Aminosäuren drehen sogar meistens die Polarisation in der «falschen» Richtung, nämlich nach rechts.)

Daß Emil Fischer richtig geraten hatte, wonach der rechtsdrehende Zucker genau die von ihm rechtshändig genannte geometrische Struktur besitzen sollte, fand ein halbes Jahrhundert später J. M. Bijvoet durch Röntgenstrukturanalyse heraus. Doch ist Fischers Klassifikationssystem nicht immer adäquat, besonders, wenn mehr als ein asymmetrisches Kohlenstoffatom ins Spiel kommt. Dann geht man von der D/L-Nomenklatur besser zu dem 1956 von Cahn, Ingold und Prelog eingeführten R/S-System über, das auf einen genau, allgemein und ohne Rückgriff auf ein Referenzmolekül definierbaren Schraubensinn eines Moleküls oder Molekülteils Bezug nimmt. Bei komplizierteren Molekülen mit einem oder mehreren asymmetrischen Kohlenstoffatomen geht man folgendermaßen vor: Für ein bestimmtes asymmetrisches Kohlenstoffatom, zum Beispiel das C_α-Atom in den α-Aminosäuren (wo das asymmetrische Kohlenstoffatom in α-Position, das heißt in direkter Nachbarschaft zur Carboxylgruppe COOH steht), ordnet man alle vier umgebenden Atome beziehungsweise Atomgruppen nach abnehmendem Atomgewicht. Jod

Anhänge

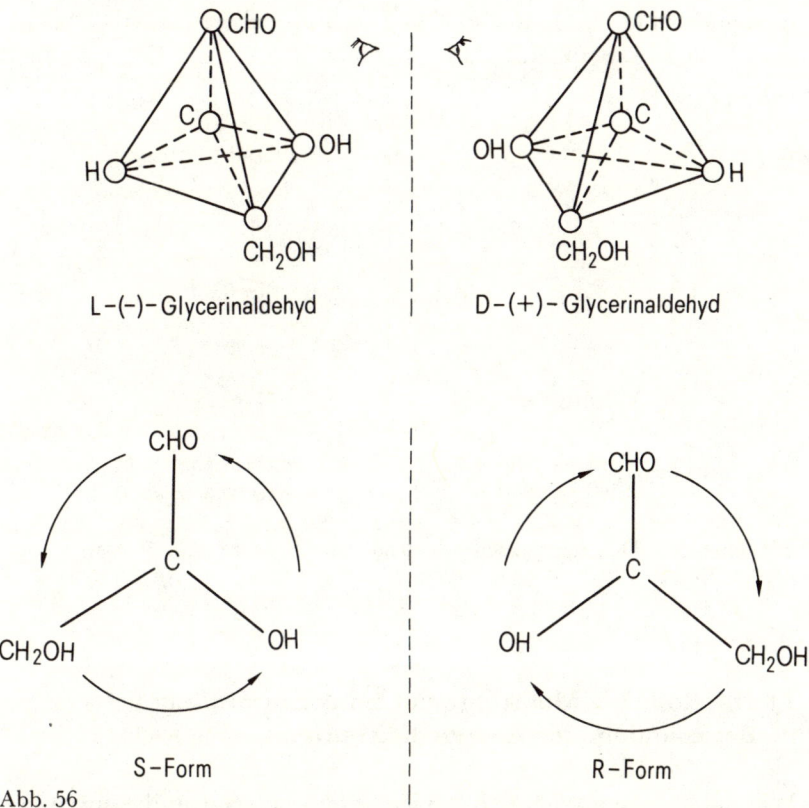

Abb. 56
Rechts- und linkshändiger Glycerinaldehyd (oben); darunter der Drehsinn nach der Cahn-Ingold-Prelog-Regel, definiert durch die Folge abnehmender Priorität der Gruppen OH > CHO > CH_2OH, wenn man von der Spiegelebene aus auf das Molekül schaut.

mit hohem Atomgewicht hat hohe Priorität, während Wasserstoff als leichtestes Atom zuletzt kommt. Das chirale Kohlenstoffatom wird so angeschaut, daß sich die leichteste Gruppe mit der geringsten Priorität (meistens ein Wasserstoffatom) gerade hinter ihm versteckt. Wenn dann die Rangfolge der übrigen drei Substituenten im Uhrzeigersinn abnimmt, hat das Isomer die R (= rectus, rechts)-Konfiguration; wenn sie zunimmt, dann läuft die Rangskala linksherum, und das Isomer hat S (= sinister, links)-Konfiguration. Für Glycerinaldehyd lautet die Rangfolge der Gruppen OH > CHO > CH_2OH. Diese bilden eine rechtsläufige Folge in D(+) Glycerinaldehyd, und folglich gehört dieses Molekül zur R-Reihe. Das L-Alanin gehört in der Cahn-Ingold-Prelog-Nomenklatur dann in die S-Reihe (Abb. 57, vgl. auch Abb. 10, S. 41).

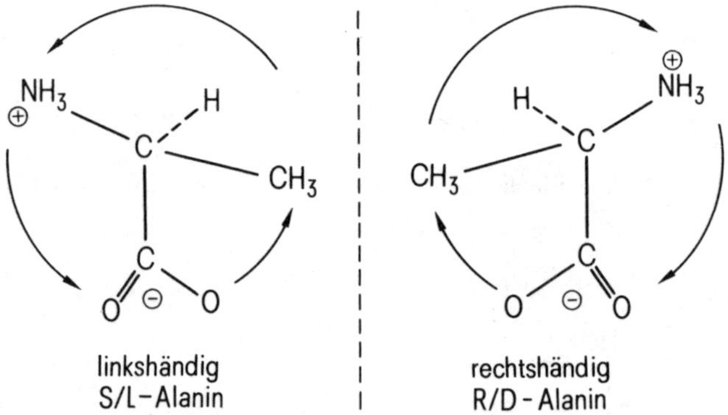

linkshändig
S/L-Alanin

rechtshändig
R/D-Alanin

Abb. 57
L-Alanin und D-Alanin gleichbedeutend mit S-Alanin und R-Alanin (vgl. Abb. 10, S. 41).

E) Die Rolle der Molekülgestalt bei der Ermittlung der enantiomeren Energiedifferenzen

Will man die enantiomere Energiedifferenz berechnen, die durch den paritätsverletzenden Anteil der elektroschwachen Wechselwirkung verursacht wird, so ist zunächst das pseudoskalare Potential V^{PNC} zu betrachten, denn dieses setzt sozusagen schon einmal den Rahmen für die Größenordnung unserer Erwartung fest. Das Potential V^{PNC} enthält die schwache Fermische Kopplungskonstante als Faktor, was allein schon bedeutet, daß wir unsere Erwartungen sehr niedrig hängen müssen. Aber dann gibt es noch zusätzliche Unterdrückungsmechanismen, die davon herrühren, daß ein Potential in der atomaren Welt ja eigentlich nur eine Vorschrift zur Berechnung einer Energie oder Energiedifferenz darstellt, nicht aber schon eine meßbare Größe. Erst wenn das Potential auf eine atomare oder molekulare Wellenfunktion wirkt, können wir einen sogenannten Erwartungswert erhalten, der tatsächlich gemessen werden kann (jedenfalls im Prinzip). Und dieser Erwartungswert ist dann natürlich je nach Wellenfunktion, das heißt je nach dem jeweiligen Zustand des atomaren oder molekularen Systems, verschieden. In die enantiomere Energiedifferenz geht also zweierlei ein: die relative Größe oder Kleinheit des Potentials und die Struktur der enantiomeren Moleküle, das heißt die räumlich geometrische Verteilung der Elektronen im Molekül und die Relation zwischen ihren Spins.

Um das zu verdeutlichen, beginnen wir damit, die wohlbekannte Coulomb-Anziehung noch einmal unter diesem Blickwinkel zu betrachten. Das Coulombsche Gesetz enthält ganz wesentlich den Abstand zwischen den aufeinander einwirkenden geladenen Körpern oder Teilchen. Im atomaren Bereich jedoch kann man streng genommen gar nicht mehr von einem festen Abstand, beispielsweise zwischen Elektron und Kern, sprechen. Alle Abstände können vorkommen. Doch werden die meisten nur innerhalb eines den Kern umhüllenden Wolkenstreifens liegen. Deshalb muß, um die Anziehungsenergie wirklich zu bestimmen, das Potential $V^{Coul}(r)$ für jeden Abstand r mit der entsprechenden Dichte der Hüllenwolke multipliziert werden, und dann ist über alle Beiträge zu summieren. Das Potential V^{Coul} dient sozusagen als Meßlatte für die in dem atomaren beziehungsweise molekularen Zustand enthaltenen Abstände: Indem sie alle gemessen und bewichtet sind, ergibt sich ein mittlerer Abstand $\langle r \rangle$, so daß in der Tat $V^{Coul} = -Z\alpha/\langle r \rangle$ die Coulombsche Anziehung, das heißt eine Bindungsenergie repräsentiert. Die Ladungen von Elektron (e) und Kern (Ze) treten dabei in der Kombination $Z\alpha$ auf; Z ist die Kernladungszahl und $\alpha = e^2/4\pi$ die Sommerfeldsche Feinstrukturkonstante mit dem relativ kleinen Zahlenwert 1/137. Und so geht es mit anderen Potentialanteilen auch.

a) Konsequenzen spingesättigter Bindungen

Alle Information über den Zustand eines Moleküls steckt in seiner Wellenfunktion. Sie bestimmt die Hüllenwolke der Elektronen, sie liefert die Wahrscheinlichkeiten für ihre räumliche Verteilung, für ihre Impulsverteilung – und auch für ihre Spins. Die Elektronen in einem Molekül versuchen, wie wir schon früher erwähnt haben, ihre Spins immer wechselseitig antiparallel zu stellen, so daß kein Netto-Spin mehr übrig bleibt. (Nur unvollständige Moleküle, paramagnetische Ionen und Radikale, machen da eine Ausnahme; sie aber interessieren uns hier nicht.) Wenn wir jetzt mit dem schwachen, paritätsverletzenden Potential V^{PNC} (vgl. Kap. 6), das ja einen spinabhängigen Faktor enthält, eine Meßlatte an die Spins der Elektronen im Molekül halten, so kommt nach der Summation am Ende Null heraus. Gibt es darum vielleicht doch keine mögliche Energiedifferenz ΔE^{PNC} zwischen enantiomeren Molekülen linker und rechter Provenienz?

Das wäre etwas voreilig geschlossen. Immerhin bewegen sich die Elektronen im Molekül. Und bewegte Ladungen repräsentieren einen Strom. Ein elektrischer Strom jedoch erzeugt ein magnetisches Feld um sich herum. Dieses magnetische Feld wiederum wirkt auf den Spin des Elektrons (genauer: auf das mit dem Spin untrennbar verbundene magnetische Moment des Elektrons). Das Resultat ist eine kleine Unterhaltung zwischen dem Spin jedes Elektrons und seiner Bahnbewegung. Man nennt diese Kommunikation «Spin-Bahn-Wechselwirkung»; sie ist allerdings ein relativistischer Effekt und darum natürlich recht klein, in den Atomen typischerweise um einen Faktor von der Ordnung $(Z\alpha)^2$ kleiner als die üblichen Coulomb-Energien. Durch die kleine Kopplung an die Bahnbewegungen kompensieren sich die Spins im Molekül nun nicht mehr vollständig. Ein erneutes Anlegen der Meßplatte V^{PNC} an die molekulare Wellenfunktion liefert jetzt ein von null verschiedenes Ergebnis, wenn es auch um einige Größenordnungen kleiner ausfällt als die naive, nur den Asymmetriecharakter von V^{PNC} berücksichtigende, Erwartung verspricht.

Damit haben wir einen ersten, noch recht generellen, Unterdrückungsfaktor dingfest gemacht, der davon herrührt, daß die Moleküle im allgemeinen keine ungepaarten Elektronen enthalten; in den kovalenten Bindungen gehen ja immer zwei und zwei Elektronen miteinander und richten sich so ein, daß ihre Spins sich gegenseitig kompensieren. Ziehen wir dies in Betracht, so läßt sich schon etwas genauer angeben, wie groß die Energiedifferenz zwischen dem linkshändigen und dem rechtshändigen Vertreter eines enantiomeren Moleküls ausfallen wird: a) Das spiegelschiefe Potential V^{PNC} bringt selbst einen Faktor $GZ\alpha$ mit (wobei die kleine Fermische Kopplungskonstante der schwachen Wechselwirkung G auftritt, was in diesem Zusammenhang der exakten Theorie entspricht); b) der relevante Anteil der molekularen Wellenfunktion liefert einen Bonus durch den Faktor Z^2 (Z bezeichnet hier die Ordnungszahl eines bevorzugten Atoms im chiralen Molekül; bei Aminosäuren ist das zum Beispiel ein asymmetrisch substituiertes Kohlenstoffatom); c) von der Notwendigkeit, die

Spin-Bahn-Wechselwirkung der Molekülelektronen zu berücksichtigen, rührt dann allerdings der besagte Reduktionsfaktor von der Ordnung $(Z\alpha)^2$ her. Am Ende ergibt sich, wenn man alles geeignet zusammenfaßt, für die enantiomere Energiedifferenz ein ungemein kleiner Wert, nämlich $\Delta E^{PNC} \approx 10^{-20} \cdot Z^5$, in atomaren Energieeinheiten gemessen, beziehungsweise einige $10^{-18} \cdot Z^5$, in der etwas komfortableren Einheit Elektronenvolt (eV). Zwar ist die hohe Potenz von Z recht vorteilhaft, wenn dicke, schwere Atome im Spiel sind, und diesen Vorteil kann man ausnutzen, um einen solchen Effekt der Nachweisbarkeit wenigstens nahezubringen. Wenn Wismut mit Z = 83 beispielsweise als Zentrum der Asymmetrie in einem enantiomeren Molekül in Frage käme, könnte man auf $\Delta E^{PNC} \approx 10^{-9}$ eV kommen, und das wäre mit gegenwärtigen Methoden meßbar. (Bei der, ubrigens durch das gleiche paritätsverletzende Potential, induzierten optischen Aktivität normaler Atome mußte man sich ja ebenfalls des Vorteils hoher Z-Werte bedienen; der Nachweis gelang schließlich an Wismut [Bi[83]], und an Caesium [Cs[55]].) Für die Evolution zum Leben, die sich aus Kohlenstoffatomen enantiomere Moleküle baute, spielt dieser Vorteil aber kaum eine Rolle. Für Z = 6 ist auch der Faktor Z^5 keine überwältigend große Zahl, und was hier zu gewinnen ist, muß außerdem an anderer Stelle wieder aufgegeben werden. Denn in der molekularen Wellenfunktion, welche den Erwartungswert der enantiomeren Energiedifferenz bestimmt, sorgt nicht nur der Spinanteil für Unterdrückung, wie wir gerade gesehen haben, sondern leider auch der räumlich-geometrische Anteil. Überdies sind die Konsequenzen dieser Tatsache nicht so leicht in den Griff zu bekommen. Doch gibt es zulässige Vereinfachungen, die das Problem handhabbar machen.

b) Der molekulare Dissymmetriefaktor

Es ist ein für die praktische Handhabung glücklicher Umstand, daß gewöhnlich nur ein kleiner Teil des asymmetrischen, chiralen Moleküls – ein einzelnes Atom mit seiner unmittelbaren Umgebung oder zwei Nachbaratome mit ihren direkten Anhängseln – die optische Rotationskraft bestimmt. Nur die elektronischen Übergänge in dieser Region, der «chromophoren Gruppe» (auch kürzer «Chromophor» genannt), sind für die Drehung der Polarisationsebene des Lichts verantwortlich, während der Rest des Moleküls dabei «zuschaut».

Der Chromophor erweist sich so gewissermaßen als Träger der Chiralität des Moleküls, und deshalb braucht sich die Ermittlung des bei ΔE^{PNC} noch ausstehenden Asymmetriefaktors auch nur auf diesen Teil der molekularen Wellenfunktion zu erstrecken. Die Zerlegung der molekularen Wellenfunktion nach Atom-Orbitalen (das schon erwähnte LCAO-Verfahren) ist dieser Tatsache offenbar in natürlicher Weise angepaßt und liefert so einen gewissen Aufschluß, wie dieser Asymmetriefaktor zustande kommt.

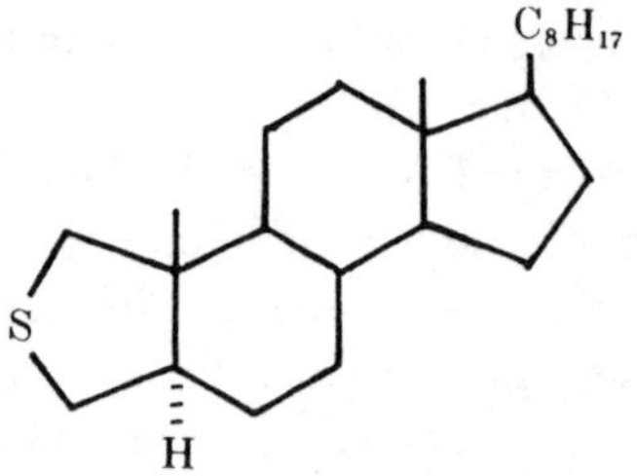

Abb. 58
A-Nor-Thia-Cholestan als Beispiel eines enantiomeren, optisch aktiven Dialkylsulfid-Moleküls.

Das wurde zunächst an zwei Molekülgruppen studiert, die weder besonders einfach gebaut noch besonders auffällig in ihren optischen Eigenschaften sind. Sie ergaben sich eher zufällig, weil in der LCAO-Entwicklung ihrer Wellenfunktionen atomare s-Orbitale vorkommen. Solche s-Orbitale sind als einzige in der Lage, die vom Potential V^{PNC} geforderte Bedingung einer nicht verschwindenden Elektronendichte am Ort der Kerne der chromophoren Gruppe zu erfüllen. Ein erstes Beispiel liefern bestimmte zyklische Dialkylsulfide, sesselförmige Gebilde, in denen ein dreiatomiger Sulfid-Chromophor C-S-C sowohl zur optischen Aktivität wie auch zu einer enantiomeren Energiedifferenz ΔE^{PNC} Anlaß gibt (Abb. 58). Ein zweites Beispiel ist verdrilltes Ethylen, ein relativ einfaches System aus zwei CH_2-Gruppen, die längs ihrer gegenseitigen Verbindungslinie spiralig gegeneinander versetzt sind (Abb. 59). Obwohl ein solches innerlich verdrehtes Ethylen-Molekül der starren C=C-Doppelbindung wegen nicht isoliert bestehen kann, eignet es sich doch vorzüglich als ein Modell für die zweiatomigen chromophoren Strukturen größerer verdrehter Olefine, deren optische Aktivität in dieser Weise zutreffend beschrieben werden kann. Besonders bemerkenswert – und der eigentliche Grund

Abb. 59
Verdrilltes Ethylen.

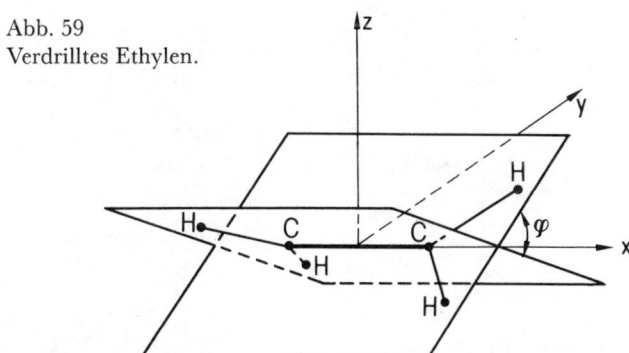

für diese Wahl – ist die Tatsache, daß eine Händigkeit hier durch die gegenseitige Torsion zweier Molekülebenen zustande kommt. Verdrilltes Ethylen ist selbst zuinnerst schief. Bei den Dialkylsulfiden hingegen sind es entferntere Einflüsse der Umgebung, welche auf die chromophore Sulfidgruppe etwas asymmetrisch einwirken.

Entsprechend unterschiedlich fällt der Asymmetriefaktor aus, der dieser geometrischen Verschiedenheit der enantiomeren Moleküle Rechnung trägt. In beiden Fällen ist er jedoch klein; und zwar so klein, daß er den Faktor Z^5 im Ausdruck für ΔE^{PNC} wieder auffrißt (und im Fall des Dialkylsulfids sogar noch ein bißchen mehr als das).

Das Endergebnis für diese Modell-Moleküle ist von außerordentlicher Kleinheit: Im günstigeren Fall, für leicht verdrilltes (10°-twist) Ethylen, ergibt die Rechnung einen Betrag von nur 10^{-18} für $|\Delta E^{PNC}|$. Da allerdings – wie wir gesehen haben – die Molekülgestalt, repräsentiert durch die jeweilige molekulare Wellenfunktion, das Resultat höchst drastisch zu beeinflussen vermag, kann dieser Abschnitt kaum mehr als einen Anhaltspunkt für die enantiomere Energiedifferenz der wirklich interessanten Moleküle, Aminosäuren oder die Zucker der Nukleinsäuren, liefern – freilich einen zuverlässig begründeten!

F) Reaktionsweg zum chiralen Molekül

Wenn eine Aminosäure, zum Beispiel Alanin, aus einem Aldehyd (in diesem Fall Acetaldehyd) synthetisiert werden soll, so geht das nicht auf einen Ruck, sondern benötigt mehrere Reaktionsschritte. An einer Stelle der Reaktionskette jedoch geschieht etwas besonders Bemer-

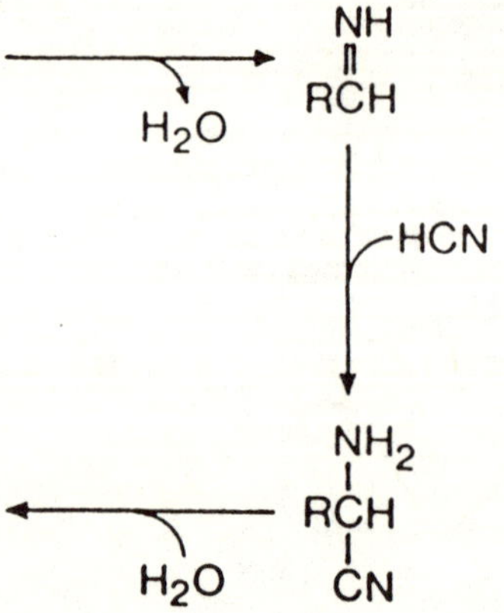

Abb. 60
Der Erwerb der Chiralität im Übergang von Ethylimin zu α-Propionitril (siehe auch Abb. 41, S. 133).

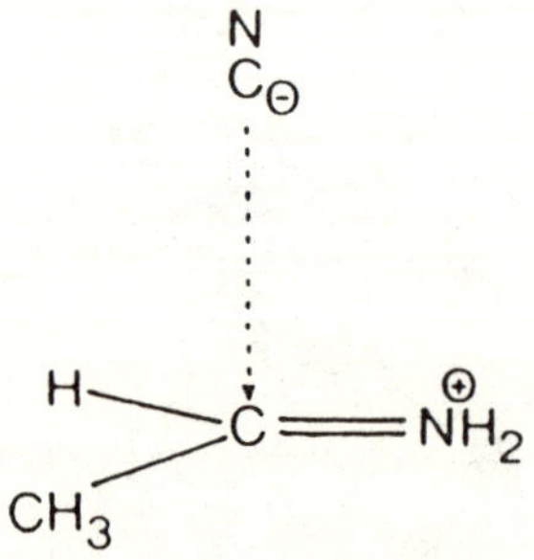

Abb. 61
Das ebene Ethylimin-Molekül.

kenswertes (Abb. 60): Das Molekül erwirbt eine vorher nicht vorhandene Eigenschaft. Es gewinnt einen Schraubensinn, es wird chiral. Die Verwandlung zum chiralen Molekül passiert gerade, wenn ein Cyanid-Anion CN⁻ der Blausäure an das inzwischen zum Ethylimin gewordene Aldehydmolekül andockt. Ethylimin – noch mit der C=N-Doppelbindung – sieht in guter Näherung wie ein Pfannkuchen aus, platt und eben (Abb. 61). Das herandriftende Cyanid-Ion kann sich diesem nun von oben oder von unten nähern. Kommt es von oben, so wird das entstehende Molekül (α-Amino-Propionitril, abgekürzt APN) eine linkshändige Struktur erhalten, kommt es von unten, so bildet sich ein rechtshändiges D-Molekül. Die Händigkeit des entstehenden Moleküls wird durch die Richtung des ankommenden CN-Ions bestimmt. Da alle Richtungen gewöhnlich gleichberechtigt sind, werden sich sicher L- und D-Formen mit gleicher Wahrscheinlichkeit bilden, das heißt, es entsteht erwartungsgemäß das razemische Gemisch. Aber das gilt nur cum grano salis. Und das Körnchen Salz der programmierten Ungleichmäßigkeit gilt es nun herauszuschmecken.

Was passiert? Zunächst sind die beiden Reaktanden weit voneinander entfernt (10 Ångström oder ein Millionstel Millimeter sind schon eine große Entfernung). Ihre wechselseitige Energie ist die reine Coulomb-Anziehung der beiden Ionen. Deren Elektronen spüren noch keine wesentliche Störung. Sie wissen, wohin sie gehören und machen keine Anstalten, ihren angestammten Bereich zu verlas-

Anhänge

sen. Dann, beim Näherkommen, etwa im Abstand von 3,5 Å beginnen die Elektronenhüllen wechselseitig voneinander Notiz zu nehmen. Das Imin-Ion fängt an, sich wie ein Zeltdach zu verformen, das anfänglich flach am Boden liegt und dann allmählich in der Mitte gehoben wird (Abb. 62). Die gegenseitige Anziehungsenergie, stärker mit schrumpfendem Abstand, folgt nicht mehr dem reinen Coulomb-Gesetz. Das signalisiert, daß nun die Ladungen nicht mehr so eindeutig wie zuvor verteilt sind. Die Elektronen – zumindest die äußeren –

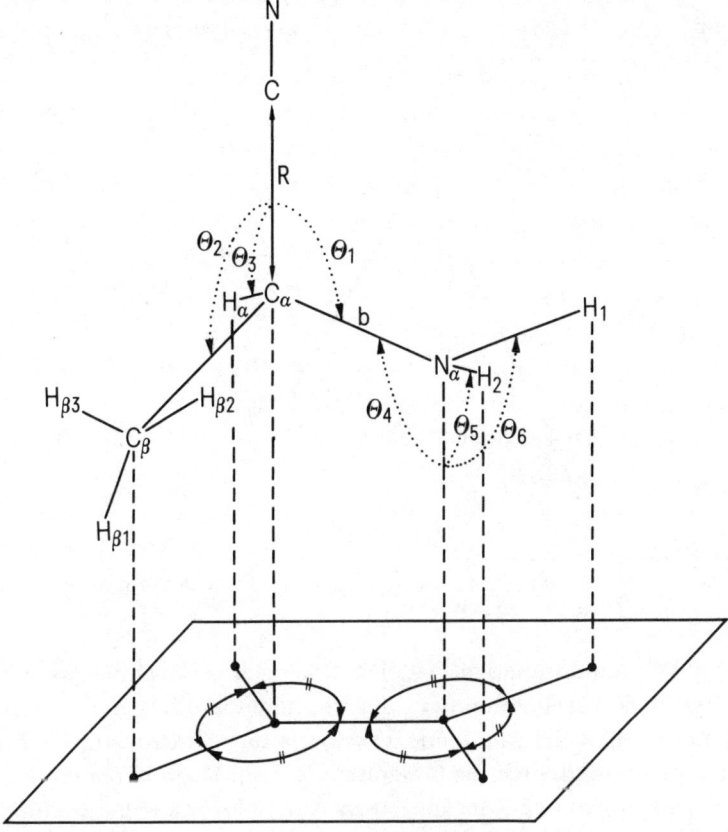

Abb. 62
Zur Verdeutlichung des Reaktionsschritts, der zum chiralen L-Amino-Propionitril führt. Bei Anlagerung des CN-Ions verkürzt sich der Abstand R, und der Abstand b wird länger. Die Winkel Θ_i (i = 1, ..., 6) werden als gleich angesehen: $\Theta_i = \Theta$. Das ursprünglich fast ebene Molekül ($\Theta = 96°$) verformt sich zeltartig ($\Theta = 110°$), so daß die in Abb. 63 gezeigte tetraedrische Struktur entsteht.

beginnen, zwischen den noch immer näher kommenden Ionen ihren Platzwechseltanz aufzuführen: Die chemische Bindung setzt ein. Bei einem Abstand von 1,5 Å (zwischen den einander nächsten C-Atomen der Bindungspartner) wird schließlich das Minimum der Gesamtenergie, die stabile Bindung, erreicht. (Noch kleinere Abstände würden wegen der dann dominierenden elektrostatischen Abstoßung die Gesamtenergie wieder erhöhen und das System zurück zur Talsohle der Energiefläche treiben.) Dann sitzt das C-Atom der Zeltdach-Spitze – im neuen APN-Molekül schon C_α-Atom genannt – inmitten seiner ägyptischen Pyramide. Die Dissymmetrie des Moleküls ist etabliert (Abb. 63).

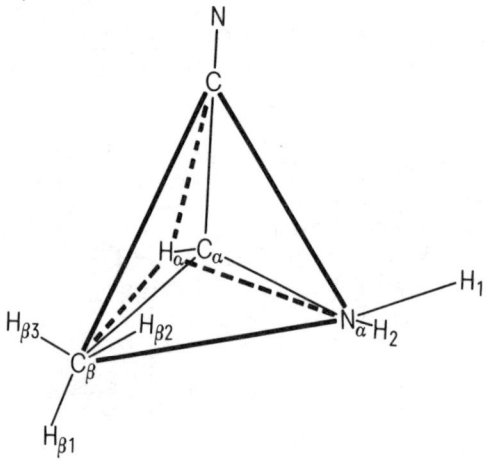

Abb. 63
Das chirale L-Amino-Propionitril-Molekül hat Tetraederform mit dem asymmetrischen C-Atom in der Pyramidenmitte.

Wie kann man den Prozeß rechnerisch verfolgen? Man muß sich wieder die Wellenfunktion des reagierenden Systems verschaffen, denn sie gibt die räumliche Verteilung der Elektronen, das Bild der Ladungen und auch die Gesamtenergie an. Dazu müssen die geometrischen Relationen der einzelnen Atome zueinander bekannt sein – ihre Abstände und Bindungswinkel – denn davon hängt die Wellenfunktion ab (vgl. Abb. 62). Man weiß ungefähr, wie groß die Bindungsabstände im Ethylimin-Ion sind: etwa 1,1 Å zwischen H und C sowie zwischen H und N, etwas mehr (1,5 Å) zwischen Kohlenstoff und Kohlenstoff sowie wieder relativ wenig (1,16 Å) zwischen Kohlenstoff und Stickstoff, die durch zwei gemeinsame Elektronenpaare verbunden sind und darum besonders eng beieinander stehen müssen. Auch die Bindungswinkel sind bekannt: Für das ebene Imin-Ion ist eigentlich nur ein Winkel Θ von Bedeutung, und zwar der zwischen den Bindungsbrücken und der Richtung, aus der sich das Cyan-Ion nähert, und dieser Winkel Θ ist zu Beginn der Reaktion ein rechter Winkel ($\Theta = 90°$). Wenn die beiden Ionen sich nun nähern, verringert sich ihr gegenseitiger Abstand R. Er geht deshalb als variabler Parameter in die Rechnung ein. Auch der CN-Abstand b muß sich während der Reaktion ändern, denn die ursprünglich enge C=N-Doppelbindung wird zur C-N-Einfachbindung umgebaut, die einen größeren Abstand b erfordert; so wird auch b als veränderlicher Parameter behandelt. Schließlich muß sich der Winkel Θ vergrößern, wenn eine dissymmetrische Struktur entstehen soll, und Θ wird darum der dritte variable Parameter, von dem die Wellenfunktion des reagierenden Systems abhängt. Wenn man nun für alle möglichen Werte dieser drei freien Parameter die Wellenfunktion berechnet und die Gesamtenergie als Funktion dieser Parameter verfolgt, so findet man ein Minimum der Energie gerade dann, wenn die in Abb. 42 (S. 134) skizzierte räumliche Gestalt des APN-Moleküls erreicht ist, wie wir es gerade vorher qualitativ beschrieben haben.

Wem gilt dabei die Gunst der schwachen Wechselwirkung? Hat man die Wellenfunktion, so kann man nicht nur die elektrostatisch bestimmte Energie ausrechnen – wie es bis zu diesem Punkt allein diskutiert worden ist –, sondern man kann auch den winzigen Beitrag der paritätsverletzenden schwachen Wechselwirkung rechnerisch verfolgen. Auch dieser hängt vom momentanen Abstand R der beiden Reaktanden ab, die sich zum chiralen Molekül verbinden wollen. Und dabei ergibt sich folgendes Bild: Kommt das Cyanid-Ion dem Ethylimin von oben entgegen, wie es in Abb. 61 gezeichnet ist, so wird das L-chirale APN-Molekül als Vorläufer von L-Alanin entstehen. Der Energiebeitrag E^{PNC} der schwachen Wechselwirkung ist dann am Anfang, wenn die Ionen noch ein gutes Stück voneinander entfernt sind, positiv. Mit kleiner werdendem Abstand, wenn die Elektronenwolken sich umzuordnen beginnen und Bindung einsetzt, sinkt dieser Energiebeitrag dramatisch ab und ist am Ende, wenn das Gleichgewicht erreicht, die Bindung fest geschlossen ist, deutlich negativ (Abb. 64). Das bedeutet einen Stabilitätszuwachs für das L-Molekül während seiner Bildung. Für das D-Molekül ist es umgekehrt: Wenn in der Reaktion das Cyanid-Ion sich dem Ethylimin von

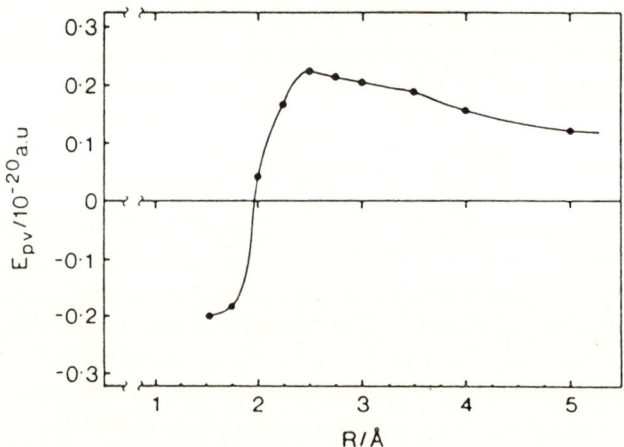

Abb. 64
Die paritätsverletzende Energieverschiebung (E_{pv}) entlang des Reaktionsweges bei der Bildung von L-Amino-Propionitril als Funktion der Reaktionskoordinate R (das heißt als Funktion des CN-C-Abstandes).

unten nähert und sich dann mit ihm zum D-*A*minopropionitril verbindet, verursacht die schwache Wechselwirkung eine kleine Energieerhöhung – sozusagen eine kleine Kostenerhöhung bei der Bildung, einen kleinen Destabilisierungseffekt! Die abiotische Synthese der Aminosäuren selbst bevorzugt also schon die «natürliche» L-Form, wenn auch in äußerst geringem Maße. Immerhin, es hätte auch umgekehrt sein können!

G) Wirksame Verstärkung – eine Alternative

Die kleine paritätsverletzende Energiedifferenz zwischen den enantiomeren Formen der Biomoleküle braucht eine lange Zeit der Einwirkung auf die hin und her reagierenden Substanzen, ehe dieser eingebaute Vorteil der begünstigten Komponente zur Dominanz verhelfen kann. Und während in zehntausend Jahren ganz allmählich die von der schwachen Wechselwirkung favorisierte chirale Komponente aus dem Sumpf der thermischen Fluktuationen und der Razemisierungsreaktionen herauswächst, darf sich das Konzentrationsgefüge nur minimal verschieben; es muß in einem äußerst kleinen Bereich um den kritischen Bifurkationspunkt bleiben, einem Bereich, der nach Goldanskiis Meinung viel kleiner ist, als Kondepudi in Betracht zog. Natürlich ruht hier alle Argumentation auf Näherungsannahmen.

Was eine vollständige Berechnung herausbringen kann, ist ungewiß. Auch Wissenschaftler können angesichts der Komplexität ihrer Gegenstände gelegentlich nur Meinungen äußern, oder vielleicht besser: auf Erfahrungen beruhende Gefühle, während das gesicherte Wissen noch von der Zukunft verborgen wird.

Solche Situationen reizen natürlich zu Spekulationen, die neue Möglichkeiten ins Spiel bringen können. Eine weit ausgreifende, viel beachtete und wenig verstandene Alternative ist im vorletzten Jahr von Abdus Salam aufgeworfen worden, der schon einmal, kühn – und richtig – spekuliert hatte, als es um die Vereinheitlichung von elektromagnetischer und schwacher Wechselwirkung ging (vgl. Kap. 5). Der Erfolg trug ihm damals, 1979, einen Nobelpreis ein. Seine jüngste Idee scheint ihn mit ähnlicher Befriedigung zu erfüllen. Salam schlägt vor, den hoch sensiblen, hoch kooperativen Verstärkungsprozeß für die bevorzugte chirale Komponente als Phasenübergang in vollkommener Analogie zum Phänomen der Supraleitung zu betrachten. Supraleitung, das abrupte Verschwinden des elektrischen Widerstandes unterhalb einer Sprungtemperatur T_c, kann zustande kommen, weil im Ionengitter eines Metalls eine schwache Anziehungskraft zwischen Elektronen existiert, die beim Abkühlen zur Elektronenpaarbildung und zur Versammlung all dieser Paare (der sogenannten Cooper-Paare) in einem einzigen Quantenzustand führt. Dann gewinnt die gemeinsame quantenmechanische Wellenfunktion all dieser Paare eine klassische, makroskopische Bedeutung. Ihr Quadrat gibt direkt die Teilchenzahl an. Die ganze Supraleitung ist sozusagen ein makroskopisches Quantenphänomen.

Auch das kleine paritätsverletzende Potential der elektroschwachen Wechselwirkung hat einen attraktiven Anteil, der unterhalb einer gewissen (unbekannten) Temperatur zur Kondensation von «Cooper-Paaren» führen könnte. Da diese Wechselwirkung die linkshändigen Aminosäuren begünstigt, würde beim Abkühlen ein razemischer Aminosäurekristall spontan in einen solchen aus L-Aminosäuren übergehen. Salams Vorschlag ist der experimentellen Nachprüfung (oder Widerlegung) wahrscheinlich direkt zugänglich, was ihn wertvoll macht.

Wenn freilich die kritische Übergangstemperatur sehr klein sein sollte, dann hat ein solcher Phasenübergangsprozeß sicher nichts mit der Entstehung des Lebens auf der Erde zu tun: Er könnte sich allenfalls in der eisigen Kälte des Weltraums abgespielt haben. Dann entsteht die Frage: Wie gelangten chirale Moleküle aus dem Weltraum unversehrt auf die Erde, um sich dort weiter zu entwickeln? Auch dafür gibt es eine mögliche Antwort: In der Frühzeit war die Erde viel häufiger dem Bombardement von Meteoriten ausgesetzt als heute, und es scheint nach der gegenwärtigen Erfahrung nicht ausgeschlossen zu sein, daß etwa chirale Moleküle in den kohlenstoffhaltigen Chondriten den Aufprall auf die Erde überstehen könnten.

Dies alles klingt etwas exotisch, ist aber originell und nicht gleich widerlegbar. Salam hält viel davon, denn als sein Institut, das Internationale Zentrum für Theoretische Physik in Triest, am 29. Januar 1991 Salams 65. Geburtstag feierte, schloß dieser seine Dankadresse nicht nur mit einer Hoffnung – niemand möge annehmen, daß er nun das Nachdenken über Physik beenden würde –, sondern auch mit einem Bekenntnis: «I feel particularly proud of my last paper on the role of chirality in the origin of life.»

H) Planetenentstehung und Uratmosphäre

Wie es auf der jungen Erde ausgesehen haben mag, ist nur bedingt aus den Beobachtungen der Atmosphärenhüllen der fernen Großplaneten zu erschließen. Die Hypothesen zur Planetenbildung haben in den letzten 20 Jahren bemerkenswerte Wandlungen erfahren. Und es erscheint heute nicht mehr so sicher, daß die Anfangsatmosphären der Planeten sich gleichartig aus dem Restgas der solaren Wolke bildeten; zumindest war der Zeitraum, in dem die Planetenatmosphären einander ähnelten, vermutlich kurz.

Wohl passen alle astrophysikalischen Beobachtungen an jungen Sternsystemen zu der Annahme, daß die Planeten bei der Bildung unserer Sonne aus der um sie rotierenden Scheibe des «solaren Nebels» entstanden sind. Aber dieser Nebel muß in Sonnennähe, wo die Bahnen von Erde, Mars und Venus verlaufen, wegen der Aufheizung des sich dort verdichtenden Gases beträchtlich heißer gewesen sein als in den entfernteren und dünneren, Regionen, wo Jupiter, Saturn und Uranus geboren wurden. Die Planeten haben sich vermutlich auch nicht gleich in voller Größe, sondern als Planetenkeime gebildet: einige Kubikmeter zusammengebackener Materie aus Staub und Gas, die im Verlauf von circa 100000 Jahren zuerst durch Adhäsion und mechanische Kräfte in der turbulenten Wolke zu «Planetesimalen» und danach durch die dann einsetzende Saugwirkung ihrer Gravitation zu «Planetenembryonen» von der Größe eines Mondes heranwachsen konnten. Im Endstadium der Erdentstehung muß es auch zu größeren Zusammenstößen mit anderen Planetenembryonen gekommen sein. In solchen katastrophalen Begegnungen, die über Jahrmillionen hinweg in abnehmender Häufigkeit sich ereigneten, wuchs die Erde zu ihrer heutigen Größe heran, nicht ohne dabei immer wieder – zumindest partiell – aufgeschmolzen worden zu sein.

Da während der ersten 10 bis 100 Millionen Jahre der solare Nebel noch nicht völlig aus dem sonnennahen Gebiet der Erdbahn verschwunden gewesen sein dürfte, kann man spekulieren, daß die Erde anfänglich eine massive, heiße, wasserstoffreiche Atmosphäre besaß. Völlig sicher ist das nicht. Auch wenn eine solche Atmosphäre existierte, kann sie nicht lange Bestand gehabt haben und ist vielleicht schon bei den letzten großen Zusammenstößen in den Weltraum geblasen worden. Der relativ kleine Edelgasanteil in der heutigen irdischen Atmosphäre (verglichen mit der Edelgashäufigkeit in der Sonnenmaterie) läßt jedenfalls darauf schließen, daß die ursprüngliche Erdatmosphäre ziemlich vollständig verlorengegangen sein muß und daß die Erde wahrscheinlich einen beträchtlichen Teil ihrer sekundären Atmosphäre durch vulkanische Eruption von Gasen aus dem Erdinneren und aus den flüchtigen Bestandteilen aufprallender Meteoriten erworben hat.

Wasserdampf war vermutlich von Anfang an vorhanden – ein Ozean muß mit der endgültigen Ausbildung der Erde oder des Erde-Mond-Systems entstanden sein. Es wird auch diskutiert, ob ein wesentlicher Teil des irdischen Wassers aus dem Eis von eingefangenen Kometenkernen stammt; ausgeschlossen erscheint es nicht. Freier Sauerstoff zumindest fehlte. Oxidierend durfte die frühe Atmosphäre nicht sein, sonst hätten die wesentlichen organischen Moleküle sich nicht bilden können. Erst sehr viel später gelangte auch freier Sauerstoff in die Atmosphäre, aber da war das Leben schon entstanden, ja, es hatte den Prozeß der Sauerstofferzeugung mit der Photosynthese erst in Gang gebracht (vgl. auch den folgenden Anhang über die ersten Lebensspuren). In der frühen Lufthülle der Erde gab es somit auch noch keine schützende Ozonschicht, welche in der Lage gewesen wäre, die Ultraviolettstrahlung der Sonne wirksam abzuschirmen. Empfindliche Moleküle, wie zum Beispiel Ammoniak, konnten leicht zersetzt werden; sie sollten darum auch nicht nennenswert zur frühen Erdatmosphäre beigetragen haben, zumindest nicht in globalem Maßstab. Dagegen gab es wahrscheinlich reichlich Kohlendioxid. Die Annahme wird unter anderem dadurch gestützt, daß die Sonne damals blasser strahlte als heute. Fast alle Modelle der Sternentwicklung fordern einen Anstieg der solaren Strahlungsintensität von etwa 25 Prozent seit Beginn der Sonnenstrahlung. Es gibt jedoch kein ernsthaftes Anzeichen dafür, daß die Temperatur in der Vergangenheit geringer gewesen wäre. Im Gegenteil, die Temperatur auf der Erdoberfläche muß während dieser Zeit sogar abgenommen haben. Ein durch das Kohlendioxid verursachter kräftiger Treibhauseffekt bietet eine naheliegende Erklärung.

Hier jedenfalls ist die Diskussion über die Zusammensetzung der präbiotischen Atmosphäre noch im Fluß. Vielleicht kann man schließen, daß die Uratmosphäre leicht reduzierenden Charakter hatte, Kohlendioxid, Wasserdampf und molekularen Stickstoff enthielt. Alles andere ist vage. Die Millerschen Experimente, anfänglich mit einer stark reduzierenden Modellatmosphäre durchgeführt, sind Anfang der achtziger Jahre von Miller und Schlesinger in einem nur noch mild reduzierenden Gasgemisch mit CO, CO_2 (und CH_4) wiederholt worden – mit ziemlich ähnlichen Ergebnissen. Auf die genaue chemische Zusammensetzung der Uratmophäre scheint es also bei der Entwicklung zum Leben nicht so sehr anzukommen. Nur oxidierend darf sie nicht gewesen sein.

I) Die ersten Lebensspuren

Die eigentlichen Fossilien – versteinerte Reste von Lebewesen aus der Vergangenheit der Erde – reichen bis in das Kambrium, das heißt bis in die Zeit vor circa 600 Millionen Jahren zurück. Doch auch die Gesteine des Präkambriums verraten bei genauerem Hinsehen wohlkonservierte Spuren frühen Lebens. Es sind Mikrofossilien, deutlich interpretierbare Formen einzelliger Organismen, welche noch in Gesteinen zu finden sind, deren Alter nicht weniger als zwei Milliarden Jahre beträgt (was man aus den radioaktiven Zerfällen der in den Mineralien eingeschlossenen Elemente bestimmt). Als die ältesten Spuren des Lebens auf der Erde gelten jedoch die Stromatolithen.

Stromatolithen sind versteinerte organisch-sedimentäre Strukturen, nicht eigentlich Fossilien, aber mehr als reines Sedimentgestein. Sie verdanken ihr Entstehen dem Wachstum und dem Stoffwechsel von einzelligen Mikroben, die im seichten Wasser der Meeresuferzone

Abb. 65
Heutige Stromatolithen im seichten Uferbereich einer vom Meer fast abgeschnürten übersalzenen Bucht in Westaustralien. Oben (A): Die aus dem Niedrigwasser herausragenden Stromatolithen im Vordergrund sind tot und im fortgeschrittenen Stadium des Zerfalls. Weiter draußen, wo die säulenförmigen Formen auch bei Niedrigwasser überspült werden, sind die Algenmatten der Gesteinsköpfe lebendig und aktiv. Unten (B): Eine Kolonie von Stromatolithen, an einer anderen Stelle der gleichen Bucht.

oder im Bereich vulkanischer Springquellen ausgedehnte, oft auch hügelig konzentrierte, Matten von Bakterien oder Cyanophyten (das sind Blaualgen) bilden. Sobald eine solche Mikrobenmatte durch Sedimentablagerung zugedeckt zu werden droht, versuchen die Organismen, sich zur Oberfläche durchzuarbeiten. So entstehen charakteristische Gebilde mit sehr fein gebänderter Schichtstruktur, die an Blätterteigteilchen erinnern. Man kann das Entstehen von Stromatolithen an lebenden Beispielen, Algenmatten, die an einigen Stellen der Erde vorkommen – etwa an der westaustralischen Küste oder in den Geysiren des Yellowstone-Parks –, heutzutage direkt studieren (Abb. 65) und aus dieser Kenntnis heraus auf die Verhältnisse der fernen Vorzeit schließen.

Fossile Stromatolithen sind die häufigsten Lebenszeugen, die uns aus dem Archaikum, der langen Zeit des älteren Präkambriums, überkommen sind. Die ältesten Exemplare lassen sich mit einiger Sicherheit auf eine Entstehungszeit vor circa 3,5 Milliarden Jahren datieren. Wahrscheinlich bezogen die einzelligen Baumeister ihre Lebensenergie schon über die Photosynthese aus der Sonne. Sie konnten einen CO_2-Gehalt der Atmosphäre als Nährstoff nutzen und aus Wasser und CO_2 Kohlehydrate synthetisieren. Das muß allerdings nicht bedeuten, daß schon freier Sauerstoff an die Luft abgegeben wurde, denn dazu sind unter den Bakterien nur die Cyanobakterien in der Lage. Zum Aufbau von Stromatolithen kommen jedoch, wie die führenden Paläontologen bei den Geysiren des Yellowstone-Parks nachgewiesen haben, auch andere photosynthetisierende Bakterien in Frage, wie Chloroflexus, ein grüner, fadenförmiger Einzeller. Freier Sauerstoff sollte sich, vor allem wohl durch die Wirkung der sauerstoffproduzierenden Cyanobakterien, erst seit circa zwei Milliarden Jahren in der Atmosphäre angereichert haben.

Der Zeitraum, in dem sich dieser Übergang vollzog, ist geologisch dokumentiert: durch die riesigen gebänderten Eisenerzformationen, die Milliarden Tonnen Eisen in oxidierter Form enthalten. Der größte Teil dieser Erze wurde innerhalb von einigen 100 Millionen Jahren abgelagert, beginnend vor etwas mehr als zwei Milliarden Jahren, und man hat keine andere überzeugende Erklärung, als daß das in den Ozeanen gelöste Eisen durch Berührung mit dem zu dieser Zeit entstehenden Sauerstoff der Atmosphäre oxidierte und dann auf den Meeresboden sank. Binnen weniger 100 Millionen Jahre rostete sozusagen das gesamte Eisen aus den Ozeanen aus.

Anhänge

J) Tabelle:
Die 20 natürlich vorkommenden Aminosäuren

Typ	Name	Kurz-bezeich-nung	e = essen-tiell, ne = nicht essentiell	Funktion	Bedeutung des Trivial-namens
Mono-amino-mono-carbon-säuren	Glykokoll, Glycin	Gly	ne		Von griech. gly-keros = süß und kolla = Leim, von BRACONNOT 1820 nach der sauren Hydro-lyse von Leim isoliert.
	Alanin	Ala	ne		Abgeleitet von Aldehyd, erst-mals von STRECKER durch Cyanhy-drinsynthese des Acetalde-hyds dargestellt.
	Serin	Ser	ne		Von latein. seri-cum = Seide, nach ihrer Ent-deckung durch CRAMER 1865 im Seiden-Hy-drolysat.
	Cysteïn	CySH	ne		Von griech. ky-stis = Harn-blase, 1810 von WOLLASTON in Harnsteinen entdeckt.
	Cystin	CyS | CyS	ne	Aufbau der Plasma-Eiweiß-stoffe, Entgif-tung toxischer Stoffwechsel-produkte.	Wie unter Cy-steïn.

	Phenylalalin	Phe	e	Ausgangsstoff für die Bildung des Thyroxins, Adrenalins usw.	
	Tyrosin	Tyr	ne		Von griech. tyros = Käse, von LIEBIG 1845 aus Käse hergestellt.
	Threonin	Thr	e	Zur Verwertung der Aminosäuren der Nahrung.	
	Methionin	Met	e	Für das Wachstum des Körpers und der Haare, Leberschutzfunktion.	Kurzform aus Methylthio- und der Endung -in; von griech. theion = Schwefel.
	Valin	Val	e	Notwendig zur normalen Funktion des Nervensystems.	Von latein. validus = kräftig, gesund.
	Leucin	Leu	e	Zum Aufbau der Plasma- und Gewebe-Eiweißkörper.	Von griech. leukos = weiß.
	Isoleucin	Ile	e	Zur Verwertung der Aminosäuren in der Nahrung.	
Diaminomonocarbonsäuren	Arginin	Arg	e	Für das Wachstum des Körpers.	Von latein. argentum = Silber, wegen seines charakter. Silbersalzes.
	Lysin	Lys	e	Für das Längenwachstum des Körpers; bei Fehlen Zwergwuchs.	Von griech. lysis = Lösung, von DRESCHEL aus dem Hydrolysat des Caseïns isoliert.

Anhänge 219

Mono-amino-dicarbon-säuren	Asparagin	Asp-NH₂	ne		Von griech. asparagos = Spargel.
	Glutamin	Glu-NH₂	ne	Das Mono-Natrium-Salz steigert die geistige Leistungsfähigkeit.	Von latein. glutinum = Leim, da aus Weizenkleber isoliert.
Heterocyclische Aminosäuren	Prolin	Pro	ne		Gebildet aus Pyrrolidin durch Zusammenziehung.
	Hydroxyprolin	Hypro	ne		
	Tryptophan	Try	e	Für die Bildung des Augenpigments. Fehlen bedingt Haarausfall, Star.	Gebildet aus Trypsin, dem Ferment des Verdauungstrakts, und griech. phaineïn = erschienen, da es bei der Einwirkung von Trypsin auf Proteine isoliert wurde (KOSSEL, 1896).
	Histidin	His	e	Für die Bildung des Blutfarbstoffs sowie verschiedener Nukleïnsäuren.	Von griech. histos = Gewebe, im übertragenen Sinne Körpergewebe.

Ausgewählte Literatur

Die hier wiedergegebene Auswahl erhebt nicht den Anspruch, vollständig zu sein. Sie soll jedoch die Linien nachzeichnen, entlang derer sich die Arbeit an diesem Buch entwickelt hat.

Einführung: Asymmetrie und Ursprung des Lebens

Die Einführung gewann Gestalt in der Auseinandersetzung mit:
John D. Barrow, Frank J. Tipler: *The Anthropic Cosmological Principle*, Clarendon Press, Oxford 1987.
Jacques Monod: *Zufalll und Notwendigkeit*, Piper, München 1983.
Louis Pasteur, in: Comptes Rendues *78*, S. 1515 (1874); Rev. Scient. 7, S. 2–6 (1884).
Linus Pauling, Emile Zuckerkandl, in: *Molecular Evolution*, ed. by D. L. Rohlfing und A. I. Oparin, Plenum Press, New York 1972, S. 113.
Karl R. Popper, Konrad Lorenz: *Die Zukunft ist offen*, Piper, München 1988.
Pierre Teilhard de Chardin: *Der Mensch im Kosmos*, dtv, München 1988.
George Wald, in: Proceedings of the National Academy of Sciences *52*, S. 595 (1964).

Kapitel 1: Optische Aktivität und molekulare Asymmetrie

Die Phänomene der optischen Aktivität, Doppelbrechung, Polarisation etc. werden in den Lehrbüchern der Experimentalphysik hinreichend ausführlich dargestellt. Erwähnt seien:
Bergmann-Schäfer: *Lehrbuch der Experimentalphysik*, Bd. III, *Optik*, de Gruyter, Berlin, 6. Aufl. 1974.
M. A. Bouchiat, L. Pottier, in: Scientific American, June 1984, S. 76.
Richard P. Feynman, Robert B. Leighton, Matthew Sands: *The Feynman Lectures on Physics*, Bd. 1, Kap. 33, Addison-Wesley, Reading (MA), 6. Aufl. 1977.
Grimsehl: *Lehrbuch der Physik*, Bd. III, *Optik*, Teubner, Leipzig, 14. Aufl. 1962.

Die historischen Bemerkungen haben ihre Quellen in:
Isaac Asimov: *Biographische Enzyklopädie der Naturwissenschaften und der Technik*, Herder, Freiburg 1973.
A. Hermann et al.: *Deutsche Nobelpreisträger*, Moos, München, 3. Aufl. 1968.
E. Hoppe: *Geschichte der Physik*, Vieweg, Braunschweig 1926, Nachdruck 1965.
F. M. Zweig-Winternitz: *Louis Pasteur*, Scherz, Bern 1939.

Kapitel 2: Hypothesen zur Entstehung molekularer Asymmetrie

Die durch UV-Licht induzierte asymmetrische Zersetzung optisch aktiver Moleküle wurde um 1930 zuerst in Heidelberg beobachtet:
W. Kuhn, E. Braun, in: Die Naturwissenschaften *17*, S. 227 (1929).
W. Kuhn, E. Knopf, in: Die Naturwissenschaften *18*, S. 183 (1930).

Zur asymmetrischen Synthese optisch aktiver Moleküle siehe:
W. J. Bernstein, M. Calvin, O. Burchardt, in: Journal of the American Chemical Society *94*, S. 494 (1972).
H. B. Kagan, A. Moradpour, J. F. Nicoud, G. Balavoine, R. H. Martin, J. P. Cosyn, in: Tetrahedron Letters *27*, S. 2479 (1971).

Zur Photoresolution, bei der eine Substanz unterschiedliche Absorption für links- oder rechtszirkular polarisiertes Licht zeigen muß, siehe:
K. L. Stevenson, J. F. Verdieck, in: Journal of the American Chemical Society *90*, S. 2974 (1968).

Die Frage der Zirkularpolarisation des Himmelslichts findet sich auf experimenteller Grundlage diskutiert bei:
J. R. P. Angel, R. Illing, in: Nature *238*, S. 389 (1972).

Befunde zur Variation des Erdmagnetfeldes in geologischen Zeiträumen werden vorgestellt von:
A. Cox, in: Science *163*, S. 237 (1969).
M. W. McElhinny, in: Science *172*, S. 157 (1971).
Vgl. auch: H. P. Noyes, W. A. Bonner, in: *International Symposium on Generation and Amplification of Asymmetry in Chemical Systems*, ed. by W. Thiemann, KFA-Jülich-Publikation, Jül-Conf-13, November 1974.

In diesem Zusammenhang wurde auch diskutiert, daß L- und D-Aminosäurenmoleküle in ihrer polarisierten Zwitter-Ionen-Form an Wasseroberflächen eine leicht unterschiedliche Wechselwirkung mit dem Erdmagnetfeld eingehen können, was bei der größeren Wassermasse der Südhalbkugel gegenüber der Nordhalbkugel der Erde zu einer Asymmetrie führen würde:
G. Gilat, in: Chemical Physics Letters *121*, S. 9 (1985).
G. Gilat, L. S. Schulman, in: Chemical Physics Letters *121*, S. 13 (1985).

Kapitel 3: Naturgesetze im Spiegel betrachtet

Ungemein lesenswert:
H. Weyl: *Symmetrie*, Birkhäuser, Basel, 2. Aufl. 1981.

Kapitel 4: Eine der Natur selbst innewohnende Asymmetrie

Die β-Radioaktivität der Atomkerne ist nach des Verfassers Meinung noch immer unübertroffen exemplarisch dargestellt in der klassischen Monographie:
C. S. Wu, S. A. Moszkowski: *Beta Decay*, Interscience, New York 1966.
Die etwas abenteuerlichen Geburtswege der Idee des Elektronenspins, eines nur

Ausgewählte Literatur 223

quantentheoretisch verständlichen Eigendrehimpulses eines Elementarteilchens, wurden von einem unmittelbaren Zeitzeugen dokumentiert:
B. L. van der Waerden, in: *Theoretical Physics in the Twentieth Century*, A memorial volume to Wolfgang Pauli, ed. by M. Fierz und V. F. Weißkopf, Interscience, New York 1960.
Siehe auch: Abraham Pais: *Inward Bound*, Clarendon Press, Oxford 1986.

Paulis «Erfindung» des Neutrinos im berühmten *Brief an die Radioaktiven Damen und Herren* ist in Paulis späterem Artikel *Zur älteren und neueren Geschichte des Neutrinos* enthalten, abgedruckt in:
W. Pauli: *Collected Scientific Papers*, Vol. 2, ed. by R. Kronig, V. F. Weißkopf, Interscience, New York, 1964, S. 1313.

Der Ulbricht-Vester-Prozeß als Mechanismus zur Übertragung der Asymmetrie der schwachen Wechselwirkung in die Reaktionswelt der Chemie beruft sich auf:
T. L. V. Ulbricht, F. Vester, in: Tetrahedron 18, S. 629 (1962).
F. Vester, T. L. V. Ulbricht, H. Krauch, in: Die Naturwissenschaften *46*, S. 68 (1959).
Die Größenordnungen erwarteter Effekte dieser Art werden abgeschätzt in:
M. Ulrich, D. C. Walker, in: Nature *258*, S. 418 (1975).
D. C. Walker, in: Origins of Life *7*, S. 383 (1976).
Die Rolle der Strahlungsquelle beim Ulbricht-Vester-Prozeß diskutierten:
R. A. Hegstrom, A. Rich, J. van House, in: Nature *313*, S. 391 (1985).

Argumente für einen natürlichen Atommeiler vor zwei Milliarden Jahren:
P. K. Kuroda, in: Die Naturwissenschaften *70*, S. 536 (1983).

Versuche, mit polarisierter Teilchenstrahlung hoher Intensität asymmetrische chemische Reaktionen zu induzieren, konnten schlüssige Resultate nicht erreichen. Eine asymmetrische Zersetzung von Aminosäuren nach Bestrahlung mit polarisierten β-Elektronen aus einer radioaktiven ^{90}Sr-Quelle (18 Monate lang!) findet sich bei:
A. S. Garay, in: Nature *219*, S. 338 (1968).
Dem stehen entgegen:
W. Darge, I. Laczko, W. Thiemann, in: Nature *261*, S. 522 (1976).
V. I. Goldanskii, V. V. Khrapov, in: Soviet Physics JETP *16*, S. 582 (1962).
Positive Effekte soll ein Experiment mit polarisierten Elektronen aus dem Beschleuniger ergeben haben:
W. A. Bonner, M. A. van Dort, M. R. Yearian, in: Nature *258*, S. 419 (1975).
Dazu wird Widerspruch angemeldet von:
G. K. Walters, in: Bulletin of the American Physical Society *24*, S. 653 (1979); Nature *280*, S. 251 (1979).

Unterschiedliche Absorptionsraten für niederenergetische polarisierte Elektronen an L- und D-Kampfer berichten:
D. M. Campbell, P. S. Farago, in: Nature *318*, S. 52 (1985).

Unter den vielfältigen Versuchen, mit Positronen zu meßbaren Unterschieden zwischen L- und D-Aminosäuren zu kommen, seien erwähnt:

A. S. Garay, L. Keszthelyi, J. Demeter, P. Hrasko, in: Chemical Physics Letters *23*, S. 549 (1973); Nature *250*, S. 332 (1974).
J. van House, A. Rich, P. W. Zitzewitz, in: Origins of Life *14*, S. 413 (1984).
Siehe auch: D. W. Gidley, A. Rich, J. van House, P. W. Zitzewitz, in: Nature *297*, S. 639 (1982).
Y.-Ch. Jean, H. J. Ache, in: Journal of Physical Chemistry *81*, S. 1157 (1977).
Die Resultate von Garey et al. werden wiederum bezweifelt von:
A. Rich, in: Nature *264*, S. 482 (1976).
Eine umfassende Darstellung der experimentellen Versuche zur Induktion asymmetrischer chemischer Reaktionen bei Aminosäuren findet sich, auf dem Stand von 1977, in:
L. Keszthelyi, in: Origins of Life *8*, S. 299 (1977).
Die experimentelle Situation ist auch heute noch widersprüchlich und erlaubt keine klaren Schlußfolgerungen.

Die kleine Beimischung der asymmetrischen schwachen Wechselwirkung zur Coulombkraft induziert eine kleine optische Aktivität sogar bei gewöhnlichen Atomen. Diese nachgewiesen zu haben, ist das Verdienst von:
L. M. Barkov, M. S. Zolotorev, in: Physics Letters *85B*, S. 308 (1979).
J. H. Hollister, G. R. Apperson, L. L. Lewis, T. P. Emmons, T. G. Vold, E. N. Fortson, in: Physical Review Letters *46*, S. 643 (1981).
P. G. H. Sandars, in: Physica Scripta *21*, S. 284 (1980).

Kapitel 5: Grundmuster der Natur – Einheit in Vielfalt

Zur Würdigung der Elektrodynamik und ihrer Väter zog ich Gewinn aus:
Walter Gerlach: *Was ist und wozu dient Elektrodynamik?*, Abhandlungen und Berichte des Deutschen Museums, 34. Jhrg. Heft 1, 1966, Oldenbourg, München 1966.
Armin Hermann: *Große Physiker*, Battenberg, Stuttgart 1959.
Pascual Jordan: *Begegnungen*, Stalling, Oldenburg 1971.
J. C. Maxwell: The Sesquicentennial Symposium, ed. by M. S. Berger, North-Holland, Amsterdam 1984.

Die Entstehung der Meson-Theorie als einer ersten halbquantitativen Beschreibung der Kernkraft und die Vorhersage neuer Teilchen, die deren Wirkung vermitteln, wird geschildert von:
L. M. Brown, in: M. Bando, R. Kawabe, N. Nakanishi (Eds.), *Proceedings of the Kyoto International Symposium «The Jubilee of the Meson Theory 1985»*, Progress of Theoretical Physics (Japan), Supplement Nr. 85 (1985).

Zur experimentellen Grenze für die Masse des Photons siehe:
G. V. Chibisov, in: Soviet Physics Uspekhi *19*, S. 624 (1976).

Erhaltung und Brechung bilateraler Symmetrie (Spiegelsymmetrie) in der Natur und in der Mikrowelt behandelt ein Klassiker der populärwissenschaftlichen Literatur:
Martin Gardner: *Unsere gespiegelte Welt*, Ullstein, Berlin 1982.

Die vereinheitlichte Theorie von elektromagnetischer und schwacher Wechselwirkung erwuchs aus den Arbeiten von:
S. L. Glashow, in: Nuclear Physics 22, S. 579 (1961).
P. Higgs, in: Physics Letters 12, S. 132 (1964), Physical Review Letters 13, S. 508 (1964).
G. 't Hooft, in: Nuclear Physics B 33, S. 173 (1971); B 35, S. 167 (1971).
G. 't Hooft, M. Veltman, in: Nuclear Physics B 50, S. 318 (1972).
B. W. Lee, J. Zinn-Justin, in: Physical Review D 5, S. 3121, 3137, 3155 (1972); D 7, S. 1049 (1973).
A. Salam in: *Proceedings of the 8th Nobel Symposium*, ed. by N. Svartholm, Almquist u. Wiksell, Stockholm 1968.
S. Weinberg, in: Physical Review Letters 19, S. 1264 (1967).
C. N. Yang, R. L. Mills, in: Physical Review 96, S. 191 (1954).

Die experimentelle Entdeckung der von der vereinheitlichten Theorie der elektroschwachen Wechselwirkung vorhergesagten neutralen Ströme wird durch die Arbeiten der CERN-Gargamelle-Kollaboration belegt:
F. J. Hasert, H. Faissner, W. Krenz, J. von Krogh, D. Lanske, J. Morfin, K. Schultze, H. Weerts, G. H. Bertrand-Coremans, J. Lemonne, J. Sacton, W. Van Doninck, P. Vilain, C. Baltay, D. C. Cundy, D. Haidt, M. Jaffre, P. Musset, A. Pullia, S. Natali, J. B. M. Pattison, D. H. Perkins, A. Rousset, W. Venus, H. W. Wachsmuth, V. Brisson, B. Degrange, M. Haguenauer, L. Kluberg, U. Nguyen-Khac, P. Petiau, E. Bellotti, S. Bonetti, D. Cavalli, C. Conta, E. Fiorini, M. Rollier, B. Aubert, L. M. Chounet, P. Heusse, A. Lagarrigue, A. M. Lutz, J. P. Vialle, F. W. Bullock, M. J. Esten, T. Jones, J. Mc.Kenzie, A. G. Michette, G. Myatt, J. Pinfold, W. G. Scott, in: Physics Letters B 46, S. 121 (1973),
und mit ganz ähnlicher Autorenliste:
F. J. Hasert et al., in: Physics Letters B 46, S. 138 (1973).
Wichtige Vorarbeit für die zweite der genannten Arbeiten ist dokumentiert in:
W. Fry, D. Haidt, in: CERN-TCL Technical Memorandum, 22. Mai 1973.

Die Geschichte der Entdeckung der neutralen Ströme findet sich in:
P. Galison, in: Review of Modern Physics 55, S. 477 (1983).

Eine Beleuchtung besonderer wissenschaftlicher Entdeckungen aus allgemeiner Perspektive bietet:
Thomas S. Kuhn: *Die Struktur wissenschaftlicher Revolutionen*, Suhrkamp, Frankfurt 1976.

Kapitel 6: Statische Asymmetrie

Die Chemie mit physikalischen Augen betrachten:
Feynman Lectures, l.c., Bd. III, Kap. 10. (vgl. Literatur zu Kap. 1).
Zur Ergänzung wurden neben anderen Lehrbüchern herangezogen:
Kurt Mislow: *Einführung in die Stereochemie*, Verlag Chemie, Weinheim 1972.
Linus Pauling: *Die Natur der chemischen Bindung*, Verlag Chemie, Weinheim, 2. Aufl. 1964.

Das Pauli-Prinzip wurde formuliert in:
W. Pauli, in: Zeitschrift für Physik *31*, S. 765 (1925).
Es wurde abgedruckt in: W. Pauli: *Collected Scientific Papers*, l. c., Bd. 2, S. 214.
Dort steht: «Eine nähere Begründung für diese Regel können wir nicht geben, sie scheint sich jedoch von selbst als sehr naturgemäß darzubieten.»
Die Arabesken zu Pauli, Heisenberg, Rosenfeld und anderen sind entnommen aus:
Albert Einstein – Max Born, Briefwechsel 1916–1955, kommentiert von Max Born, Nymphenburger, München 1969.
Max Born: *Mein Leben*, Nymphenburger, München 1975.

Zur quantitativen Berechnung enantiomerer Energiedifferenzen siehe zum Beispiel:
E. Gajzago, G. Marx, Atomki Közlemènyek Supplementum (Debrecen) *16*, 2, S. 177 (1974).
R. A. Hegstrom, D. Rein, P. G. H. Sandars, in: Journal of Chemical Physics *73*, S. 2329 (1980); Physics Letters *A 71*, S. 499 (1979).
S. F. Mason, G. Tranter, in: Chemical Physics Letters *94*, S. 34 (1983); Molecular Physics *53*, S. 1091 (1984); Proceedings of the Royal Society London *A 397*, S. 45 (1985).
G. E. Tranter, in: Chemical Physics Letters *135*, S. 279 (1987);
Journal of the Chemical Society, Chemical Communications 1986, S. 60.
Einen weit ins Historische ausgreifenden Überblick gibt:
S. F. Mason, in: International Review in Physical Chemistry *3*, S. 217 (1983).
Siehe auch: New Scientist, 19. Jan. 1984; Nature *314*, S. 400 (1985), und:
S. F. Mason: *Chemical Evolution: origins of the elements, molecules and living systems*, Clarendon Press, Oxford 1991.

Die räumliche Charakterisierung von Polypeptiden findet sich bei:
G. E. Schulz, R. H. Schirmer: *Principles of Protein Structure*, Springer, Heidelberg 1984.
Zur Orientierung nützlich auch:
P. Karlson: *Kurzes Lehrbuch der Biochemie*, Thieme, Stuttgart, 7. Aufl. 1970.

Die Aufklärung der Sekundärstrukturen der Polypeptidketten, α-Helix und β-Faltblatt, geht auf Linus Pauling zurück:
L. Pauling, R. B. Corey in: Proceedings of the National Academy of Sciences USA, *37*, S. 251 und 729 (1951); *39*, S. 253 (1953).

Immer noch fesselt ein Protagonist der Biochemie aus den heroischen fünfziger Jahren seine Leser:
James D. Watson: *Die Doppelhelix*, Rowohlt, Hamburg 1969.

Der Schraubensinn chiraler Moleküle wurde ursprünglich definitorisch auf den – willkürlich – D genannten rechtsdrehenden Glycerinaldehyd bezogen:
E. Fischer, in: Chemische Berichte *27*, S. 3189 (1894).

Ausgewählte Literatur

Die absolute räumliche Konfiguration festzustellen, gelang mit Hilfe der Röntgen-Strukturanalyse:
J. M. Bijvoet, A. P. Peerdeman, A. J. van Bommel, in: Nature *168*, S. 271 (1951);
J. M. Bijvoet, in: Nature *173*, S. 888 (1954).

Ein alternatives Klassifikationssystem chiraler Moleküle, das sich jedoch weitgehend mit Fischers ursprünglichem System deckt, wird beschrieben in:
R. S. Cahn, C. Ingold, V. Prelog, in: Experientia (Basel) *12*, S. 81 (1956); Angewandte Chemie, Intern. Edit. *5*, S. 385 (1966).

Kapitel 7: Werkstatt der Chiralität

Die modernen Theorien der Planetenentstehung dürfen sich ohne Scheu auf Immanuel Kant berufen:
I. Kant: *Allgemeine Naturgeschichte und Theorie des Himmels, oder Versuch von der Verfassung und dem mechanischen Ursprunge des ganzen Weltgebäudes nach Newtonischen Grundsätzen abgehandelt*, Joh. Fried. Petersen, Königsberg u. Leipzig 1755, abgedruckt in: I. Kant: *Vorkritische Schriften bis 1768*, Werkausgabe Bd. 1, Suhrkamp, Frankfurt 1977.
Kants Vorstellungen wurden in diesem Jahrhundert von Carl Friedrich von Weizsäcker weiterentwickelt:
C. F. von Weizsäcker, in: Die Naturwissenschaften *33*, S. 8 (1946); Zeitschrift für Astrophysik *22*, S. 319 (1944).
Im Überblick anregend, wenngleich im Detail gelegentlich überholt:
Harold C. Urey: *The Planets*, Yale University Press, New Haven 1952.
Zusammenfassung auf aktuellem Stand:
George W. Wetherill, in: Annual Review of Earth and Planetary Sciences *18*, S. 205 (1990).

Unsere Vorstellungen einer präbiotischen, chemischen Evolution sind in besonderem Maße von Haldane und Oparin gebildet worden:
J. B. S. Haldane, in: Rationalist Annual *148*, S. 3 (1929), nachgedruckt in: *Science and Human Life*, Harper, New York 1933.
(JBSH: Sohn des Physiologen und Schriftstellers John Scott Haldane und Neffe von Viscount Haldane of Cloan, der vor Ausbruch des Ersten Weltkriegs britischer Kriegsminister war.)
Alexander I. Oparin: *The Origin of Life*, Macmillan, New York 1938.

Die historischen Experimente zur Simulation präbiotischer Reaktionen im Labor sind dokumentiert in:
S. L. Miller, in: Science *117*, S. 528 (1953).
S. L. Miller, H. C. Urey, in: Science *130*, S. 245 (1959).
Wiederholung mit «neutralen» Gasgemischen:
G. Schlesinger, S. L. Miller, in: Journal of Molecular Evolution *19*, S. 376–390 (1983).
Siehe auch: S. L. Miller, in: *Aspects of Chemical Evolution, XVII. Solvay Conference on Chemistry*, ed. by G. Nicolis, Washington 1980, Wiley-Interscience, New York 1984 (Advances in Chemical Physics, Vol. 55).

Zur Frage der ältesten fossilen Spuren des Lebens siehe:
Melvin Calvin: *Chemical Evolution*, Clarendon Press, Oxford 1969.
J. W. Schopf, in: Scientific American *239*, S. 85 (1978).
Über das fossile Bakterium Kakabekia aus der Gunflint-Formation:
E. S. Barghoorn, S. A. Tyler, in: Science *147*, S. 563 (1965).
Gegenwärtige ammoniakabhängige Verwandte von Kakabekia:
S. M. Siegel, Karen Roberts, H. Nathan, Olive Daly, in: Science *156*, S. 1231 (1967).
Zur Frage der präbiotischen Atmosphäre:
M. J. Newman, R. T. Rood, in: Science *198*, S. 1035 (1977).
T. Owen, R. D. Coss, V. Ramanathan, in: Nature *227*, S. 640 (1979).

Präbiotische Aminosäuren durch Strecker-Synthese unter Berücksichtigung der paritätsverletzenden elektroschwachen Wechselwirkung:
G. E. Tranter, in: Chemical Physics Letters *115*, S. 286 (1985).

Zum Komplex der sogenannten Urzeugung vgl.
J. Keosian, in: D. L. Rohlfing, A. I. Oparin: *Molecular Evolution*, Plenum Press, New York 1972.
Leslie Orgel: *The Origins of Life*, Wiley, New York 1973.

Kapitel 8: Kleine Störung – Große Wirkung

Älteste Zeugen irdischen Lebens – die Warrawoona-Stromatolithen:
D. L. Lowe, in: Nature *284*, S. 441 (1980).
J. W. Schopf, B. M. Packer, in: Science *237*, S. 70 (1987).
M. R. Walter, R. Buick, J. S. R. Dunlop, in: Nature *284*, S. 443 (1980).
Siehe auch:
J. W. Schopf (Ed): *Earth's Earliest Biosphere*, Princeton University Press, Princeton 1983.
M. R. Walter (Ed): *Stromatolites*, Elsevier, Amsterdam 1976.
Ein vager Hinweis auf ein noch früheres Leben auf der Erde, wenngleich sehr indirekt und unterschiedlich interpretierbar, wurde aus dem Kohlenstoff-Isotopenverhältnis der 3,8 Milliarden Jahre alten grönländischen Isua-Gesteine herausgelesen:
M. Schidlowski, P. W. U. Appel, R. Eichmann, C. E. Junge, in: Geochimica et Cosmochimica Acta *43*, S. 189 (1979).
M. Schidlowski, in: Nature *333*, S. 313 (1988).

Zur Reaktionskinetik, allgemein und speziell in präbiotischer Situation:
Svante Arrhenius: *Theorien der Chemie*, Akadem. Verlagsges., Leipzig 1909.
S. Arrhenius, in: Zeitschrift für Physikalische Chemie *4*, S. 226 (1889), das sogenannte Arrhenius-Gesetz.

Zur Thermodynamik und ihrer statistischen (mechanischen) Begründung finden sich erhellende Bemerkungen in:
Boltzmann-Festschrift, hrsg. von R. Sexl und John Blackmore, Internat. Tagung anläßlich des 75. Todestages von L. Boltzmann, Vieweg, Wiesbaden 1982.

Ausgewählte Literatur   229

Ludwig Boltzmann: *Populäre Schriften*, hrsg. von Engelbert Broda, Vieweg, Braunschweig 1979.
R. Hase, in: Die Naturwissenschaften *44*, S. 409 (1957).
C. F. von Weizsäcker: *Evolution und Entropiewachstum*, Festvortrag 1976 in Regensburg anläßlich der Jahrestagung der Deutschen Gesellschaft für Biophysik.
Zur Nichtgleichgewichts-Thermodynamik mit der Möglichkeit zu spontanen Ordnungen, dissipativen Strukturen:
R. Balescu: *Equilibrium and Non-Equilibrium Statistical Mechanics*, Wiley, New York 1975.
G. Nicolis, I. Prigogine: *Self-Organization in Nonequilibrium Systems*, Wiley, New York 1977.
Ilya Prigogine, in: Science *201*, S. 777 (1978), Nobelpreis-Vortrag.
Ilya Prigogine, Isabelle Stengers: *Dialog mit der Natur*, Piper, München 1983.
Ilya Prigogine, Gregoire Nicolis: *Die Erforschung des Komplexen*, Piper, München 1987.
Siehe in diesem Zusammenhang auch:
Manfred Eigen, Ruthild Winkler: *Das Spiel*, Piper, München 1979.
Ilya Prigogine: *Vom Sein zum Werden*, Piper, München 1988.

Aufschluß über das spontane Entstehen von Ordnungen im thermischen Nichtgleichgewicht geben zahlreiche Arbeiten von Hermann Haken und Mitarbeitern:
Hermann Haken: *Information and Self-Organization, A Macroscopic Approach to Complex Systems*, Springer, Berlin, Heidelberg, New York 1988, und, die Grundgedanken in leichter Form darstellend: R. Graham, H. Haken, in: Umschau 1971, S. 191.
Der Reiz des Gegenstandes hat auch führende Elementarteilchenphysiker immer wieder zu eigenen Beiträgen in gleicher Richtung veranlaßt. Ein statistisches Modell zur Selbstorganisation eines Molekülensembles diskutiert in großer Strenge:
F. J. Dyson, in: Journal of Molecular Evolution *18*, S. 344 (1982).

Die Empfindlichkeit chemischer Reaktionen auf kleine systematische Asymmetrien wird besonders in folgenden Arbeiten studiert:
D. K. Kondepudi, G. W. Nelson, in: Physica *125A*, S. 465 (1984); Physical Review Letters *50*, S. 1023 (1983); Nature *314*, S. 438 (1985).
D. K. Kondepudi, in: Biosystems *20*, S. 75 (1987).
I. Prigogine, in: *Advances in Chemical Physics*, Vol. 55, ed. by G. Nicolis, Aspects of Chemical Evolution, XVII Solvay Conference on Chemistry, Washington 1980, Wiley-Interscience, New York 1984.
Zurückhaltender argumentieren:
V. I. Goldanskii und V. V. Kuzmin, in: Zeitschrift für Physikalische Chemie (Leipzig) *269*, S. 216 (1988), Soviet Physics Uspekhi *32*, S. 1 (1989); siehe auch:
V. A. Avetisov, V. V. Kuzmin, S. A. Anikin, in: Chemical Physics *112*, S. 179 (1987).

Es gibt viel Literatur über autokatalytisch ablaufende, nichtlineare chemische Reaktionen, von der einige ausgewählte Beispiele aufgeführt werden:
J. Czege, Cs. Fajszi, in: Journal of Theoretical Biology *88*, S. 523 (1981).
P. Decker, in: *Origins of Optical Activity in Nature*, ed. by D. C. Walker, Elsevier, Amsterdam 1979.
F. Frank, in: Biochimica et Biophysica Acta *11*, S. 459 (1953).
A. Hochstim, in: Origins of Life *6*, S. 317 (1975).
L. L. Morozow, V. V. Kuzmin, V. I. Goldanskii, in: Soviet Physics JETP Letters *39*, S. 414 (1984).
Siehe auch: M. Eigen, R. Winkler: *Das Spiel*, Piper, München 1979.
M. Eigen, in: Die Naturwissenschaften *58*, S. 465 (1971).

Ein origineller Beitrag aus jüngster Zeit, der eine dem Supraleitungsmechanismus nachempfundene Alternative zu den von Kondepudi diskutierten (und von Goldanskii kritisierten) hochempfindlichen Verstärkungsmechanismen anbietet, stammt aus der Feder von Abdus Salam:
A. Salam, in: Journal of Molecular Evolution *33*, S. 105 (1991).

Kapitel 9: Nachverstärkung und delikate Balancen

Die Razemisierung von Aminosäuren wurde vor allem von Jeffrey L. Bada und seinen Mitarbeitern untersucht:
J. L. Bada, R. A. Schroeder, in: Die Naturwissenschaften *62*, S. 71 (1975).
J. L. Bada, R. Protsch, R. A. Schroeder, in: Nature *241*, S. 394 (1973) (Datierung fossiler Knochen).
Patricia Masters Helfman, J. L. Bada, in: Nature *262*, S. 279 (1976) (Razemisierung in menschlichen Zähnen).
Siehe auch:
J. L. Bada, S. L. Miller, in: Biosystems *20*, S. 21 (1987).
L. Keszthelyi, in: Biosystems *20*, S. 15 (1987).
Alexandra Mc Dermott, in: Nature *323*, S. 16 (1986).
S. L. Miller, in: *Advances in Chemical Physics*, Vol. 55, ed. by G. Nicolis (s. Kap. 8).

Über die enzymatische Aufrechterhaltung der optischen Reinheit der chiralen Biomoleküle im lebenden Organismus und die Rolle der Razemisierung bei Alterungsvorgängen:
W. Kuhn, in: Experientia *11*, S. 429 (1955).
T. L. V. Ulbricht, in: Origins of Life *11*, S. 55 (1981).
Beispiele für Biomoleküle «falscher» Händigkeit in:
A. Meister: *Biochemistry of Amino Acids*, Academic Press, New York, 2nd ed. 1965.

Zur Polymerisation von Aminosäuren unter Hitzeeinwirkung (bis hin zu proteinartigen Strukturen und zellartigen Koagulationen):
Sidney W. Fox, in: Die Naturwissenschaften *56*, S. 1 (1969).
Sidney W. Fox, in: Science *132*, S. 200 (1959); Nature *201*, S. 336 (1964).
K. Harada, S. W. Fox, in: Nature *201*, S. 335 (1964).

Schwierigkeiten bei der Polymerisierung in wässeriger Umgebung (Probleme genügender Konzentration der Reaktanden):
J. D. Bernal: *The Physical Basis of Life*, Routledge & Kegan, London 1951.
M. Eigen, in: Natur Nr. 3 (1983), Umschau *73*, S. 420 (1973).
Mella Paecht-Horowitz, in: Origins of Life *5*, S. 173 (1974).
M. Paecht-Horowitz, J. Berger, A. Katchalsky, in: Nature *228*, S. 636 (1970).

Beim Aufbau von polymeren Ketten müssen die monomeren Bausteine räumlich zueinander passen, also von gleicher Chiralität sein. Die Bildung einer Polypeptid-Helix hängt empfindlich von dem ausschließlichen Gebrauch der L- (oder D-) Aminosäure-Moleküle ab. Sobald Verunreinigungen durch Isomere falscher Chiralität auftreten, fällt die Kettenlänge eines Polypeptids scharf ab:
M. Idelson, E. R. Blout, in: Journal of the American Chemical Society *80*, S. 2387 (1958).
R. D. Lundberg, P. Doty, in: Journal of the American Chemical Society *79*, S. 3961 (1957).
Kurze Polypeptidketten bilden keine Schrauben, denn die Schraubung wird in längeren Ketten durch kooperative Übergänge begünstigt. Daher führen razemische Mixturen auf kurze Peptide. Diese erlauben keine Helixbildung, infolgedessen auch keine Informationsspeicherung und schließlich kein Leben.
A. Brack, G. Spach, in: Nature, Physical Science *229*, S. 124 (1971).
G. Spach, in: *Intern. Symp. on Generation and Amplification of Asymmetry in Chemical Systems*, ed. by W. Thiemann, Jülich 1974, Jül-Conf-13.

Kohärente Verstärkung kleiner Effekte,
(a) bei der Polymerisation:
Y. Yamagata, in: Journal of Theoretical Biology *11*, S. 495 (1966);
(b) bei der Aufrichtung eines Obelisken:
Ernst Batta: *Obelisken*, Insel, Frankfurt 1986;
(c) bei der Kristallisation:
G. E. Tranter, in: Nature *318*, S. 172 (1985);
aber dazu Kritik von: L. Keszthelyi, in: Biosystems *20*, S. 15 (1987).
Ungleichmäßiges Vorkommen von l- und d-Quarz auf der Erde:
C. Palache, H. Berman, C. Frondel: *Dana's System of Mineralogy*, Bd. 3, Wiley, New York, 7. Auflage 1962, S. 16.
Dazu jedoch Widerspruch durch: G. G. Lernlein: *Morphologie und Genesis der Kristalle* (russisch), Nauka, Moskau 1973; zitiert nach V. I. Goldanskii und V. V. Kuzmin, in: Soviet Physics Uspekhi *32*, S. 1 (1989).
Ungleichmäßige Anlagerung von L-Aminosäuren an l- oder d-Quarz:
R. R. Kavasmanek, W. A. Bonner, in: Journal of the American Chemical Society *99*, S. 44 (1977).
Ungleichmäßige Radiolyse von L- und D-Aminosäuren durch unpolarisierte γ-Strahlung:
O. Merwitz, in: Radiation and Environmental Biophysics *13*, S. 63 (1976).
B. Norden, J. O. Liljenzin, R. K. Tokay, in: Journal of Molecular Evolution *21*, S. 364 (1985).

Kapitel 10: Konturen eines neuen Verständnisses

Darwins oft zitierter Brief an Hooker steht z. B. bei Calvin: *Chemical Evolution*, l. c., S. 4.

Die berühmte Vitalismus-Debatte aus dem Jahre 1898 ist auch heute noch nicht ohne Reiz. Sie entzündete sich an F. R. Japps Opening Address vor der British Association for the Advance of Sciences im September (Nature *58*, S. 452) und setzte sich fort mit Briefen an Nature unter anderem von K. Pearson, (S. 495), G. FitzGerald u. C. O. Bartrum (S. 545), H. Spencer (S. 592), G. Errera (S. 616), H. Spencer, K. Pearson u. P. F. Frankland (Nature *59*, S. 29), F. S. Kipping u. W. J. Pope (S. 53). Japps abschließende Erwiderung erschien im Dezember 1898 (Nature *59*, S. 101). Hier geriet die Frage nach dem Ursprung der optischen Asymmetrie der biologischen Materie, die Pasteur (Rev. Scient. *7*, S. 2 [1884]) aufgeworfen hatte, ins Zentrum evolutionären Interesses.

Eine Asymmetrie des Lichts zur Erklärung heranzuziehen, wird nach A. Cottons Entdeckung des zirkularen Dichroismus (Annales de chimie et de physique *8*, S. 347 [1896]) von A. Byk, in: Zeitschrift für Physikalische Chemie *49*, S. 641 (1904) formuliert.

Ausblick: Jenseits der Erde

Daß das Universum auf das Leben hin angelegt sein kann, ist vermutlich ein alter Gedanke und wird schon bei Kant angedeutet (in der bereits zitierten Schrift von 1755, in der auch die Entstehung der Galaxien behandelt wird und in der eine lange Vorrede an die Geistlichkeit den Schöpfergott als unverzichtbar in Anspruch nimmt – dies nicht trotz, sondern gerade wegen der beobachteten Naturgesetzlichkeit). Mit vielen chemischen und physikalischen Argumenten plausibel gemacht, ist dieser Gedanke vor allem von George Wald vertreten worden:
G. Wald, in: Annals of the New York Academy of Sciences *69*, S. 352 (1957); Proceedings of the National Academy of Sciences USA *52*, S. 595 (1964).
In ähnlicher Richtung:
L. Pauling, E. Zuckerkandl, in: *Molecular Evolution*, ed. by D. L. Rohlfing und A. I. Oparin, Plenum Press, New York 1972, S. 113.

Über die Erforschung des erdnahen Weltraums nach Lebensspuren:
A. Brack, G. Spach, in: Biosystems *20*, S. 95 (1987).

Über Raketenmissionen (Voyager, Cassini) gibt es Nachrichten in: Physikalische Blätter *45*, S. 39 u. 405 (1989).
Der Inspektion des Planeten Mars durch die Viking-Raketen (mit 2 Landungen) ist ein ganzes Heft von Science gewidmet: Science *194*, Dez. 1976.
Die Erkundung der Atmosphäre des Saturnmondes Titan durch die Voyager-Raketen wird mitgeteilt von:
T. Owen, in: Journal of Molecular Evolution *18*, S. 150 (1982).
T. Owen, D. Gautier, in: Advances in Space Research *9*, S. 73 (1989).
Über Meteoriten (zum Beispiel Analyse von Proben des Murchison-Meteoriten):

K. A. Kvenvolden, J. G. Lawless, C. Ponnamperuma: Proceedings of the National Academy of Sciences, New York, USA, *68*, S. 486 (1971).
K. A. Kvenvolden, in: Origins of Life *5*, S. 71 (1974),
speziell über Aminosäuren in Meteoriten: J. Oró, S. Nakaparksin, H. Lichtenstein, E. Gil-Av, in: Nature *230*, S. 107 (1971).
Neue Untersuchungen über die kohlenstoffhaltigen Verbindungen im Murchison-Meteoriten finden sich bei:
M. H. Engel, S. A. Macko, J. A. Silfer, in: Nature *348*, S. 47 (1990).

Über die Häufigkeit von Kometeneinschlägen auf der jungen Erde und ihren Beitrag zum irdischen Wasservorrat:
C. F. Chyba, in: Nature *330*, S. 632 (1987).

Astrophysik und Geologie werden methodisch vereint bei:
E. Anders, in: Annual Review of Astronomy and Astrophysics *9*, S. 1 (1971).

Glossar

Abiotische Aminosäuresynthese: Aminosäuren können auch ohne Zutun biologischer Enzyme entstehen. Die lebendige Zelle verfügt über einen hochspezialisierten Apparat an Biokatalysatoren, welche Eiweißstoffe zerlegen und wieder aufbauen, wobei als Bausteine der Eiweißstoffe immer (bis auf ganz spezielle Ausnahmen) L-Aminosäuren gebildet werden. Bei Vorhandensein geeigneter Ausgangsmaterialien (wie Formaldehyd, HCN, Ammoniak, Wasser und Energie) ist eine Aminosäuresynthese jedoch auch bei Abwesenheit aller Biokatalysatoren möglich. Die Produkte liegen dann allerdings in *razemischer* Mischung vor, das heißt, die L- und die D-Formen werden zu gleichen Anteilen gebildet.

Achiral: nicht chiral, also ohne Schraubensinn; Bild und Spiegelbild sind hier nicht grundsätzlich verschieden. Ein achirales Molekül muß mindestens eine Symmetrieachse oder Symmetrieebene besitzen. Ein organisches Molekül mit einem zentralen Kohlenstoffatom ist dann achiral, wenn mindestens zwei seiner vier Bindungen zu gleichen Atomen oder Molekülresten (zum Beispiel zu zwei Wasserstoffatomen) führen.

Alanin: eine der 20 natürlichen Aminosäuren; einer der häufigsten Proteinbausteine.

Aminosäuren: Bausteine der Eiweißstoffe *(Proteine)* und aus diesen im allgemeinen durch Hydrolyse erhältlich. Sie haben alle die gleiche Grundstruktur, charakterisiert durch das Vorhandensein mindestens einer Aminogruppe (NH_2) und einer Carboxylgruppe (COOH), unterscheiden sich aber durch variable Wirkgruppen, sogenannte organische Reste. Natürliche Proteine enthalten nur 20 verschiedene Aminosäuren (vgl. Tab. im Anhang J, S. 217–219), die alle in der L-Form (als «Links-Schrauben») vorliegen. Ihre Spiegelbilder, die entsprechenden D- oder R-Aminosäuren, müssen künstlich (etwa durch *Razemisierung*) hergestellt werden.

Anisotropie: Die Eigenschaft eines Körpers, mindestens eine Vorzugsrichtung zu besitzen, längs derer die physikalischen Eigenschaften (beispielsweise elektrische Leitfähigkeit, Brechungsindex, mechanische Spannungen etc.) von denen in anderer Richtung verschieden sind. Flüssigkeiten, Gase, amorphe Stoffe sind *isotrop*. Die meisten Kristalle sind *anisotrop*.

Asymmetrie: Ungleichmäßigkeit; fehlende Symmetrie, etwa gegenüber Verschiebungen im Raum, Drehungen um eine Achse, Spiegelungen an einer Ebene. Bei Molekülen das Fehlen von Symmetrieebenen und Symmetriezentren. Von spiegelasymmetrischen Molekülen gibt es zwei *Isomere*, die sich in ihrem räumlichen Bau wie Bild und Spiegelbild verhalten (siehe Enantiomere). Kennzeichnend für asymmetrische Verbindungen ist ihre *optische Aktivität*.

Asymmetrische chemische Reaktion: chemische Reaktion, die zu einer asymmetrischen Molekülform führt. Vorzugsweise dann, wenn die Reaktion an der Oberfläche händiger Moleküle abläuft, kann leicht nur eine von jeweils zwei möglichen enantiomeren Formen entstehen. Beispiele sind die – selbst schraubenförmigen – Biokatalysatoren oder *Enzyme*, welche den Reaktionsgang so steuern, daß als Endprodukte jeweils nur Moleküle einer bestimmten Händigkeit gebildet werden.

Asymmetrisches Kohlenstoffatom (genauer: asymmetrisch substituiertes Kohlenstoff-Atom): C-Atom, dessen 4 freie Valenzen mit 4 verschiedenen (!) Molekülresten abgesättigt sind. Ein so entstandenes Molekül besitzt einen Schraubensinn; es ist *chiral.*

Autokatalyse: die Erscheinung, daß ein bei einer chemischen Reaktion entstehendes Erzeugnis den Verlauf der Reaktion katalytisch (das heißt ohne selbst verändert zu werden) beschleunigt; die eigenen Produkte der chemischen Reaktion spielen die Rolle von Katalysatoren.

Bentonit: Gestein aus kristallinen Tonmineralien, hauptsächlich zur Montmorillonit-Gruppe gehörend. Deren Moleküle sind so gebaut, daß sie erhebliche Wassermengen in sich aufnehmen können; starkes Absorptionsvermögen: kann Proteine aus Lösungen herausziehen («molekulares Sieb»).

Beta-Radioaktivität: Der Teil der Radioaktivität, welcher durch die schwache Wechselwirkung verursacht wird. Die β-Strahlung besteht aus Elektronen (allgemeiner Leptonen, beziehungsweise Lepton-Paaren) im Gegensatz zu der durch die starke Wechselwirkung verursachten α-Strahlung (welche aus α-Teilchen, also aus Helium-Kernen besteht) und der durch die elektromagnetische Wechselwirkung ausgelösten γ-Strahlung (deren Strahlteilchen energiereiche Lichtquanten oder Photonen sind). Im natürlichen β-Zerfall der Kobalt-Kerne wurde 1957 die *Paritätsverletzung,* das heißt die Nichtbeachtung der Spiegelsymmetrie durch die schwache Wechselwirkung entdeckt.

Bindungsenergie: Minimalbetrag der Energie, die aufzuwenden ist, um ein Teilchen (zum Beispiel Atom) aus dem Verband seiner Umgebung (zum Beispiel Molekül) herauszulösen. Die chemischen Bindungsenergien liegen im Bereich einiger Elektronenvolt (eV).

Boson: Elementarteilchen mit ganzzahligem Eigendrehimpuls (Spin), im Unterschied zu *Fermionen* mit halbzahligem Spin. Die Bezeichnung wurde zu Ehren des indischen Physikers S. N. Bose gewählt, der 1924 eine fundamentale Beziehung für die uneingeschränkte thermische Verteilung ununterscheidbarer Teilchen fand. Beispiele für Bosonen sind α-Teilchen (= Helium-Kerne), π-Mesonen, Photonen.

Chemisches Gleichgewicht: Endzustand eines Systems reaktionsfähiger chemischer Substanzen, bei dem sich spontan, bei festgehaltenen äußeren Bedingungen, nichts mehr ändert.

Chiral: händig (von gr. cheir = Hand), mit räumlicher Schraubenstruktur versehen. Jedes Molekül, das mit seinem Spiegelbild nicht zur Deckung gebracht werden kann, heißt chiral. Moleküle mit deckungsgleichem Spiegelbild sind *achiral*.

Chiralität: Händigkeit, Schraubensinn (links- oder rechtsdrehend)

Chondrit: steiniger Meteorit; enthält sogenannte Chondren (engl. chondrules), etwa erbsengroße, kugelige Einschlüsse aus wahrscheinlich aufgeschmolzenem Material in einer Grundmasse von etwa gleicher mineralischer Zusammensetzung (vorwiegend silikatisch). Kohlenstoffhaltige (carbonaceous) Chondrite enthalten bis zu 4 Prozent Kohlenstoff, meist in Form unlöslicher aromatischer Polymere. Aller Wahrscheinlichkeit nach sind Chondrite kondensierte Überreste des solaren Nebels und damit ursprüngliche Zeugen aus der Entstehungszeit der Erde.

Chromophor: strukturelle Gruppe in einer organischen Verbindung (beispielsweise - >C = O (Carbonylgruppe) oder - >C = S (Thiocarbonylgruppe)), deren elektronische Anregungen das Licht selektiv absorbieren und somit die Verbindung farbig erscheinen lassen. Diese elektronischen Übergänge in einer chromophoren Gruppe sind zugleich empfindlich für Asymmetrien im Rest des Moleküls und damit verantwortlich für die optische Aktivität der Verbindung.

De-Broglie-Welle: Der Teilchen-Welle-Dualismus, der der elektromagnetischen Strahlung Lichtteilchen (Photonen) zuordnet, verbindet umgekehrt auch mit bewegten Teilchen eine Welle, deren Wellenlänge (λ) beispielsweise in den Beugungsmustern bei Reflexion von Elektronen an Kristallen gemessen werden kann. Sie ergibt sich, analog wie bei Photonen, aus der Bewegungsenergie E der Teilchen durch die Einstein-de Broglie-Beziehung $E = h\nu = hc/\lambda$.

Desoxyribose: fünfgliedriger Zucker in den Untereinheiten (= *Nukleotiden*) der Desoxyribonukleinsäure DNS (engl. DNA), die als molekularer Träger der Erbinformation fungiert.

Diamagnetismus: Abschwächung eines von außen an einen Körper angelegten Magnetfeldes durch induzierte atomare oder molekulare Kreisströme. Deren Magnetfeld ist nach den Gesetzen der Maxwellschen Elektrodynamik dem äußeren Magnetfeld entgegengesetzt gerichtet und hebt es teilweise auf. Diamagnetismus ist immer da, wird aber im Fall des Vorhandenseins permanenter magnetischer Elementarmomente von den wesentlich stärkeren *paramagnetischen* Effekten überstrahlt. Einzelne ungepaarte Elektronen besitzen durch ihren *Spin* immer auch ein (permanentes) magnetisches Moment. Wenn je zwei Elektronen sich jedoch so zueinander einstellen, daß ihre Spins sich gegenseitig aufheben, dann gibt es auch kein permanentes magnetisches Moment mehr, und die Substanz ist diamagnetisch.

Dichroismus: Die Eigenschaft eines doppelbrechenden Kristalls, den ordentlichen Strahl anders zu absorbieren als den außerordentlichen. Der Kristall (zum Beispiel Turmalin) erscheint daher je nach Schwingungsrichtung des durchgehenden Lichts verschieden gefärbt (wenn er nicht zu dick ist).

Dissipation: irreversible Zerstreuung von Energie, indem beispielsweise durch Reibung aus mechanischer Energie eines Körpers die in die Umgebung ausströmende Wärme entsteht.

Dissipative Struktur: Ordnung, die aus Unordnung entsteht, jedoch unter Bedingungen, die das System vom thermodynamischen Gleichgewicht entfernt halten; Voraussetzung von Selbstorganisation. Berühmte Beispiele dissipativer Strukturen sind die Benard-Konvektion und die chemischen Oszillationen der Belusow-Zhabotinsky-Reaktion.

DNS (Desoxyribonukleinsäure): siehe *Nukleinsäuren*.

Doppelbrechung: Bei optisch anisotropen Kristallen ist der Brechungsindex entlang der *optischen Achse* verschieden vom Brechungsindex in dazu senkrechten Richtungen. Ein schräg zur *optischen Achse* einfallender Lichtstrahl läßt sich daher in 2 Komponenten (entlang der optischen Achse und senkrecht dazu) zerlegen, die unterschiedlich gebrochen werden und somit ein doppeltes Bild von einem dahinter befindlichen Gegenstand liefern.

Doppelspat: Kalkspatkristall (chemisch Calcit = $CaCO_3$), der den Effekt der *Doppelbrechung* zeigt.

Eichbosonen: Vektorbosonen, welche in einer lokalen Eichtheorie *(Yang-Mills-Theorie)* existieren müssen. Sie sind die Botenteilchen, welche die fundamentalen Wechselwirkungen vermitteln. Die *elektroschwache Wechselwirkung* kennt das *Photon* (γ) und die drei schweren *Vektorbosonen* W^+, W^-, Z^0 als Eichbosonen; die letzteren sind 1983 am Proton-Antiproton-Speicherring des europäischen Beschleunigerzentrums CERN erstmalig nachgewiesen worden.

Eichgruppe: Zwei beliebige Drehungen im Raum, hintereinander ausgeführt, ergeben wieder eine räumliche Drehung. Drehungen bilden eine Gruppe. In analoger Weise bilden die Phasenfaktoren der Eichtransformationen eine Eich-Gruppe – bei mehrkomponentigen Materiefeldern sind das im allgemeinen Matrizen, welche zum Beispiel einen Wechselwirkungsausdruck invariant lassen. Die Eichgruppe der elektroschwachen Wechselwirkung ist ein Produkt aus zwei Gruppen, einer kleineren für den elektromagnetischen Anteil der Wechselwirkung und einer größeren für den schwachen Anteil der Wechselwirkung. Für jede Gruppe gibt es eine Kopplungskonstante, mit der die Eichfelder (oder *Eichbosonen*) an die Materiefelder koppeln. Also hat man hier zwei Kopplungskonstanten, und ihr Verhältnis ist nicht gruppentheoretisch festgelegt. Es wird gewöhnlich durch eine Konstante mit dem Namen «Weinberg»-Winkel parametrisiert. Dieser kann experimentell ermittelt werden, indem man Reaktionen der schwachen Wechselwirkung untereinander (und mit solchen der elektromagnetischen Wechselwirkung) vergleicht. Sein Wert ist heute recht genau bekannt.

Eichinvarianz: Invarianz einer Feldtheorie unter sogenannten Eichtransformationen, kontinuierlichen, im allgemeinen von Ort zu Ort veränderlichen Transformationen der Feldgrößen; impliziert Erhaltungssätze für gewisse meßbare Größen. Prototyp einer eichinvarianten Theorie ist die elektromagnetische Wechselwirkung eines ladungsbehafteten Materiefeldes mit dem elektromagnetischen Feld; die elektromagnetische Eichinvarianz hat die Ladungserhaltung zur Folge.

Glossar

Eichsymmetrie: bedeutet, daß für ein Materiefeld stets ein komplexer Phasenfaktor (vom Betrage eins) irrelevant ist. Man kann ihn nach Belieben hinzufügen, ohne die physikalischen Relationen des Materiefeldes, zum Beispiel seine Bewegungsgleichung, zu ändern. Diese sind dann invariant bezüglich der genannten Multiplikation. Wenn der Phasenfaktor an jedem Raum-Zeit-Punkt verschieden gewählt werden kann, ohne daß die physikalischen Gesetze sich ändern, spricht man von *lokaler Eichinvarianz*. Yang-Mills-Theorien basieren stets auf lokaler Eichinvarianz.

Eichtheorie: synonym für *Yang-Mills-Theorie;* Grundmuster der modernen mikroskopischen Theorien für die fundamentalen Wechselwirkungen. Die einfachste Eichtheorie ist die Elektrodynamik beziehungsweise in der atomaren und subatomaren Welt die Quantenelektrodynamik.

Ekliptik: die von der Sonne im Laufe eines Jahres an der Himmelsphäre scheinbar durchlaufene Bahn. Sie beschreibt einen Großkreis, der gegen den Himmelsäquator um 23 ° 27'' geneigt ist.

Elektroschwache Wechselwirkung: Vereinigung der Maxwellschen Elektrodynamik mit der Theorie der β-Radioaktivität (das heißt mit der Theorie der schwachen Wechselwirkung) zu einer gemeinsamen Theorie (analog der Vereinigung von Elektrizitätslehre und Magnetismus zur elektromagnetischen Wechselwirkung). Alle Voraussagen der Theorie der elektroschwachen Wechselwirkung sind – abgesehen von der noch ausstehenden Verifikation des sogenannten *Higgs*-Mechanismus – in den vergangenen beiden Jahrzehnten an den großen Beschleunigern bestätigt worden.

Enantiomer (von gr. enantios = gegenüber): auf dem molekularen Niveau in zwei zueinander spiegelbildlichen Formen vorkommend.

Enantiomorph: zueinander spiegelbildlich auf makroskopischem Niveau. Enantiomorph sind zwei Kristallformen oder Raumgitter, die sich nur durch Spiegelung an einer Ebene oder durch Drehspiegelung oder Inversion (bei der alle Raumkoordinaten in ihr Negatives übergehen) zur Deckung bringen lassen. Optisch aktive enantiomorphe Kristalle, zum Beispiel Quarz, drehen die Polarisationsebene des Lichts in entgegengesetzter Richtung um die gleichen Beträge.

Entropie (gr. tropae = Verwandlung): Allgemein ein Maß für die Fähigkeit eines Systems, spontan in einen anderen Zustand überzugehen, nach Rudolf Clausius' ursprünglicher Definition der «Verwandlungsinhalt» eines Körpers. Thermodynamisch aufgefaßt ist Entropie die Wärmemenge, die ein System (zum Beispiel ein Gasvolumen) aufgenommen hat, dividiert durch die absolute Temperatur, bei der die Aufnahme geschah. Statistisch gesehen ist die Entropie ein Maß für die Zufälligkeit oder für die Unordnung eines Systems. In gewissem Sinne gibt die Entropie den «Wert» einer Energie an: Niederentropische Energie ist wertvoll; hochentropische Energie, die dem thermodynamischen Gleichgewicht zukommt, ist zur Arbeitsleistung untauglicher Abfall. Eine anschauliche Charakterisierung hat J. Meixner (in den Physikalischen Blättern, Bd. 16, S. 506, 1960) gegeben: «In der riesigen Fabrik der Naturprozesse nimmt die Entropieproduktion die Stelle des Direktors ein, denn sie schreibt die Art und den Ablauf des ganzen Geschäftsgangs vor. Das Energieprinzip spielt nur die Rolle des Buchhalters, indem es Soll und Haben ins Gleichgewicht bringt.»

Enzym (gr. in Hefe): Eiweißmolekül, das von lebenden Zellen produziert wird und als Biokatalysator wirkt. Enzyme reagieren gewöhnlich sehr spezifisch, indem sie nur eine oder sehr wenige biochemische Reaktionen katalysieren. Sie können sogar zwischen optischen Isomeren (enantiomeren Molekülen) unterscheiden: Enzyme, die am Stoffwechsel der natürlich vorkommenden Aminosäuren teilnehmen, wirken nur auf L-Aminosäuren.

Epimerie: Bei Molekülen mit mehr als einem Zentralatom gibt es an jedem dieser Asymmetriezentren die Möglichkeit, zu einer gespiegelten Konfiguration überzugehen. Zuckermoleküle mit 6 Kohlenstoffatomen in einer Reihe bieten dafür ein Beispiel: Da sich an jedem der 4 inneren C-Atome die Seitengruppen unabhängig von dem Rest des Moleküls austauschen lassen, hat man schließlich 8 zueinander epimere (das heißt verallgemeinerte enantiomere) Formen des ursprünglichen Moleküls.

Feldvektor, Feldstärkevektor: Die Bezeichnung bringt zum Ausdruck, daß das elektrische (und auch das magnetische) Feld einer Lichtwelle eine räumlich gerichtete, vektorielle Größe ist (im Gegensatz etwa zum gänzlich ungerichteten, skalaren Temperaturfeld in einem geheizten Raum).

Fermi-Kopplungskonstante: gibt die Wirkkraft der schwachen Wechselwirkung an, so wie die elektrische Elementarladung beziehungsweise die daraus gebildete Sommerfeldsche Feinstrukturkonstante die Stärke der elektromagnetischen Wechselwirkung angibt. Die Vereinigung von schwacher und elektromagnetischer Wechselwirkung zur elektroschwachen Wechselwirkung hat die Fermi-Kopplungskonstante zur Feinstrukturkonstanten in ein festes Verhältnis gesetzt.

Fermion: Elementarteilchen mit halbzahligem Spin (nach Enrico Fermi benannt, der eine Verteilungsfunktion für diese Teilchen fand). Fermionen müssen dem Paulischen Ausschließungsprinzip genügen und können deshalb jeden durch einen vollständigen Satz von Quantenzahlen charakterisierten Zustand nur einmal besetzen (im Gegensatz zu *Bosonen*, die in beliebiger Anzahl in einem einzigen Quantenzustand sitzen können). Beispiele für Fermionen sind das Elektron, Proton und Neutron, aber auch die *Neutrinos*.

Fischer-Projektion: von Emil Fischer 1891 vorgeschlagene Projektionsmethode, um die räumliche Struktur eines Moleküls auf die zweidimensionale Zeichenebene abzubilden; besonders geeignet zur Darstellung von Verbindungen mit einem asymmetrischen Kohlenstoffatom, etwa von einer Aminosäure; beruht auf folgenden Konventionen:
(a) die Hauptkette der Kohlenstoffatome ist senkrecht anzuordnen (mit der Carboxylgruppe im Fall von Aminosäuren am oberen Ende) und als in oder hinter der Projektionsebene liegend anzusehen.
(b) Die Seitenketten werden horizontal geschrieben und gelten als vor der Zeichenebene liegend.

Beispiel: Die Aminosäure Alanin

$$\begin{array}{c} \text{COOH} \\ | \\ \text{H} - \text{C} - \text{NH}_2 \\ | \\ \text{CH}_3 \end{array}$$

Heisenbergsche Unschärferelation: fundamentales Gesetz der Quantentheorie; besagt, daß Ort und Impuls eines Teilchens (oder Energie und Lebensdauer) nicht mit beliebiger Genauigkeit zugleich gemessen werden können.

Helizität: definiert als die Projektion des Spins eines Teilchens auf seine Bewegungsrichtung. Ist beispielsweise der Spin s = 1/2 eines Elektrons parallel oder antiparallel zu seiner Flugrichtung eingestellt, so besitzt es die Helizität +1/2 oder −1/2. Da mit der Kombination aus einem Drehimpuls (Spin) und einer Bewegungsrichtung ein Schraubensinn definiert wird, so sind Helizität und Händigkeit anschaulich das gleiche.

Higgs-Effekt: Effekt der spontanen Symmetriebrechung; in der Elementarteilchenphysik notwendiger Mechanismus bei der Vereinheitlichung der elektromagnetischen und der schwachen Wechselwirkung zur elektroschwachen Wechselwirkung. Verlangt letztlich die Existenz von mindestens einem neuen skalaren Teilchen, einem Higgs-Boson. Die Suche nach dem Higgs-Teilchen, dem Kronzeugen für den letzten experimentell noch nicht untermauerten Pfeiler der elektroschwachen Standardtheorie, hat bislang noch nicht zum Erfolg geführt; sie genießt höchste Priorität bei allen gegenwärtigen Planungen für neue Superbeschleuniger.

Inversion: (a) in der Chemie Spiegelung, Umkehr des Schraubensinns einer Verbindung, Verwandlung von einem linksdrehenden in ein rechtsdrehendes Molekül und umgekehrt. (b) In der Geologie Umpolung, Umkehrung von Schichtenfolgen oder von der Richtung des Erdmagnetfeldes.

Ionenbindung: elektrostatische Bindung, bei der die Überschußladungen entgegengesetzt geladener Ionen sich gegenseitig anziehen; beispielsweise im Kochsalz NaCl realisiert: Jedes Ion bildet zu seinen sechs Nachbarn Ionenbindungen aus, und diese Bindungen vereinen alle Ionen in einem NaCl-Kristall sozusagen zu einem einzigen Riesenmolekül.

Isotope (gr. isos = gleich, topos = Ort, Gegenstand): Elemente gleicher Ordnungszahl, die sich durch ihr Atomgewicht, das heißt durch die Anzahl der Neutronen im Kern, unterscheiden. Da die Ordnungszahl, also die Kernladung, die Zahl und Anordnung der Elektronen in der Atomhülle bestimmt, sind die chemischen Eigenschaften der Isotope praktisch gleich.

Isotopenverhältnis: Mengenverhältnis einzelner Isotope eines Elements, zum Beispiel $C^{14} : C^{12}$; spielt bei Altersbestimmungen in der Archäologie und in der Geologie eine bedeutsame Rolle.

Katalytische Funktion der Enzyme: Vermittlung oder Beschleunigung ausgewählter biochemischer Reaktionen, ohne daß die vermittelnden Eiweißmoleküle (Enzyme) dabei irreversibel verändert werden.

Konfiguration: die relative Lage oder räumliche Anordnung der Atome, noch ohne Berücksichtigung solcher Anordnungen, die nur durch Drehung um eine Einfachbindung voneinander abweichen (siehe *Konformation*). Enantiomere unterscheiden sich in ihren Konfigurationen, da sie entgegengesetzte Chiralität (= Händigkeit) haben. Die absolute Konfiguration (relativ zu einem makroskopischen Chiralitätsstandard) kann heute durch Röntgenstrukturanalyse ermittelt werden.

Konformation: die besondere Geometrie eines Moleküls, das heißt eine Beschreibung der Anordnung der Atome mit Hilfe von Bindungslängen und Bindungswinkeln. Die meisten Moleküle können mehr als eine Konformation haben. Die Konformationen des Ethans H_3C-CH_3 beispielsweise unterscheiden sich durch die verschiedenen Drehwinkel um die C-C-Verbindungsachse, durch welche die beiden Methylgruppen (CH_3) des Moleküls gegeneinander verdreht sein können.

Kovalente Bindung: Elektronenpaarbindung, Atombindung, homöopolare oder unpolare Bindung. Die Bindung wird vermittelt durch ein Elektronenpaar, das den beiden miteinander verbundenen Atomen gemeinsam angehört. Doppel- und Dreifachbindungen zwischen zwei Atomen kann durch 2 beziehungsweise 3 gemeinsame Elektronenpaare, das heißt 4 oder 6 gemeinsame Elektronen, dargestellt werden.

Leptonenzahl: ladungsartige Quantenzahl der Leptonen, die bei allen Teilchenreaktionen erhalten ist. Genau genommen muß man für jede Leptonsorte (e, ν_e; μ, ν_μ ...) separat eine solche Quantenzahl einführen, zum Beispiel die Elektron-Leptonzahl. Aus Gründen der Leptonzahlerhaltung wird beispielsweise bei jedem β-Zerfall eines Kerns zugleich mit dem Elektron auch ein Elektron-Antineutrino freigesetzt.

Leucin: eine der 20 natürlich vorkommenden Aminosäuren (siehe Tab. im Anhang J, S. 217–219).

Lineare Polarisation: siehe *Polarisation des Lichts*.

Links-(rechts-)händig: wie eine links-(rechts-)drehende Schraube.

Massenwirkungsgesetz: thermodynamische Beziehung, welche die Mengenverhältnisse der Reaktionspartner im *chemischen Gleichgewicht* festlegt; temperaturabhängig.

Materiewelle: siehe *De-Broglie-Welle*.

Montmorillonit: Gruppe von Tonmineralien, Aluminium-Silikate mit blättchenförmiger Kristallstruktur; können variable Mengen von Wasser zwischen den Kristallschichten aufnehmen. Hauptvertreter der Montmorillonit-Gruppe ist Bentonit.

Multiplett: Zusammenfassung von Zuständen oder Teilchen, die aufgrund einer Symmetrie zusammengehören. In dem rotationssymmetrischen elektrostatischen Potential eines Atoms kommt beispielsweise dem Bahndrehimpuls eines Elektrons ein fester Wert zu. Dieser hat mehrere Möglichkeiten, sich in einem von außen angelegten Magnetfeld einzustellen. Die Zustände, die sich nur durch den Wert ihrer jeweiligen Drehimpulseinstellung unterscheiden, gehören zusammen und bilden ein Multiplett, etwa ein Triplett oder Quintett. Das Konzept ist sehr allgemein. Proton und Neutron zum Beispiel werden von der Kernkraft nicht unterschieden; sie entsprechen zwei Zuständen des Nukleons, wobei einer die Ladung + 1 trägt (das positiv geladene Proton) und einer die Ladung 0 (das ungeladene Neutron). Proton und Neutron bilden so ebenfalls ein Multiplett, hier ein Dublett, und die zugehörige Symmetrie ist die Isospin-Symmetrie.

Nanosekunde: Eine Nano-Sekunde (= 10^{-9} sec) ist auf der atomaren Skala eine verhältnismäßig lange Zeitspanne. In ihr können Teilchen, die sich nahezu mit Lichtgeschwindigkeit bewegen, eine Strecke von circa 30 cm durchmessen, also eine makroskopisch große Distanz.

Neutrinos: Elementarteilchen (man kennt jetzt 3 Sorten mit je einem Antiteilchen), die weder Ladung noch (vermutlich) Masse, jedoch Spin (1/2) besitzen und nur durch die schwache Wechselwirkung mit anderen Teilchen in Beziehung treten können.

Nicolsches Prisma: Polarisationsfilter zur Herstellung und zum Nachweis von linear polarisiertem Licht.

Nukleinsäuren: als chemische Zellkern-Bestandteile 1869 von Miescher in Tübingen entdeckt.

Nukleosid: Kombination aus Zucker und Base in den Nukleinsäuremolekülen (ohne Phosphatrest).

Nukleon: Oberbegriff für Proton und Neutron, die Bausteine der Atomkerne.

Nukleotid: Untereinheit der Nukleinsäuremoleküle, bestehend aus einem Zucker (Ribose oder Desoxyribose), einer Base – Adenin, Cytosin, Guanin und Uracil (in RNS) beziehungsweise Thymin (in DNS) – und einem Phosphatrest, der die Verklammerung der Untereinheiten aneinander bewirkt.

Optische Achse: Die Richtung in einem *optisch anisotropen* Kristall, längs derer ein einfallender Lichtstrahl keine *Doppelbrechung* erleidet.

Optische Aktivität: das Vermögen von Substanzen, die Polarisationsebene des *linear polarisierten* Lichtes zu drehen. Es beruht entweder auf einer schraubenförmigen Struktur der Moleküle selbst *(Enantiomerie)*, oder auf einer *anisotropen* Anordnung von (nicht notwendigerweise schraubenförmigen) Molekülen innerhalb eines Kristallgefüges *(Enantiomorphie)*.

Optische Isomere: siehe *Enantiomere*.

Paramagnetismus: Verstärkung eines von außen an einen Körper angelegten Magnetfeldes, falls dessen Atome oder Moleküle permanente magnetische Momente besitzen, die mit dem äußeren Feld gleichgerichtet werden können. Alle Atome, Moleküle oder Ionen mit einer ungeraden Anzahl von Elektronen (also einem nichtverschwindenden Gesamtspin und einem damit verbundenen permanenten magnetischen Moment) sind in Flüssigkeiten oder Gasen paramagnetisch. Feste Körper zeigen meistens keinen Paramagnetismus, da die äußeren Hüllenelektronen, welche die Bindungskräfte bewirken, so im Festkörper verteilt sind, daß ihre magnetischen Momente sich dabei gegenseitig aufheben.

Parität: in der Physik eine Quantenzahl ± 1, die das Transformationsverhalten einer Größe unter Raumspiegelungen charakterisiert. Den Elementarteilchen beispielsweise oder den Kernniveaus (= Energiezuständen eines Atomkerns) läßt sich jeweils eine positive oder negative Parität zuordnen. Die Beobachtung, daß bei einigen Elementarteilchenzerfällen die Bilanz zwischen den Paritäten von Anfangs- und Endzustand nicht stimmte, führte zur Entdeckung oder Paritätsverletzung.

Paritätsverletzung: Eigenschaft der schwachen Wechselwirkung. Bei Reaktionen, die unter ihrem Einfluß ablaufen (β-Zerfälle von Kernen und Elementarteilchen, Neutrino-Streuprozesse), kann sich die Parität ändern. So sind zugleich Zerfälle des K-Mesons (Parität = − 1) in 2 Pi-Mesonen (Parität = + 1) und 3 Pi-Mesonen (Parität = − 1) beobachtet worden.

Peptidbindung: zwischen Aminosäuren die Bindung, die durch Aneinanderrücken der Aminogruppe des einen Partners mit der Carboxylgruppe des anderen Partners unter Abspaltung von Wasser zustande kommt.

Photochemische Reaktion: chemische Reaktion, die durch Lichtabsorption in Gang gesetzt oder gesteuert wird.

Photolyse: durch Lichtabsorption verursachte Zerlegung von chemischen Verbindungen.

Photon: Lichtquant. Teilchen der elektromagnetischen Strahlung: masselos, neutral und mit ganzzahligem Spin (S = 1, das heißt das Photon ist ein Vektorboson). Seine Energie hν ist durch die Schwingungsfrequenz ν der korrespondierenden elektromagnetischen Welle gegeben. «Weiche» Photonen, entsprechend dem sichtbaren Licht, sind chemisch wirksam (zum Beispiel in den Blättern der Pflanzen); «harte» Photonen, entsprechend der kurzwelligen Röntgen- und γ-Strahlung, spielen eine Rolle bei Kern- und Elementarteilchenreaktionen. Was die Masse des Photons betrifft, so ist es natürlich experimentell unmöglich, seine exakte Masselosigkeit nachzuweisen. Schon die endliche Lebensdauer des Universums setzt nach der *Heisenbergschen Unschärferelation* diesem Unterfangen eine Grenze. Jedoch läßt sich aus Messungen galaktischer Magnetfelder schließen, daß eine mögliche Photonenmasse jedenfalls nicht größer als 10^{-33} Elektronenmassen sein kann, und das ist für alle praktischen Gelegenheiten so gut wie null. Theoretisch sollte die Masse des Photons aus Gründen der *Eichsymmetrie* als eigentlicher Wurzel und Begründung für den unbedingten Erhaltungssatz der elektrischen Ladung exakt null sein, denn dessen universale Gültigkeit konnte

Glossar

bislang noch keine Beobachtung in Zweifel ziehen. Solange also elektrische Ladung weder verschwindet noch entsteht, darf man getrost die strenge Masselosigkeit des Photons postulieren.

Pionen (= Pi-Mesonen oder π-Mesonen): die leichtesten Mesonen, relativ langlebig (10^{-8} sec), mit Spin Null; werden in jedem Teilchen-Teilchen-Stoß von genügend hoher Energie am Beschleuniger erzeugt. Hauptquelle für hochenergetische Neutrinostrahlen.

Plancksches Wirkungsquantum: fundamentale Naturkonstante mit dem Zahlenwert $h = 6{,}626 \cdot 10^{-27}$ erg · s. Es ist allgemein üblich, auch die Größe $\hbar = h/2\pi$, welche z. B. als Maßeinheit für atomare Drehimpulse dient, als Plancksches Wirkungsquantum zu bezeichnen.

Polarimetrie: Verfahren, um die Drehung der Polarisationsebene des Lichts beim Durchgang durch eine *optisch aktive* Substanz (wie eine Küvette mit Zuckerlösung) zu messen. Ein Polarimeter besteht im Prinzip aus einem *Polarisator* (= *Nicolsches Prisma*) und einem Analysator (ebenfalls ein Nicolsches Prisma) und der dazwischen liegenden Probe. Zur Erhöhung der Empfindlichkeit werden zusätzliche Hilfsmittel, wie optisch aktive Doppelplatten und kompensierende Quarzkeile, in den Strahlengang gebracht.

Polarisation des Lichts: Kennzeichnung der Schwingung des *elektrischen Feldvektors* der Lichtwelle. Man unterscheidet unter anderem: *lineare Polarisation* (auch planare Polarisation genannt): Der *Feldvektor* schwingt in einer festen Ebene, welche die Ausbreitungsrichtung des Lichtes enthält; *zirkulare Polarisation:* die Spitze des Feldvektors beschreibt einen Kreis um die Ausbreitungsrichtung. Bei *rechtszirkularer* Polarisation geht die Kreisbewegung des Feldvektors im Uhrzeigersinn, bei *linkszirkularer* Polarisation im Gegenuhrzeigersinn, wenn man der ankommenden Lichtwelle entgegenschaut. Das ist die konventionelle Definition. Die Elementarteilchenphysiker jedoch, die Licht lieber mit *Photonen* assoziieren, treffen die Zuordnung umgekehrt. Der Grund ist folgender: Wenn der elektrische und der magnetische Feldvektor der Lichtwelle zusammen mit der Ausbreitungsrichtung eine Rechtsschraube oder eine Linksschraube bilden (vgl. dazu Abb. 3), dann sind im ersten Fall innerer Drehimpuls (Spin) und Ausbreitungsrichtung parallel, im zweiten antiparallel. Auch polarisierte Teilchen, zum Beispiel Elektronen, lassen sich durch die Richtung ihres Spins bezüglich ihrer Flugrichtung charakterisieren, und die moderne Bezeichnung ist dann so gewählt, daß für einen Licht- oder Photonenstrahl die gleiche Konvention wie für einen Elektronenstrahl gilt. Grundsätzlich sind Lichtwellen stets transversal, denn ihre Polarisation (linear, zirkular,...), also die Richtung ihres elektrischen Feldvektors, ist immer senkrecht zur Ausbreitungsrichtung.

Polarisator: Apparat zur Erzeugung von (linear) polarisiertem Licht; im einfachsten Fall eine unter einem bestimmten Winkel in den Strahlengang gestellte Glasplatte oder ein doppelbrechender Kristall, bei dem entweder der ordentliche oder der außerordentliche Strahl in geeigneter Weise ausgeblendet wird (wie zum Beispiel im *Nicolschen Prisma*).

Polarisierbarkeit: Maß für die Stärke eines in einem Molekül oder Molekülteil induzierbaren elektrischen oder magnetischen Dipolmomentes.

Polypeptid: makromolekulare Kette, die durch peptidartige Verknüpfung von Aminosäuren entsteht.

Positron: Antiteilchen des Elektrons von exakt gleicher Masse, aber entgegengesetzter (positiver) Ladung wie das Elektron (auch die Leptonzahl als ladungsartige Quantenzahl hat das entgegengesetzte Vorzeichen). Als isoliertes Teilchen stabil.

Positronium: kurzlebiger Bindungszustand aus einem Elektron und seinem Antiteilchen, dem Positron. Anders als im Wasserstoffatom, wo ein Elektron mit dem Proton einen stabilen Bindungszustand eingeht, entsteht das Positronium als leicht vergängliches Gebilde. Denn Elektron und Positron können sich als Antiteilchen gegenseitig vernichten, wobei je nach dem Wert ihres Gesamtspins 2 oder 3 Photonen (γ-Quanten) entstehen. Da es für 2 Photonen leichter ist, sich in die hinterlassene Energie (also die Positronium-Masse) zu teilen, zerfällt *Para-Positronium* (Spin 0, Zerfall in 2 Photonen) wesentlich schneller als *Ortho-Positronium* (Spin 1, Zerfall in 3 Photonen).

Potential: potentielle Energie, Wechselwirkungsterm in der nichtrelativistischen Quantentheorie.

Potentialanteile: zum Beispiel ein elektrostatisches Coulomb-Potential, das elektrische Anziehung oder Abstoßung zwischen geladenen Teilchen bewirkt.

Proteine: Eiweißstoffe, Funktionsträger in der Zelle, an allen Lebensvorgängen beteiligt; chemisch gesehen Polypeptidketten aus einer Vielzahl von Aminosäureresten (Molekulargewichte von 10 000 bis über 100 000). Durch räumliche (tertiäre) Struktur, wie α-Helix und β-Faltblatt (vgl. Abb. 34 u. 35) charakterisiert. Die gewendelte α-Helix kann selbst noch einmal verzwirnt oder verknäuelt sein (quartäre Raumstruktur).

Pseudoskalares Potential: Potentialanteil, der sein Vorzeichen bei Raumspiegelungen ändert, beispielsweise von der Form eines Produktes aus einem Impuls (der sein Vorzeichen bei Spiegelung ändert) und einem Spin oder Drehimpuls (der sein Vorzeichen bei Spiegelung beibehält).

Quantensprünge des Atoms: Die Elektronen eines Atoms können nur diskrete Energiezustände einnehmen; ein Übergang von einem Energiezustand zu einem anderen, der entweder durch Emission oder durch Absorption eines Lichtquants von passender Energie hν zustande kommt, wird als Quantensprung bezeichnet.

Razemat: Gemisch aus links- und rechtsdrehenden Molekülen im Verhältnis 1:1. Obwohl die beiden Komponenten je für sich optisch aktiv sind, heben sich ihre entgegengesetzten Wirkungen im *razemischen Gemisch* vollständig auf. Das Razemat selbst ist optisch inaktiv.

Glossar

Razemisierung: Ausgleich eines *enantiomeren* Ungleichgewichts, Umwandlung von L(D)-Formen in D(L)-Formen, bis das thermodynamisch stabile 1:1-Gemisch des Razemats erreicht ist; stark temperaturabhängig. Typische Razemisierungszeiten liegen für Aminosäuren bei Umgebungstemperatur in der Größenordnung mehrerer tausend bis über zehntausend Jahre.

Ribose: Zucker der Ribonukleinsäure RNS (engl. RNA), welche unter anderem als Informationsüberbringer (Boten-RNS) von der Erbsubstanz zur Bildung der Eiweißstoffe fungiert.

RNS (Ribonukleinsäure): siehe *Nukleinsäuren*.

Rotationsstärke: ein Maß für die Fähigkeit eines chiralen Moleküls, die Polarisationsebene des Lichts zu drehen; hängt vom räumlichen Bau des Moleküls ab.

Spin: Eigendrehimpuls eines Teilchens, halbzahlig (in Einheiten des *Planckschen Wirkungsquantums* $\hbar$) für Elektronen, Nukleonen (allgemein: Fermionen); ganzzahlig für Mesonen, Photonen (allgemein: Bosonen).

Spin-Bahn-Kopplung: Ausrichtung des Spins eines Elektrons bezüglich seines Bahndrehimpulses in einem Atom oder Molekül; verursacht die sogenannte Feinstruktur der Atom- und Molekülspektren.

Spin und Statistik: siehe Anhang C (Pauli-Prinzip).

Spinpolarisation: Ausrichtung der Spins (etwa der Kernspins von Kobalt-Kernen) im Magnetfeld.

Spontane Symmetriebrechung: tritt zum Beispiel auf, wenn ein in Längsrichtung belasteter Stab sich plötzlich nach einer Seite hin ausbiegt. Obwohl die wirkende Kraft axialsymmetrisch ist, wird vom Stab plötzlich ein Zustand eingenommen, der nicht mehr symmetrisch bezüglich Drehungen um seine Achse ist. Allgemein bezeichnet spontane Symmetriebrechung das Auseinanderklaffen von (weiterhin gültiger) Symmetrie der Dynamik, das heißt der wirkenden Kräfte, und der (nicht mehr gültigen) Symmetrie des Systemzustandes. Bei der Formulierung der Vereinheitlichung von elektromagnetischer und schwacher Wechselwirkung ist es die der gemeinsamen Theorie unterliegende *Eichsymmetrie*, welche (durch den *Higgs-Effekt*) eine spontane Symmetriebrechung erleidet. Das führt dazu, daß die *Eichbosonen* $W^{\pm}$ und Z^0 des Anteils der schwachen Wechselwirkung eine große Masse besitzen dürfen, während das Eichboson γ des elektromagnetischen Wechselwirkungsanteils masselos bleibt.

Stereochemie: Untersuchung der dreidimensionalen räumlichen Struktur chemischer Verbindungen und ihrer Wirkungen auf Reaktionsmechanismen und Reaktionsabläufe.

Stereo-Isomere: ganz allgemein Verbindungen gleicher Zusammensetzung, aber unterschiedlicher Anordnung der Atome im dreidimensionalen Raum. Sie werden nach ihren Symmetrieeigenschaften klassifiziert.

Stereo-Isomerie (von gr. stereos = fest, isos = gleich, meros = Teil): die Eigenschaft von Verbindungen, in verschiedenen räumlichen Anordnungen vorzukommen.

Stereoisomere Reinheit: wenn in einer Substanz nur eine unter mehreren möglichen stereoisomeren Molekülformen enthalten ist.

Stromatolith (gr. stroma = Bett, Bettdecke, lithos = Stein): schon 1908 von E. Kalkowsky geprägter Begriff für kleine haufen- oder pfeilerförmige geologische Gebilde aus vielen dünnen Schichten, die wie ein Stapel Pfannkuchen übereinanderliegen; aus Ablagerungen von Kolonien einzelliger Lebewesen entstanden. Die ältesten Stromatolithen (in Nordwestaustralien) entstanden vor etwa 3,3–3,5 Milliarden Jahren (siehe auch Anhang I: Die ersten Lebensspuren).

Symmetrie und Invarianz: Naturgesetze handeln von den Regularitäten der Natur. Sie haben zur Voraussetzung, daß die Regularitäten stets die gleichen sind, wann und wo immer wir sie wahrnehmen. Sie müssen beständig, also invariant sein, zumindest gegenüber Verschiebungen in Raum und Zeit. Ausdrücke wie die Massenanziehung des Newtonschen Gravitationsgesetzes, das nur vom Massen-Abstand abhängt und keine Richtungen im Raum auszeichnet, sind symmetrisch gegenüber jeder Richtung; sie sind unter den Symmetrietransformationen der räumlichen Drehungen invariant. Die Physik kennt viele Symmetrietransformationen; die Raumspiegelungen stellen ein Beispiel dar, und nicht alle Wechselwirkungen sind bezüglich dieser Symmetrieoperationen invariant. Ein anderes Beispiel bieten innere Symmetrien, Rotationen in abstrakten Ladungsräumen, wie die Isospin-Symmetrie. Die meisten solcher inneren Symmetrien sind nur näherungsweise realisiert, sie sind explizit oder spontan gebrochen. Zur letzten Kategorie gehört die *Eichsymmetrie*, die der Formulierung der *elektroschwachen Wechselwirkung* zugrunde liegt.

Tartrate: Salze der Weinsäure. Bei Natrium-Ammonium-Tartrat kristallisieren – wie Pasteur 1848 entdeckte – die linkshändigen und die rechtshändigen Moleküle in jeweils zueinander spiegelbildlichen Kristallen, die auf mechanischem Wege getrennt werden können.

Thermonukleare Reaktion: Kern(-Zerfalls-)Reaktion, bei der die freiwerdende *Bindungsenergie* der Kerne sich durch viele Elementarstöße auf die Umgebung verteilt und als Wärme in Erscheinung tritt.

Valenzelektronen: die äußeren Elektronen eines Atoms, welche allein in den Raum zu den Nachbaratomen ausgreifen, während die inneren Elektronen gewöhnlich getreu zu ihrem Kern stehen und an der chemischen Bindung keinen Anteil nehmen.

Vektorbosonen: Teilchen mit ganzzahligem *Spin* (Boson), und zwar genauer mit Spin 1, im Gegensatz zu skalaren *Bosonen* (mit Spin 0) oder tensoriellen Bosonen (mit Spin 2), die es auch gibt. Alle Mesonen sind Bosonen; die leichtesten und gewöhnlichsten, die *Pionen*, tragen Spin 0 (wegen ihrer Spiegelungseigenschaften sind sie jedoch nicht skalar, sondern pseudoskalar).

Glossar

Virtuelles Quant: ein Energiequant oder Teilchen, das entsteht und vergeht, bevor es in einem makroskopischen Meßgerät eine Spur hinterlassen kann; nicht mehr als eine Fluktuation, deren indirekte Wirkung wir allerdings beobachten können. Wenn beispielsweise ein Elektron an einem anderen Teilchen gestreut wird, kann es kurz vor der eigentlichen Streuung ein Lichtquant aussenden und es kurz nachher wieder einfangen. Das hat einen kleinen, aber berechenbaren Einfluß auf den Wert des magnetischen Moments des Elektrons. Das Lichtquant selbst jedoch ist dabei unbeobachtbar; es heißt dann virtuell. Für ein virtuelles Lichtquant oder Photon braucht die übliche Beziehung, die Energie und Impuls miteinander verknüpft, nicht mehr zu gelten. Denn gemäß der quantentheoretischen Unschärferelation zwischen Energie und Zeit bleibt ein um so größerer Energiebetrag des Teilchens prinzipiell unbestimmt, je kürzer die Dauer seiner Existenz ist.

Wechselwirkungen: bestimmen die Dynamik in der Welt.

Wellenfunktion: Wahrscheinlichkeitsamplitude zur Beschreibung eines atomaren oder molekularen Systems; genügt einer Wellengleichung, zum Beispiel der Schrödingergleichung, als deren Lösung sie mit analytischen oder numerischen Methoden bestimmt werden muß.

Yang-Mills-Theorie: eine 1954 von C. N. Yang und R. Mills gefundene weit tragende Verallgemeinerung der elektromagnetischen Wechselwirkung. Diese kann zum Beispiel durch ein (geladenes) Elektron charakterisiert werden, das ein (neutrales) Photon abgibt oder aufnimmt, ohne dabei seine Ladung zu ändern (das Elektron besitzt keinen inneren Freiheitsgrad für die Ladung). Die Verallgemeinerung von Yang und Mills kann aber beispielsweise die β-Zerfallswirkung eines *Nukleons* beschreiben; entweder sendet das Neutron ein negativ geladenes W^--Boson aus und bleibt als Proton zurück, oder ein Proton nimmt ein W^--Boson auf (oder sendet ein positiv geladenes W^+-Boson aus) und verwandelt sich in ein Neutron. Ein Nukleon koppelt also jetzt nicht nur an ein einzelnes *Vektorboson* (das Photon), sondern an ein Multiplett von *Vektorbosonen* (das Triplett der $W^\pm$ und Z°) und kann dabei seinen inneren Zustand (Proton oder Neutron zu sein) ändern.

Zirkulardichroismus: Eigenschaft eines doppelbrechenden Kristalls, links- und rechtszirkularpolarisierte Lichtwellen in Abhängigkeit von der Wellenlänge verschieden stark zu absorbieren. Mit der Drehung der Polarisationsebene ist dann ein Farbwechsel verbunden, zum Beispiel bei Turmalin.

Zirkularpolarisation: siehe *Polarisation des Lichts*.

Bildnachweis

Abb. 1, 2
Bergmann-Schaefer: Lehrbuch der Experimentalphysik. Band III, Optik. Herausgegeben von Heinrich Gobrecht. Walter de Gruyter & Co., Berlin, New York 8. Auflage 1987, S. 526 und 486. Reproduziert mit freundlicher Genehmigung des Verlages.

Abb. 5
Mislow, Kurt: Einführung in die Stereochemie. VCH Verlagsgesellschaft, Weinheim 1972, Abb. 2.1., S. 49.

Abb. 6
Zweig-Winternitz, F. M.: Louis Pasteur. Bild des Lebens und des Werkes. Alfred Scherz Verlag, Bern 1939.

Abb. 11
Gardner, Martin: Unsere gespiegelte Welt. Ullstein Verlag, Berlin, Frankfurt/M., Wien 1982; Abb. 30, S. 113. Reproduziert mit freundlicher Genehmigung des Verlages.

Abb. 12
Gebrüder Grimm: Kinder- und Hausmärchen. Mit Zeichnungen von Otto Ubbelohde. Bd. II, Verlag N. G. Elwert, Niederwalluf 1970, S. 319. Reproduziert mit freundlicher Genehmigung des Verlages.

Abb. 13, 14
Marmier, Pierre & Sheldon, Eric: Physics of Nuclei and Particles. Vol. I, Academic Press, London, New York 1969, S. 400.

Abb. 17 (links und rechts)
Gerlach, Walter: Was ist und wozu dient die Elektrodynamik?, in: Deutsches Museum. Abhandlungen und Berichte. 34. Jahrgang, Heft 1. Verlag R. Oldenbourg, München 1966, S. 12 und 23. Reproduziert mit freundlicher Genehmigung des Verlages.

Abb. 19
Roger A. Hegstrom und Dilip K. Kondepudi: Händigkeit im Universum, in: Spektrum der Wissenschaft, März 1990. Reproduziert mit freundlicher Genehmigung des Verlages.

Abb. 22 (a+b), 23, 24, 25
CERN. Abb. 25 CERN, III. Physikalisches Institut, RWTH Aachen.

Abb. 27, 28
Pauling, Linus: Die Natur der chemischen Bindung. VCH Verlagsgesellschaft, Weinheim 1968, Abb. 1.4, S. 15 und Abb. 1.5, S. 17.

Abb. 33
S. Mason: Proc. Roy. Soc. A397, S. 45 (1985).

Abb. 34
Wieland, Theodor und Pfleiderer, Gerhard (Hrsg.): Molekularbiologie. Bausteine des Lebendigen. Umschau Verlag, Frankfurt 1969 (3. überarbeitete und erweiterte Auflage), S. 124. Reproduziert mit freundlicher Genehmigung des Verlages.

Abb. 35, 37, 38
P. Karlson: Kurzes Lehrbuch der Biochemie für Mediziner und Naturwissenschaftler. Georg Thieme Verlag, Stuttgart 1988, S. 40, 105, 106. Reproduziert mit freundlicher Genehmigung des Verlages.

Abb. 39a
S. W. Fox & K. Dose: Molecular Evolution and the Origin of Life. Marcel Dekker Inc., New York 1977, S. 292. Reproduziert mit freundlicher Genehmigung des Verlages.

Abb. 39b
S. M. Siegel et al.: Science 156, S. 1231 (1967).

Abb. 43
J. W. Schopf (ed.): Earth's Earliest Biosphere. Princeton University Press, Princeton 1983.

Abb. 50, 51
W. Kuhn: Experientia 11, S. 430, 431 (1955). Birkhäuser Verlag AG, Basel.

Abb. 52
Klemm, Friedrich: Geschichte der Technik. Reihe Deutsches Museum. Hamburg 1989. Reproduziert mit freundlicher Genehmigung des Deutschen Museums.

Abb. 53a, b
C. S. Wu & S. A. Moszkowski: Beta Decay. Interscience Publishers, a division of John Wiley & Sons, New York, London, Sidney 1966.

Abb. 55
F. Halzen, A. D. Martin: Quarks & Leptons, John Wiley & Sons, New York 1984.

Abb. 63, 64
G. E. Tranter: Chem. Phys. Lett. 115, S. 286 (1985).

Abb. 65
Walter, M. R. (ed.): Stomatolites. In: Developments in Sedimentology 20. Elsevier Scientific Publishing Comp., Amsterdam, Oxford, New York 1976.

Personenverzeichnis

A

Ambler, Ernest 53, 191
Ampére, André-Marie (1775–1836) 74, 76
Aristoteles (384–322 v. Chr.) 132
Arrhenius, Svante (1859–1927) 141, 153, 162 (Nobelpreis 1903)

B

Bartholinus oder Berthelsen, Erasmus (1625–1698) 29
Berzelius, Jöns Jakob von (1779–1848) 116
Bijvoet, J. M. 198
Biot, Jean-Baptiste (1774–1862) 35, 36
Bohr, Niels Hendrik David (1885–1962) 57, 78, 109 (Nobelpreis 1922)
Boltzmann, Ludwig (1844–1906) 76, 141, 142, 151, 152
Born, Max (1882–1970) 98, 103, 108 (Nobelpreis 1954)
Bose, Satendra Nath (1894–1974) 197, 236
Brewster, David (1781–1868) 33, 34
Broglie, Louis-Victor Pierre Raymond de (1892–1987) 193, 237, 242 (Nobelpreis 1929)
Byk, A. 174, 180

C

Cahn, R. S. 198, 199, 200
Clausius, Rudolf Julius Emanuel (1822–1888) 151, 239
Condon, Edward Uhler (1902–1974) 108
Cotton, Aimé (1869–1951) 67, 180

Coulomb, Charles Augustin de (1736–1806) 60, 94, 97, 105
Crick, Francis (1916–) 119 (Nobelpreis 1962)

D

Dalton, John (1766–1844) 35, 116
Darwin, Charles Robert (1809–1882) 177, 178
Demokritos von Abdera (um 460–um 380 v. Chr.) 73
Dirac, Paul Adrien Maurice (1902–1984) 197 (Nobelpreis 1933)

E

Ehrenfest, Paul (1880–1933) 58
Einstein, Albert (1879–1955) 93, 103, 107, 184, 197, 237 (Nobelpreis 1921)

F

Faissner, Helmut 91, 93
Faraday, Michael (1791–1867) 46, 74, 75, 76, 78
Farago, Peter 66, 67
Fermi, Enrico (1901–1954) 59, 197, 200, 240 (Nobelpreis 1938)
Feynman, Richard Phillips (1918–1988) 195 (Nobelpreis 1965)
Fischer, Emil (1852–1919) 40, 125, 198, 240 (Nobelpreis 1902)
Fox, Sidney W. (1912–) 170, 171
Fresnel, Augustin Jean (1788–1827) 31, 33

G
Galilei, Galileo (1564–1642) 102
Glashow, Sheldon Lee (1932–) 82, 83, 84 (Nobelpreis 1979)
Goethe, Johann Wolfgang von (1749–1832) 74, 116, 147, 181, 185
Goldanskii, Vitali I. (1923–) 159, 210
Goudsmit, Samuel Abraham (1902–1978) 57, 58, 196
Guldberg, Cato Maximilian (1836–1902) 141

H
Haldane, John Burdon Sanderson (1892–1964) 128
Hasert, Franz Josef 89
Heisenberg, Werner Karl (1901–1976) 57, 93, 103, 194 (Nobelpreis 1932)
Hertz, Heinrich Rudolf (1857–1894) 77
Higgs, Peter Ware (1929–) 83, 84, 247
Hooker, Sir Joseph Dalton (1817–1910) 178
Huygens, Christiaan (1629–1695) 29

I
Ingold, Sir Christopher Kelk (1893–1970) 198, 199, 200

J
Japp, Francis R. (1848–1925) 179, 180
Jordan, Pascual (1902–1980) 76

K
Kant, Immanuel (1724–1804) 127
Kelvin, siehe Thomson 75
Kondepudi, Dilip K. 153, 159, 163, 210
Kopernikus oder Koppernigk, Nikolaus (1473–1543) 185
Kronig, Ralph de Laer (1904–) 57, 58, 196

Kuhn, Thomas S. (1922–) 85, 181
Kuhn, Werner (1899–1963) 44, 45, 61, 167, 174
Kuiper, Gerard Peter (1905–) 127

L
Le Bel, Joseph Achille (1847–1930) 37
Lee, Tsung Dao (1926–) 49, 53, 61, 82 (Nobelpreis 1957)
Leukippos von Milet (geb. um 490 v. Chr.) 73
Lipmann, Fritz Albert (1899–1986) 167, 168 (Nobelpreis 1953)
Lorenz, Konrad (1903–1989) 19, 75 (Nobelpreis 1973)

M
Malus, Louis Etienne (1775–1812) 30, 31, 33, 35
Mason, Stephen 112, 113, 120
Maupertuis, Pierre Louis Moreau de (1698–1759) 27
Maxwell, James Clerk (1831–1879) 75, 76, 77, 78, 79, 142
Michelangelo Buonarroti (1475–1564) 168
Miller, Stanley Lloyd (1930–) 127, 129, 132, 133, 149, 170, 171, 214
Mills, Robert Laurence (1927–) 82, 249
Monod, Jacques (1910–1976) 183 (Nobelpreis 1965)

N
Nernst, Walter (1864–1941) 141 (Nobelpreis 1920)
Newton, Sir Isaac (1643–1727) 29, 30, 75
Nicol, William (1768–1851) 34
Nobel, Alfred (1833–1896) 37

Personenverzeichnis

O
Oersted, Hans Christian (1777–1851) 74
Oparin, Alexander Ivanovic (1894–1980) 128
Oppenheimer, Robert Jacob (1904–1967) 98

P
Pasteur, Louis (1822–1895) 21, 22, 25, 35, 36, 37, 39, 70, 73, 132, 133, 177, 178, 180, 248
Pauli, Wolfgang (1900–1958) 57, 58, 59, 102, 103, 196, 197, 240 (Nobelpreis 1945)
Pauling, Linus Carl (1901–) 24, 117, 118 (Nobelpreis 1954, 1962)
Perutz, Max (1914–) 118 (Nobelpreis 1962)
Pirie, N. W. 186
Planck, Max Karl Ernst Ludwig (1858–1947) 77 (Nobelpreis 1918)
Platon (427–347 v. Chr.) 153
Popper, Sir Karl Raimund (1902–) 19, 20, 74, 75
Prelog, Vladimir (1906–) 198, 199, 200 (Nobelpreis 1975)
Prigogine, Ilya (1917–) 150, 152, 153 (Nobelpreis 1977)

R
Rosenfeld, Leon (1904–1974) 108, 109

S
Salam, Abdus (1926–) 83, 84, 211, 212 (Nobelpreis 1979)
Schrödinger, Erwin (1887–1961) 101 (Nobelpreis 1933)
Stoner, E. C. 196

T
Theilhard de Chardin, Pierre (1881–1955) 26
Thomson, William, später Lord Kelvin of Largs (1824–1907) 75

't Hooft, Gerardus (1946–) 93
Tranter, George 112, 113, 120

U
Uhlenbeck, George Eugene (1900–) 57, 58, 196
Ulbricht, Tilo L. V. 60, 62
Urey, Harold Clayton (1893–1981) 127, 128, 132, 133 (Nobelpreis 1934)

V
Van der Waals, Johannes Diderik (1837–1923) 183 (Nobelpreis 1910)
Van 't Hoff, Henricus Jacobus (1852–1911) 37, 38 (Nobelpreis 1901)
Veltman, Martinus (1931–) 93
Vester, Frederic 60, 62

W
Waage, Peter (1833–1900) 141
Wald, George (1906–) 19, 186 (Nobelpreis 1967)
Watson, James Dewy (1928–) 119 (Nobelpreis 1962)
Weinberg, Steven (1933–) 78, 83, 84, 91 (Nobelpreis 1979)
Weizsäcker, Carl Friedrich von (1912–) 127
Weyl, Hermann (1885–1955) 47, 49, 50, 82, 181
Wu, Chieng Shiung (1912–) 53, 60, 191

Y
Yang, Chen Ning (1922–) 49, 53 61, 82, 249 (Nobelpreis 1957)
Yukawa, Hideki (1907–1981) 78, 91, 100, 193 (Nobelpreis 1949)

Z
Zeeman, Pieter (1865–1943) 196
Zuckerkandl, Emile 24

Sachverzeichnis

A

Ab initio-Berechnung
- von Elektronenverteilungen im Molekül 111 f.

achiral 126, 134, 146, 173, 235
Aktivierungsenergie 141
Alanin 40, 41, 113, 235
α-Helix 117
Altersbestimmung mittels Razemisierung 162
Aminosäuren 20, 39 ff., 116, 205, 217–219, 235
- abiotische Erzeugung 129, 132, 133, 187, 235
Anthropozentrisches Prinzip 26
Antineutrino 56
Antiteilchen 67
Arrhenius-Gesetz 142 f., 146, 153, 162
Asymmetrie
- chirale 62, 147, 149
- des Lebens 25, 27, 64
- in chemischen Reaktionen 60, 61, 236
- in organischen Kristallen 35
- molekulare 22, 29, 43 f., 178, 235
- und Komplexität 23
Asymmetrische Kraft 23, 149
Asymmetrisches Kohlenstoffatom 38, 39, 198, 236
Atmosphäre
- der archaischen Erde 24, 133
- der Planeten 212
- heutige 46, 133
- oxidierende 63
- präbiotische 214 (siehe Uratmosphäre)
- reduzierende 128, 189, 219

- sekundäre 213
Atom-Orbitale 204, siehe Orbitale
Atomare Einheit (a. u.) der Energie 108
Ausschließungsprinzip, siehe Pauli-Prinzip
Autokatalytische Effekte 172
Autokatalytische Reaktion, siehe Reaktion
Autokatalyse 145 ff., 183, 236

B

Basiskräfte der Natur 49, siehe Kräfte
Begriff als Werkzeug 74, 75
Bentonit 171, 236
β-Faltblatt 116 ff.
β-Radioaktivität 23, 52, 61, 236
β-Strahlungsquellen 62 f.
β-Zerfall 56 ff., 79 f., 192
Bifurkation 148 ff., 210
Bindendes Elektronenpaar 103
Bindung
- chemische 100 f., 208
- ionische 105, 241
- kovalente 102 f., 202
Bindungsabstände 208 f.
Bindungsenergie 201, 236
-Anteile 106
Winkel 208 f.
-Zustand 99
Bohrscher Radius 99
Boltzmann-Faktor 141, 142
Boltzmann-Konstante 141
Born-Oppenheimer-Näherung 98
Brechungsindex 33, 34
Bremsstrahlung 61 ff.
Brewstersches Gesetz 33, 34

Boson 78, 197, 236
Botenteilchen 84, siehe Vektorboson

C
C^{12}/C^{13}-Isotopenverhältnis 188,
   siehe Isotopenverhältnis
Cahn-Ingold-Prelog-Regel 198f.,
   siehe R/S-Klassifikation
CERN 87, 88ff.
Chaos 43
Chemisches Gleichgewicht 146, 236
Chirale Asymmetrie 146, 149,
   siehe Asymmetrie
Chirale Moleküle
– asymmetrische Synthese 45
– asymmetrische Zersetzung 45, 174
– mit schwerem Zentralatom 183
Chirale Struktur 21
Chiralität 22, 182, 237
– des Lebens 183
– Erwerb 206
Chloroflexus 216
Chondrit 187, 237
Chromophore Gruppe 203, 204, 237
Cooper-Paare 211
Cotton-Effekt, siehe Dichroismus
Coulomb-Kraft,
   siehe Wechselwirkung
Cyanobakterien 216

D
D-Amino-Oxydase 166
D-Glycerinaldehyd 121, 125
D-Ribose 121 f.
D-Zucker 21, 25, 121 f.
De Broglie-Wellenlänge 193, 237
Desoxyribose 121 f., 237
DESY 194 f.
Dialkylsulfid 204 f.
Diamagnetismus 104, 237
Dichroismus, zirkularer 45, 67 f., 237
Diffusion 157
Dipol 31
Dipolmoment (magnet.) 103
Dissipative Struktur 146, 238
Doppelbindung 105, 112, 187, 204

Doppelbrechung 29, 238
Doppelspat 30, 238
Dreifachbindung, Mehrfachbindung, siehe Doppelbindung

E
Eichboson 79, 238
Eichgruppe (= innere Symmetriegruppe) 83, 238
Eichinvarianz 82, 238
Eichsymmetrie 239
Eichtheorie 82, 239,
   siehe Yang-Mills-Theorie
Einelektronenbindung 99, 104
Eisenerzformation, gebänderte 216
Eiweißstoffe 116, siehe Proteine
Ekliptik 46, 239
Elektromagnetische Felder 74
– Kraftlinien 76
– Wellen 77, 78
Elektron-Elektron-Stoß 60
Elektron-Positron-Paarvernichtung 193
Elektronen, polarisierte 65
Elektronenpaar, spinabgesättigt 104
Elektroschwache Wechselwirkung
   239, siehe Wechselwirkung
enantiomer 40f., 210, 239
Enantiomerer Überschuß 189
enantiomorph 44, 239
Energiedifferenz, enantiomere
– allgemein 108, 111, 156, 200
– für Alanin 114, 115
– für Glycerinaldehyd 125
– für Glycin 114, 115
– für Proteinfragmente 120, 121
– für Ribose 124
– für Tetrahydrofuran 126
– für verdrehtes Ethylen 110, 111
– Meßbarkeit 183
– Vorzeichen 182
Energieniveaus, atomare 196
Energiequant, siehe Feldquant
Entropie 151, 152, 239
Enzyme 22, 24, 144, 164, 166ff., 240
Epimerisierung 163, 240

Sachverzeichnis

Erdmagnetfeld 46
Erhaltungssatz für elektrische
  Ladung 77
Ethylen 110
Evolution 19 ff., 177
– biologische 178, 188
– chemische 20, 169, 178, 189
– der menschlichen Gesellschaft 20
– präbiotische 142, 161
Evolutionszeitraum 46
Extraterrestrisches Leben 185, 186, 188

F
Feinstruktur der Spektrallinien 137
Feldquant 65 ff., 78 f.
– Masse u. Reichweite 79, 81, 193
Feldtensor 79
Feldtheorie (elektromagnetische) 77
Feldvektor 240
– elektrischer 31
– magnetischer 31
Fermi-Kopplungskonstante 106, 200, 240
Fermion 197, 240
Feynman-Diagramm 195
Fischer-Projektion 40, 240
Fluktuationen 24, 64, 143, 147 ff.

G
γ-Quant 68, siehe Photon
γ-Z°-Interferenz 193, 195
Gargamelle
– Blasenkammer 87, 88
– Kollaboration 88, 89
Genesis 19, 143
Glycerinaldehyd 198 f.
Glycin 112
Gravitation 74, 80, 213
Gunflint-Formation 129

H
Händigkeit 22, 43
– Wirkung falscher H. im Organismus 166
Hauptpolarisationsrichtungen 30

Heisenbergsche Unschärferelation 194, 241
Helixform und Information 179
Helizenverbindungen 45
Helizität 58, 106 f., 241
Higgs-Effekt 84, 153, 241

I
Information 22, 61, 179
Innere Symmetriebeziehung (-Gruppe), siehe Symmetrie
Intermediäres Vektorboson 82, 193, siehe Vektorboson, Eichboson
Inversion 241
– chirale 45
– des Erdmagnetfeldes 46
Ionenbindung 105, 241, siehe Bindung
Isotop 191, 241
Isotopenverhältnis 188, 241

K
K-Mesonen-Zerfälle 91, 180
Kakabekia-Bakterium 129 ff.
Kalkspat (Calzit, Schwerspat) 29, 30 f.
Kambrium 214
Kampfer 67
Kausalität 197
Kernkraft 52
Kernspin 54, 192
Kobalt-Experiment 53 ff., 191
Kohärente Verstärkung molekularer Asymmetrie 173
Kohärenz, innere der Natur 26
Konfiguration 242
– absolute 198
– chirale 113, 198
Konformationen 112, 242
Konzentrationsverhältnisse 153 ff.
Kosmische Strahlung 88
Kovalente Bindung, siehe Bindung
Kräfte
– effektive Stärke 80 f.
– fundamentale 26, 28, 49
– im Mikrokosmos 25

- Reichweite 79, 193
- Spiegelinvarianz 80
Kristallisation 173
Kritischer Punkt 149, 153 f.,
  siehe Bifurkation

L
L-Aminosäuren 21
LCAO-Verfahren 101, 204
Leucin 68, 242
Licht
- am Ursprung der molekularen Asymmetrie 180
- asymmetrisches 180
- chirales 44, 182
Lichtquant, siehe Photon
Lichtstrahl
- außerordentlicher 29
- ordentlicher 29
- reflektierter 33
Links-Rechts-Asymmetrie 27
linkshändig 21, 80
Linkshändige Neutrinos 23
linkszirkular 44

M
Magnetit 46
Mars 188, 212
Massenwirkungsgesetz 141
Meteoriten 187
Mikrofossilien 129, 214
Monomere 168, 171
Montmorillonit 171, 242
Multiplett (Singulett, Triplett) 82, 83, 243
Murchison-Meteorit 187
Myon 87, 89
Myon-Neutrino 87

N
Netto-Chiralität 44
Netto-Polarisation 51
Neutrino 23, 57 f., 243
Neutrinostrahlen 86
Nichtgleichgewichtsysteme 143, 150 ff.

Nichtlineare chemische Reaktionen, siehe Autokatalyse
Nichtlineare Gesetze 145, 150 ff.
Nicolsches Prisma 34 f., 243
Nitril-Verbindungen 133 f., 189, 206 f.
Nukleinsäuren (DNS, RNS) 21, 121 ff., 243
Nukleon 93, 243
Nukleosid 171, 243
Nukleotid 167, 243

O
Oklo-Reaktor 63
Optische Achse 34, 243
Optische Aktivität 21, 29 ff., 110, 187, 243
- mikroskopische Theorie 108 ff.
- von organischen Lösungen 35
Optische Isomere 37, 243
Optische Reinheit 21, 25, 165 f.
Orbitale 101
- atomare 101, 204
- molekulare 101
Ozonschicht 213

P
Paradigma 93, 181
Paradigmenwechsel 85
Paramagnetische Ionen 201, 244
Parität 49, 55, 244
Paritätserhaltende Wechselwirkungen 80
Paritätsverletzende Energieverschiebung 114 f., 156
Paritätsverletzendes Potential, siehe V^{PNC}
Paritätsverletzung 25, 57, 244
- Nachweis 191
Pauli-Prinzip 102 f., 196 f.
Peptidbindung 116, 244
Peptidketten 116 f.
Photochemische Reaktion 43 f., 244
Photolyse 45, 62, 244
Photon 32, 65, 78, 84, 244
- polarisiertes 65
- reelles 66

Sachverzeichnis   **261**

– virtuelles 66
Photosynthese 128, 213, 216
Pionen 100, 245
Plancksches Wirkungsquantum 141
Planetenatmosphären,
 siehe Atmosphäre
Planetenembryo 213
Planetenentstehung 127, 212
Planetenkeim 212
Planetesimal 212
Pleistozän 162
Polarimetrie 35, 245
Polarisation 29 ff., 245
– des natürlichen Lichts 29, 33
– lineare 31, 45
– longitudinale (des Elektrons) 60, 66
– transversale 31
– von Elektronen 65–67
– von Kobalt-Kernen 54 f., 191
– von Photonen 65
– zirkulare 32, 43 f., 65
Polarisationsgemisch des natürlichen Lichts 33
Polarisationsgrad der β-Elektronen 62
Polymere 25, 171
Polymerisation 168 ff.
Polypeptide 120 f., 171 f., 245
Positron 57, 67, 68, 245
Positronium 67, 68, 246
Potential
– Anteile 106 f.
– Pseudoskalares 107 f., 200, 246
Präbiotische Evolution,
 siehe Evolution
Präbiotische Reaktion 143, 146
Präkambrische Gesteine 129
Präkambrium 214 f.
Priorität einer Atomgruppe 199
Produkt
– achirales 146
– chirales 144
Proteine 20, 116, 246
Proteinoide 170
Proteinsynthese 121 f., 167

Q
Quantensprünge des Atoms 32, 51, 246
Quantenzahlen
– Haupt-Q. 196
– Drehimpuls-Q. 196
Quantisierungsmöglichkeiten
– nach Bose-Einstein 197
– nach Fermi-Dirac 197
Quarz 29, 43
Quarz-Kristall (relative l/d-Häufigkeit) 173
– (Riesenmolekül) 187

R
R/S-Klassifikation 113, 198 f.
Radioaktive Zerfälle
– C^{14}-Zerfall 52, 61
– K^{40}-Zerfall 52, 61
Razemat 37 f., 146, 246
Razemisches Gemisch 25
– von Lichtwellen 51
Razemisierung 63 f., 146, 161 ff., 246
Reaktionen
– autokatalytische 64
– Neutrino-R. 88, 93
– photochemische 44 ff., 61 f.
– stereospezifische 61, 168
– thermonukleare 52, 248
Reaktionsgeschwindigkeit 140 ff., 153
rechtshändig 21, 80
rechtszirkular 44
Relativität von rechts und links 50
Ribonukleinsäure 23
Ribose 21, 121 f., 247
Röntgenstrukturanlayse 198
Rotationsstärke eines optisch aktiven Moleküls 109 f., 203, 247

S
Saturn 189
Schraubensinn 206, siehe Chiralität, Händigkeit, Helizität
Schwache Wechselwirkung 23, 27
– Botenteilchen W/Z 107
– Reichweite 79, 108, 193

Schwerkraft 74, siehe Gravitation
Selektion von L-Aminosäuren und
  D-Zuckern 183
Silizium 187
Silliman-Vorlesungen 127
Solarer Nebel 26, 212 f.
Sommerfeldsche Feinstruktur-
  konstante 201
Spiegelsymmetrie 53 f.
Spin 23, 32, 58, 197, 247
– ganzzahliger 78
Spin-Bahn-Wechselwirkung 202,
  203, 247
Stereo-Isomere 137, 139, 247
Strecker-Synthese 133
Strom
– elektromagnetischer 86 f., 94 f.
– schwacher 87
– schwacher, geladener 87, 91
– schwacher, neutraler 91, 94 f., 182
Stromatolithen 138, 214 ff., 247
Struktur des Raumes 51, 53
Supraleitung 211
Symmetrie 43, 50
– innere 82, 83
– und Invarianz 248
Symmetriebrechung 25, 43
– spontane 83, 84, 153, 247

T
Tartrate 35, 39, 248
Teilchenstrahlung 65
Titan-Atmosphäre 189
Treibhauseffekt 214
Turmalin 29

U
Ulbricht-Vester-Prozeß 60 ff.
Ungepaarte Elektronen 202
Uranmeiler, natürlicher,
  siehe Oklo-Reaktor
Uratmosphäre 129, 133, 139, 212
Urknall 20, 177
Ursuppe 139, 143, 169
Urzeugung 132 f.

V
V^{PNC} 106 ff.
Valenzelektronen 104, 248
Vektorboson 78, 193, 248
Verschiebungsstrom 77
Verzweigungspunkt 27
Viking-Raumsonden 188
Virtueller Austausch (von Teilchen)
  78, 100
– eines Photons 84, 95
– eines Vektorbosons 84, 95
Virtuelles Quant 65, 194 f., 249
Vitalismus 179
Vitalisten 132
Vorwärts-Rückwärts-Asymmetrie
  194, 195
Vulkanismus 169 f.

W
Warrawoona-Sedimente 138
Wasserstoff 52
– Atom 97
– Molekül 101 f.
– Molekül-Ion 97 f.
Watson-Crick-Stränge 172
Wechselwirkung (vgl. auch Kräfte)
  249
– β-Zerfalls-WW, siehe schwache
  Wechselwirkung
– Coulombsche 60, 79
– elektromagnetische 69, 78, 180,
  193
– Elektron-Molekül-WW 65 f.
– elektroschwache 84 ff., 180, 181
– fundamentale 28
– schwache 23, 25, 27, 52, 69, 78,
  180
– starke 52
Welle-Teilchen-Dualismus 78
Wellenfunktion 101, 208 f., 249

Y
Yang-Mills-Theorie 82 ff., 249

Z

Zeeman-Effekt 196
zeitumkehrinvariant 150
Zirkulardichroismus,
  siehe Dichroismus

Zirkularpolarisation,
  siehe Polarisation
Zufall und Notwendigkeit 23, 149
Zweiter Hauptsatz der Thermodynamik 151 ff.